品读城乡空间系列｜陈易主编

空间规划：城镇乡的元问题

Essay of Spatial Planning: Meta Question of Cities,Towns and Villages

陈易　沈迟　徐小黎　编著

东南大学出版社
SOUTHEAST UNIVERSITY PRESS
南京·2023

内容提要

本书以规划师的视角，从理论与实践两个方面用通俗的文字阐述了国土空间规划的技术探索过程，在回顾与总结中进一步探讨了国土空间规划实践中所遇到的和潜在的若干问题。全书主要内容包括以下五个方面：第一，从空间资产、空间价值和空间治理三个切入点论述了规划转型的背景；第二，聚焦城乡、国土、发展和改革三个主要领域探讨了规划改革初期的技术探索；第三，从省市级空间规划试点入手，梳理了这个时期空间规划的方法创新；第四，结合国土空间规划实践的心得体会，讨论了主要的技术难点和技术重点；第五，通过对规划改革过程的回顾，提出了未来可能遇到的挑战。

本书可供城乡规划、建筑设计、房地产、旅游等行业的研究人员，以及特色小（城）镇的规划、设计、投资、建设和运营等人员使用，也可作为广大城乡发展爱好者的兴趣读本。

图书在版编目（CIP）数据

空间规划：城镇乡的元问题 / 陈易，沈迟，徐小黎编著．—南京：东南大学出版社，2023.10

（品读城乡空间系列 / 陈易主编）

ISBN 978-7-5766-0868-7

Ⅰ．①空… Ⅱ．①陈… ②沈… ③徐… Ⅲ．①城乡规划－空间规划 Ⅳ．①TU984.11

中国国家版本馆 CIP 数据核字（2023）第 177428 号

责任编辑：孙惠玉　李倩　　责任校对：张万莹　　封面设计：企图书装　毕真　　责任印制：周荣虎

空间规划：城镇乡的元问题

Kongjian Guihua：Cheng-Zhen-Xiang De Yuan Wenti

编 著 者：陈易　沈迟　徐小黎
出版发行：东南大学出版社
出 版 人：白云飞
社　　址：南京四牌楼 2 号　邮编：210096　电话：025-83793330
网　　址：http://www.seupress.com
经　　销：全国各地新华书店
排　　版：南京凯建文化发展有限公司
印　　刷：徐州绪权印刷有限公司
开　　本：787 mm × 1 092 mm　1/16
印　　张：15.25
字　　数：370 千
版　　次：2023 年 10 月第 1 版
印　　次：2023 年 10 月第 1 次印刷
书　　号：ISBN 978-7-5766-0868-7
定　　价：59.00 元

本社图书若有印装质量问题，请直接与营销部调换。电话（传真）：025-83791830

本书编委会

总序一

这是一套由一群在规划实践一线工作的中青年所撰写的有意境、有情趣，兼具科学性和可读性的关于人类聚居主要形式——城、镇、乡的知识读物。它既为人们描绘了城、镇、乡这一人们工作、生活、游憩场所的多姿多彩的风貌和未来壮美的图景，也向读者抒发着作者对事业、对专业、对理想的热爱、追求和求索的心声。他们以学者般的严谨和初生牛犊的求真勇气，侃侃议论城、镇、乡建设中的美与丑，细细评点城乡规划的得与失，坦陈科学规划之路，也诉说着他们在工作经历中的种种感悟、灵感和思考。丛书描述、评论、探索兼具科学与文学，内容丰富多彩、文字清新脱俗，是难得的一套新作。

丛书可贵之处还在于作者们以规划者敏锐的视角，认清时代特征，把握社会热点，以鲜明的主题探讨城、镇、乡的发展和规划之钥。丛书主要由四个分册组成。

第一分册聚焦于“城”。城市，既是国民经济的主要增长极，是城镇化水平已超过 50%、进入城市社会的中国人民主要的工作和生活场所，更是区域空间（城镇、农业、生态）中人口最为集聚的空间。如何规划、建设、打造好城市空间是贯彻以人为本、以人民为中心、以人民需求为目标的新发展理念的具体体现。在告别了城市规划宏大叙事年代以存量发展、城市更新为中心的城镇化后半场，该部分即以“多样空间的营造”为主题，以文学化的词汇生动地描述和记述了城市的记忆空间、故事空间、体验空间、线性空间、流淌空间这些尺度小却贴近人的生活体验的空间，真正实践“城市即人民”的本质。

第二分册聚焦于“镇”。镇，作为城之末、乡之首的聚落空间，既在聚落体系中发挥着城乡融合的重要联结和纽带作用，也是乡村城镇化的重要载体。“小城镇、大战略”依旧具有现实意义。该部分针对小城镇发展的问题和新形势，以“精明、精细、精致、精心、精准”作为小城镇发展的新思路，伴之以特色小镇大量的国内外案例，讨论了产业发展、体验空间、运营治理、规划创新等小城镇、新战略，让人们对小城镇尤其是特色小镇这种新类型有了系统的认识。

第三分册聚焦于“乡”。该部分遵循习近平总书记所提出的“乡愁”之嘱，以“乡愁空间的记忆”为主题，从乡村之困、乡村之势、乡村之道、乡村之术四个方面，满怀深情、多视角地从回顾到展望、从中国到外国、从建议到规划、从治理到帮扶，系统地把乡村问题，乡村发展新形势、新理念，乡村振兴的路径和规划行动做了生动的阐发，构成了乡村振兴完整的新逻辑。

第四分册聚焦于“国土空间”。该部分是理论性和学术性较强的一个分册。国土空间规划是当前学界、业界、政界最为热门的话题。自《中

共中央　国务院关于建立国土空间规划体系并监督实施的若干意见》发布，并以时间节点要求从全国到市县各级编制国土空间规划以来，全国各地的国土空间规划工作迅速展开，成为新时代规划转型的一个历史性的事件。城、镇、乡是国土空间中城镇空间和农业空间的重要组成部分。国土空间规划以空间为核心，融合了各类空间性规划，包括主体功能区规划、城乡规划、土地利用规划；同时，它又强调了空间治理的要求。因此，无论从理论上、方法上、体系上、内容上和编制上均有一个重识、重思、重构、重组的过程，是一种新的探索。因此，丛书的编制单位邀集了有关部门的学者共同撰写了这本书。本书从空间观的确立、各种规划理论的争论、国际规划的比较、三类空间性规划的创新、技术方法以及新规划的试点实例和体系重构等对国土空间规划这一新规划类型和新事物进行了系统探讨。这既是对城、镇、乡这三类空间认识的提升，也是对这一空间规划类型的新探索，给当前广泛开展的国土空间规划提供了一种新的视角。

丛书由南京大学城市规划设计研究院北京分院（南京大学城市规划设计研究院有限公司北京分公司）院长陈易博士创意、组织、拟纲、编辑、审核，由全院员工参与撰写，是集体创作的成果。丛书既有经验老到的学术和项目负责人充满理性、洋洋洒洒的大块文章，也有初入门槛年轻后生的点滴心语。涓涓细流，终成大河，百篇小文，汇成四书。丛书适应形势，紧扣热点，突出以人为本，呈现规划本色。命题有大有小，论述图文并茂；文字清丽舒展，白描浓墨，相得益彰；写法风格迥异，有评论、有随笔，挥洒自如，确实是一套新型的科学力作，值得向广大读者推荐。

我一直支持和鼓励规划实践一线人员的科研写作。真知来自实践，创新源于思考，这是学科发展的基础。同时，在宏大的规划世界里，我们既要有科学、规范的理论著作，也要有细致入微的科学小品，这样，规划事业才能兴旺发达，精彩纷呈，走向辉煌。

崔功豪

2019 年于南京

（崔功豪：南京大学教授、博士生导师，中国城市规划终身成就奖获得者）

总序二

2012年，怀揣着一份规划工作者的激情与理想，我回到了母校南京大学，和一群志同道合的小伙伴在北京创建了南京大学城市规划设计研究院北京分院。在国内大型设计院和国际知名规划公司工作十余年之后，当时我们的理想是构建一个能够兼顾规划实践与规划研究，兼具国内经验与国际视野，并且能够不断学习、分享、共同成长的创新型规划团队。如今回首思量，真正要做到“学习、分享、共同成长”这八个字，何其之难！

在不知不觉的求索之中，八年时间一晃而过。幸运的是，我们的确一直在学习，也一直在创新。我们实现了技术方法、研究方法和工作方式的转变，不变的是我们依然坚守着那份执着，带着那份初心在规划的道路上不断前行。这一路，既有付出也有收获，既有喜悦也有痛苦；这一路，既有上百个大大小小规划实践的洗礼，也有无法计数专业心得的随想；这一路，既有在国内外期刊上发表的文章与出版的专著，也有发布在网络与自媒体上短小的随笔杂文。由此，我们就自然而然地产生了一个想法：除了那些严谨的规划项目、学术专业的论文书籍，为什么不把随想心得和随笔杂文也加以整理，与人分享呢？这就好像我们去海边赶海，除了见证壮观的潮起潮落，还会在潮水退去后收获大海带给我们的别样礼物——那些斑斓的贝壳。编纂这套丛书的初衷也正是如此，我们希望和大家分享的不是浩如烟海的规划学术研究，而是规划师在工作中或是工作之余的所思、所想、所得。因此，这套丛书我们不妨称之为非严肃学术研究的规划专业随笔札记。

编写的定位折射出编写的初衷。之所以是非严肃学术研究，是因为丛书编写的文风是随笔、杂记风格，可读性对于这套丛书非常重要。这不禁让我回忆起初读《美国大城市的死与生》时候的情景，文字流畅、通俗朴实、引人入胜的感受记忆犹新。作为城市规划师，我们应该抱有专业严谨的精神；作为城市亲历者，我们应该有谦恭入世的态度。更何况，一群年轻的规划师本身就是思想极为活跃的群体。天马行空的假设、妙趣横生的语汇都是这套丛书的特点。之所以还要强调规划专业，是因为丛书编写的视角仍是专业的、职业的。尽管书中很多章节是我们在不同时期完成的随笔杂文，然而我们还是进行了大幅度的整理和修改，尽可能让这些文章符合全书的总体逻辑和系统，并且严格按照书籍写作的体例做了完善。可以说，丛书编写的目的还是用通俗易懂的文字表达深入浅出的专业观点。简而言之，少一些匠气、多一些匠心。

丛书的内容组织以城乡规划的空间尺度为参照，包含了城、镇、乡等不同的空间尺度，并以此各为分册。丛书的每个分册力图聚焦该领域近几年的某些热点研究方向，极力避免长篇累牍的宏大叙事。正如规划本身需要解决现实问题一样，丛书所叙述的也是空间中当下需要关注的关键问题。当然，这些文字中可能更多的是思考、探讨和粗浅的理解，其价值在于能够与城乡研究、规划研究的同人一起分享、研究和切磋。

文至此处，已经不想赘言。否则，似乎就违背了这套丛书的初衷了。“品读城乡空间系列”自然应该轻松地品味、轻松地阅读、轻松地思考。如果能够在阅读的过程中有些许启发或者些许收获，那么自然也就达到本套丛书的目的了！

陈易

2019 年于北京

序言

我十分欣喜地收到了这本关于国土空间规划的新著。三位作者作为空间规划改革的践行者，从空间规划的基本问题入手进行探讨，将各自在规划一线的工作思考和实践探索汇集成书，非常有意义。更为重要的是，他们所在的团队曾属于不同的空间规划体系，这也使得他们可以从不同视角、更为立体地向读者叙述他们在规划改革过程中的思考。本书将理论研究和规划实践相结合，夹叙夹议、娓娓道来，是一本颇具匠心的精彩之作。

本书在第一章开宗明义，提出了一个值得思考的问题，即本次以国土空间规划改革为核心的规划转型是一次“转变”，还是一次“回归”？我国传统空间规划类型众多，长期以来存在纵横难协调的问题。近年来，业界同人一直希望能找到一条规划转型的路径，以便统筹协调传统的规划。国土空间规划改革是对各项传统空间规划的全维度、全要素、全流程的系统整合，目的在于立足国家治理视角，建立一套贯穿中央意志、落实基层治理、面向人民群众的“五级三类”规划体系。随着国土空间规划实践的陆续开展，不难发现，寻求规划“转变”的过程也是一次“回归”的过程，它将回归到以人民为中心的初心、回归到以空间为研究对象的本源、回归到实现空间价值的目的、回归到政策治理工具的属性。

随后的三个章节分别从政策、理论和实践不同角度，详细介绍了空间规划改革的三个不同阶段，系统回顾了空间规划改革不断探索的历程。从中既看到了改革探索过程中的理性思考，也看到了理念争鸣，更看到了规划人在不同阶段一步一步努力去获取共识的过程。在初期探索阶段，规划同人不断学习、借鉴异域的空间规划方法，在不同类型的规划中开展百花齐放的探索，诸如城乡规划的共轭生态规划、情景规划、结构渐进更新规划、柔性空间创新方法，土地利用规划的底线思维、陆海统筹、综合整治等规划方法，以及主体功能规划中的区域协调理念与方法，都为后续的规划试点奠定了坚实的理论和实践基础。在规划试点阶段，从不同部门角度出发，兼顾纵向与横向体系，用点点滴滴的规划实践探索来寻求规划改革前进的方向。在国土空间规划全面展开阶段，围绕空间治理转型，系统性构建符合中国国情的空间规划体系。

国土空间规划改革是一个不断自我完善的过程，作者从一线规划实践者的角度出发，以大量生动翔实的案例来支持理论探索与技术思考，为正在行进中的国土空间规划改革提供了丰富的一手素材与极具现实意义的思辨启迪。作者对空间规划体系重构过程中的潜在挑战也做了一定的思考，这些思考根植于规划实践，从中不难感受到规划实践所面对的专业研究难点、规划技术难点和项目管理难点。这让我想到了规划行业常说的一句话——实践出真知，这本书也的确印证了这个道理。

面向新时代，国土空间规划的改革实践正在广泛开展，各类制度建设不断完善深化，许多问题需要在实践中寻求更加科学、更加合理、更加有效的答案，相应的规划理论和技术方法也需要在实践的检验中不断完善。身处第一线的规划工作者既是变革的参与者，又是转型的见证者，更是未来改革的推动者。三位作者从一线工作实践出发，将空间规划改革与实践中的探索和思考进行全面的梳理并汇集成书，透过点滴积累向大家叙述着空间规划改革探索过程中亲历的各种体会，为规划行业的管理者、从业者和研究者观察和理解空间规划改革提供了新颖的视点和开阔的思路。

这本厚实的新作最突出的特点正是基于理论、重于实践、精于思考。三位作者邀请作序，欣然提笔，是为序！

林坚

2021 年 2 月 26 日

（林坚：北京大学教授、博士生导师，北京大学城市与环境学院城市与区域规划系主任）

前言

这本书的选题在丛书策划过程中几乎没有什么悬念，可以说是一个自然而然的抉择结果。毕竟，“空间规划”是当前业内无法回避的话题之一。然而，真正开始梳理既有素材和撰写新增内容的时候我们才发现这本书的编写工作要难于其他几本书。国土空间规划改革是一个系统工程，是跨专业、跨行业的大事件，必须有多维度的思考才能让实践过程中所遇到的问题充分显现出来。幸得沈迟先生、徐小黎女士的鼎力支持，通过大家的共同努力这项工作才完成了。这本书中的很多观点和想法还不是很成熟，权当抛砖引玉。将这些工作中的思考汇集成册，一方面在于分享，另一方面更是希望能够引起探讨与争鸣，让我们更好地理解国土空间规划。

熟悉我国规划发展历史的同行估计对规划的“分”与“合”并不陌生。规划具有极强的政策属性，是一种治理工具。从城市到城镇，从城镇到乡村，每一次城、镇、乡的社会经济转型都会折射在规划转型上，脱离治理思维去研究规划很难真正领会规划变革的内涵。这也是本书书名的缘起。以这个理念为核心，全书通过五个章节依次铺陈展开。第 1 章是关于规划改革背景的梳理。这个部分并没有停留在叙述本次规划改革的缘由，而是从治理周期的角度提出几次规划改革与治理转型的关系。而后，再通过空间资产、空间价值和空间治理三个方面进一步阐述我们对于空间规划的理解。第 2 章回顾了本次规划改革初期的一些思想争鸣，聚焦城乡、国土、发展和改革的三个主要领域探讨了包括在学界和业内对规划方法的诸多尝试。第 3 章通过省市级空间规划试点工作的介绍，结合试点时期的规划案例，梳理了这个时期空间规划的方法创新。第 4 章结合当前国土空间规划实践的心得体会，讨论了主要的技术要点；第 5 章通过对规划改革过程的回顾，提出规划过程中所遇到的难点以及未来可能遇到的挑战。

在本书编写过程中，我们坚持的初衷一直没有改变，那就是将过度匠气的学术专业语汇放一放，力图通过随笔式的铺陈、争鸣和畅想，用通俗甚至流行的语言表达在规划工作之余我们对于空间规划这一定义的理解。最终通过不断的反思、探讨、推敲呈现出文中的所思所想。这些想法未必很严谨，但是很鲜活。能够分享这些想法，供感兴趣的小伙伴们一起探讨也是我们喜欢看到的。这些决计不可能在严肃的规划说明、文本或报告中能够看到的林林总总的思考和随想的诞生要感谢平时勤于思考的小伙伴们，感谢崔垚、侯晶露、李晶晶、李萌、刘贝贝、钱慧、乔硕庆、沈惠伟、孙景丽、田青、许清、杨楠、袁雯、臧艳绒、张少伟、沈迟、徐小黎、张燕对于这本书的付出。没有他们平时的笔耕不辍和持续学习，就很难看到今天这本书的成稿。同时，还要感谢汕头市自然资源局澄海分局的叶序伟同志，南京市规划和自然资源局建邺分局的熊卫国同志，时任汕头市自然资源局潮南分局的马肇义同志，中国国土勘测规划院的张晓玲同志、贾克敬同志，吉林省发展和改革委员会规划处的温晓天同志，时任清远市城乡规划局清新分局的朱希同志，中国城市规划设计研究院的赵明同志、张娟同志，广西壮族自治区国土测绘院的农宵宵同志。合作伙伴的大力支持让我们能够在国土空间规划的研究和实践中获得更多有价值的收获！

感谢这些年一直鼓励我们和支持我们的朋友！有你们的鞭策和鼓励，我们才能持续前进。规划是一个终身事业，需要不断学习、不断总结。怀着对规划学科、规划行业的敬畏之心前行，与规划人共勉！

陈易

2021 年 7 月 16 日于北京

目录

1 规划转型，抑或是一次理念回归

1.1 转型，有关空间发展的老话题[①]

翻开20世纪90年代城市规划类的学术期刊，不难发现“转型”已经是一个十分“时尚”的关键词了。那时候笔者刚上大学，一本《城市规划原理》还没学完，未来的规划师们就已开始在课程作业中动辄全球化、知识经济，言必谈空间转型了。现在还清楚地记得授课老师在课堂上认真、细致地解释为什么中国正处于城镇化的转型时期。无论是当时势不可挡的全球化浪潮、知识经济，还是已在中国南方出现的产业转移、新城建设，林林总总的城市化新思考、新理念，让我们这些规划专业初探者颇有些乱花渐欲迷人眼的感觉。如果从城镇化的一般规律而言，当时的中国也确实处在一个城镇化转型的大时代。

如果我们把转型理解为一个非常广义概念的话，那么中国的城镇化实际上一直处于持续转型的状态，城乡空间发展的内涵也在不断发生变化，正所谓“激荡四十年”！从中华人民共和国成立初期的百废待兴到全球化浪潮，再到如今去全球化思潮的涌动；从城市建设蹒跚学步，重寻发展，跨过快速城市化门槛到渐入稳定城市化阶段，可谓是“不断转型”。也恰恰是这种“中国经验”，让我们能够从每一次转型中加深对城乡空间转型的进一步认识。

1）城乡空间的第一次转型：要素紧缺条件下大城市为主导的“更新式”空间升级

中华人民共和国成立初期，城乡建设百废待兴，城镇化发展水平很低。1949年，中共七届二中全会提出了“党的工作重心由农村转向城市”的主张，开始实施第一个“五年计划”。事实上，在1949—1957年的这段时间，伴随产业结构、资本积累方式等经济框架的成形，中华人民共和国成立初期的城镇化进程随之开启。

现在我们都已经理解工业化和城镇化应该双管齐下，协同发展。然而在中华人民共和国成立初期，大力发展重工业奠定新中国的制造业基础是头等大事。尽可能地集中全国范围内的生产要素、优先发展重大项目是当时重要的战略方针。在当时的条件下，要想同时实现城镇化和工业化“两个轮子一起转”，或实现城市基础设施全面提升未免过于理想，导致中华人民共和国成立后的城镇基本失去服务功能，城镇化长期滞后于工业化。这个问题也成为改革开放之后，学界着重探讨和研究的方向。

要破解当时工业化过程中要素供给缺乏的问题，最现实的莫过于基于现有的资源聚焦大项目。为兼顾全国布局和地域平衡，许多大中型工业企业被安排在大中城市，尽可能利用既有的城市（尤其是内城）资源发展优先投入的工业项目。从空间资源的使用特征上，立足既有空间资源的"更新式"可以说是当时城镇化和城镇建设的一个较为显著的特点。

2）城乡空间的第二次转型：要素累积过程中小城镇为主导的乡镇空间发展

在读书的时候，笔者只知道背诵"控制、限制大城市发展，积极发展小城镇"，颇有些囫囵吞枣、人云亦云之嫌。殊不知，这背后的道理实际上很浅显，即缺乏充分的生产要素是影响那个时期中国城镇化的重要因素——要素缺乏、经济基础薄弱、城镇化缺乏动力，要解决这一系列现实问题，"积极发展小城镇"也就自然而然地成了必经途径。

1980 年，全国城市规划工作会议提出了"控制大城市规模，合理发展中等城市，积极发展小城市"的方针。在农民难以进入大城市的情况下，农村剩余劳动力进入小城镇，在周边生活圈完成了自身的初步城镇化过程，促使全国的小城镇也从 1978 年的 2 176 个猛增到 2000 年的 20 312 个，平均年增速超过了 37.8%。此期间的城镇化实际上也是一次城乡空间的转型，工业化终于跳脱出老城区，开始向小而灵的小城镇转移，为城镇化载体创造了新的空间，为国民经济的积累赢得了宝贵时间，在一定程度上有利于城乡协同发展。

当然，我们在 20 世纪 90 年代后期的研究中不难发现，不少学者已经开始质疑长期小城镇化所产生的一系列负面问题：小城镇平均人口规模不足 9 000 人，数量虽多但散，难以实现集聚效益和规模效益；大多数小城镇的开发建设无序，缺乏有效的建设监管，人均用地面积过大；小城镇基础设施和配套服务设施不足，城市发展水平不高，环境破坏和污染等问题凸显。严格的城乡户籍制度更加剧了以上负面问题，严重制约着劳动力的合理流动。城乡二元分割体制依旧明显，限制了城市聚集效应的发挥。

3）城乡空间的第三次转型：要素充分条件下新城新区为主导的城市空间扩张

2000 年以后，中国生产要素聚集已经渐入佳境，这也促使城镇化进入加速发展时期，城乡空间也迎来了第三次转型。在这一时期，中国城镇化不再以"小城镇"战略为主，而是提出大中小城市协调发展。在土地有偿使用、分税制改革等一系列政策的作用下，地方政府不断扩大建设以期"筑巢引凤"，大量新城、新区建设拉大了城市的框架，城市增长机器的效应在全国范围内表现得淋漓尽致。这时的城市规模等级、功能结构以及空间分布快速调整，形成了"超大城市—特大城市—中等城市—小城市—小城镇"的城镇规模体系和发展格局。

2011 年，中国城镇化水平首次超过 50%，土地利用结构也发生了巨大的变化。伴随着城镇化的加速发展，建设用地需求持续旺盛，进入快速增长的时期，土建设用地总量从 1996 年的 2 912.7 万 hm^2 增加至 2014 年的 3 745.6 万 hm^2。此时，增长主义的负面效应逐步显现，农用地保护与建设用地供给矛盾突出，生态环境保护与城市无序发展矛盾突出，人民对美好生活的追求与不断减少的资源矛盾突出，严重威胁粮食安全和生态安全。

总体而言，在这一时期，我国粗放的城市建设投入产出比较低，忽视社会效益与生态效益，产生了大量的负面效应。随着人们对“城市病”“粗放型经济转型”“粮食安全”“城乡二元化矛盾”“生态环保”等一系列城市社会问题、隐形问题的关注，全面提升城镇化质量、转变城乡空间发展模式的呼声也越来越高。

4）城乡空间的第四次转型：要素提质换挡条件下城乡统筹为导向的新型城镇化

从要素匮乏、要素充分，到现在的产能全面过剩，中国的经济发展速度之快举世瞩目。在高速发展的过程中，人们也开始关注发展速度和发展质量的问题。不断思考、不断反思、不断修正是改革过程中的常态，这也印证了我们在城乡空间发展中一直处于“转型”。

中国新型城镇化研究兴起于 2009 年。2013 年，面对新的发展问题，中央城镇化工作会议指出“推进以人为核心的城镇化，提高城镇人口素质和居民生活质量，把促进有能力在城镇稳定就业和生活的常住人口有序实现市民化作为首要任务”以及“把城镇化的潜力和效应充分发挥出来，就必须走中国特色、科学发展的新型城镇化道路”这两大关键要求[②]，开启新型城镇化的求索征程。

从我国城乡空间的实际问题出发，新型城镇化的本质特征包括：第一，以人的全面发展为根本目的；第二，使城镇化与工业化同步协调推进，不断提升城市服务功能；第三，发展城市群主导区域城镇化，完成城镇规模等级结构，进入高级形态；第四，打破城乡二元结构，实现城乡一体化发展；第五，走生态文明、集约高效的可持续发展之路。许多城市都将新型城镇化相关理念应用于实践，将“存量挖潜”“精明管理”“生态安全格局”“城乡一体化”等理念融合到城乡建设和管理的方方面面。

2019 年 5 月，《中共中央　国务院关于建立国土空间规划体系并监督实施的若干意见》（中发〔2019〕18 号）正式印发，标志着我国国土空间规划体系的正式确立。这一庞大的系统工程和改革过程，要求实行多元组织共与同协作的工作模式，要求“公司化政府”向“服务型政府”和“监管型政府”转化，政府要在城市社会经济活动中起到利益集团之间的协调、平衡作用，维护社会公平，真正落实可持续发展的要求。

从要素投入与城镇化进程的角度来看，我们可以粗略地勾勒出每个转型阶段的动力及其空间响应。如果进一步在每个阶段细分，我们会发现在大转型阶段中还存在着持续的转变、改良。伴随着城镇化转型，人们对城乡、区域的认知、观点也在不断地明了与完善。打个不恰当的比方，我们对空间的“三观”也在不断地更新、充实、重构。

1.2 空间资产，更为广义的规划客体③

我们之前在提到空间的时候，往往强调其作为一种“载体”的功能属性，即空间是用来承载社会、经济等一系列人类活动的。这个观念曾经在早期的城镇化过程中普遍存在于管理者、建设者、企业家，甚至学界。人们并没有意识到空间是一种资产，最为典型的例子就是在较长一段时间内对土地要素价值的忽视或低估。

实际上，空间何止是一个载体，它更是一种资产，而且这个资产还是一个内涵十分广泛的概念。空间不仅仅是已建成的城乡空间，它包括了国土空间涵盖的方方面面，这个认知实际上早已达成了共识。例如，2013 年中共十八届三中全会审议通过了《中共中央关于全面深化改革若干重大问题的决定》，提出了健全自然资源资产产权制度和用途管制制度。对水流、森林、山岭、草原、荒地、滩涂等自然生态空间进行统一确权登记，形成归属清晰、权责明确、监管有效的自然资源资产产权制度④。空间资产的认定早已被纳入中央的顶层政策设计中。

理解空间资产必须先厘清什么是资产。传统经济学中资产的定义包括经济属性、法律属性两种层面的定义。资产的收益性为资产所有者带来经济利益，且资产只为所有者支配[1]。从这个意义上讲，凡是界定清楚权属的国土空间，都适用于“资产”的定义。从这个角度上讲，国土空间规划的本质实际上就是“国土空间资产”的维护和运营。在全域国土空间都将被纳入空间资产范畴的前提下，简单地说国土空间规划的核心目的自然就是要让“空间资产”保值、增值。要做到空间资产的保值、增值，至少有两件事我们可以做，即保护底线型资产、激活发展型资产。

1）保护“底线型资产”

近些年，我们常常听到一句话——要有底线管控思维。底线管控就是要坚守住空间资产应有的基础价值，至少要做到空间资产的“保值”。例如，生态资源就是我们平时最为熟悉的一种空间资产。对于生态资源的“底线型资产”保护就是要为生态资产划定合理的红线，其规划技术手段则是我们非常熟悉的通过保护性要素的空间叠加和归并来划定生态底线，并对生态底线给予精准的政策管控[1]。例如，笔者团队在湖北神农架林区的规划实践中就充分践行了这个思想。神农架林区作为典型的生态型城镇，其丰富的生态资源是其发展的最大资产，对于“底线型资产”的保护也就显得尤为重要。在神农架林区生态底线的划定中，主要是以 2014 年环境保护部发布的《国家生态保护红线—生态功能红线划定技术指南（试行）》(环发〔2014〕10 号）为指导，对神农架林区的自然保护区、森林公园、湿地公园、地质公园、江河、湖泊、水库、生态公益林等一系列生态空间进行了详细的梳理，并通过敏感性评估分级以及空间叠加和归并的方法，最终划定神农架林区的生态保护红线（图1–1），提出了相应的管控保护措施。

2）激活“发展型资产”

与底线型资产保护相对应的是对“发展型资产”的激活。在规划实践中，最常见的发展型资产激活是对城镇空间中空间资产的资本化运营，生态空间中的空间资产则鲜有发展型资产激活的问题。例如，神农架林区也包括了生态空间、城镇空间、农业空间等不同空间类型的资产激活。首先，神农架作为国家公园体制机制改革试点区，必须强调的是对生态空间的保护（图1–2）。然而过分的保护却容易抑制空间的利用与开发，大自然赋予的空间资产只履行着维持生态平衡的单一功能，无法促进神农架林区的经济发展。1993年2月19日湖北省政府办公厅《关于神农架国家级自然保护区内部区划问题的批复》将神农架自然保护区划分为三个功能区，即核心区、实验区和经营区，分别占保护区总面积的52.20%、13.15%和34.65%。通过激活神农架林区34.65%的“发展型资产”，达到保护与开发双赢的目的。

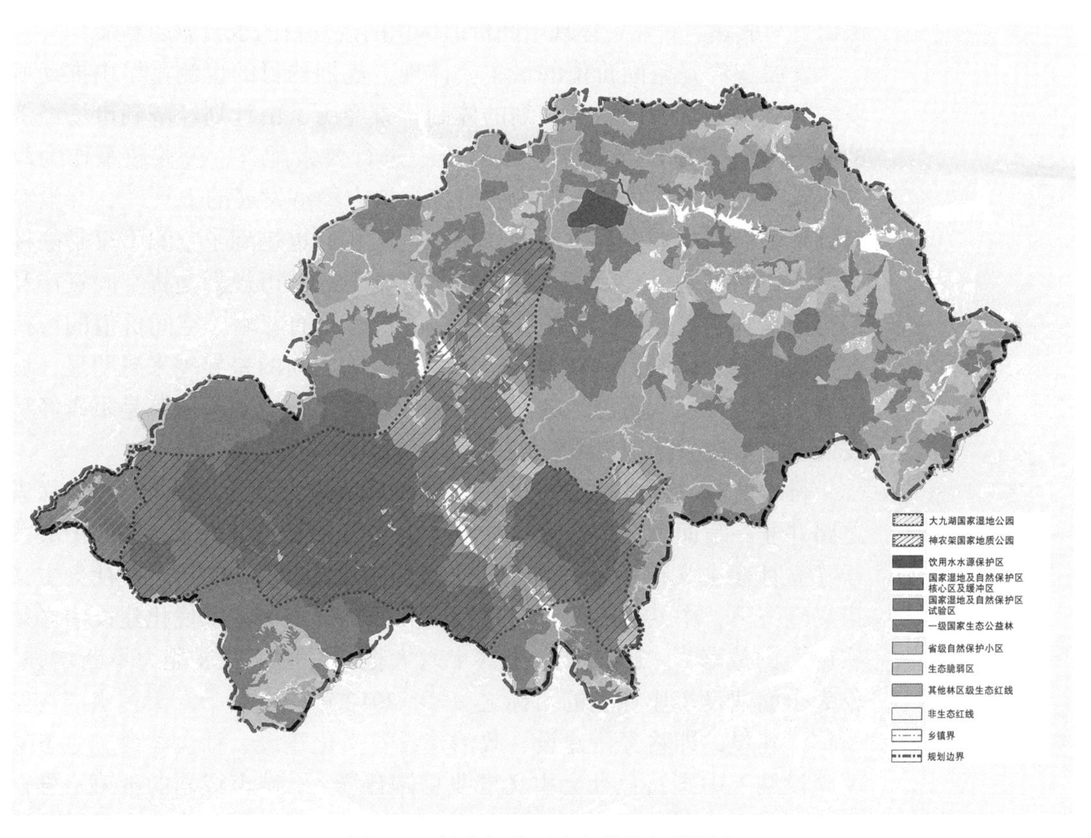

图1–1　神农架林区生态保护红线研究

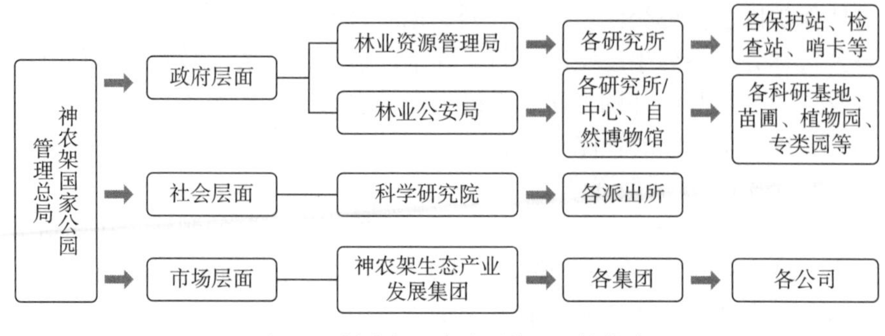

图 1-2　神农架国家公园管理机构构建

1.3　空间价值，更为复杂的规划目的⑤

空间是为了发展还是为了保护，如何平衡好二者的关系是学界长期以来讨论的话题。不同发展阶段对空间的认知都会有很大的差异，我们不能简单地用“对”与“不对”做判断。至于当下有部分学者动辄将目前出现的所有城乡问题都归咎于某个理念、行业甚至专业，都是没有道理的。我们对城乡空间的认识在变化，变得越来越多维。思考、分析、解决这些问题的手段与方法也越来越多元。归根结底，我们对空间的价值认识更为成熟。自然，体现空间价值认识的规划目的也会愈加复杂。

发展曾经是空间价值的最主要体现，规划的目的也侧重尽快推动城乡空间的发展。我国城乡规划的体制背景经历了由计划经济到市场经济的转变[2]。计划经济背景下政府统一进行要素配置，公共政策作为政府干预市场的主要手段，作为政府推行地方经济发展的工具[2]，并没有起到推动城市格局合理发展的作用。上文我们也提到了空间不仅是一种“载体”，而且是一种资产，计划经济背景下的城市规划是将空间资产利用价值最大化，最终目的是带动经济增长，反而忽略了空间价值的可持续发展。随着体制机制的变化，城乡、地区之间的差异越来越明显，城市规划成为社会利益分配的道具[2]。而事实上，规划不应该是阻碍经济发展、加重社会贫富差距的缘由。

科学发展、可持续发展早在 2000 年后就成为业界共识。然而，探索之路并非一蹴而就。1993 年，中共十四届三中全会通过了《中共中央关于建立社会主义市场经济体制若干问题的决定》。1997 年，在社会主义市场经济下，中共十五大把可持续发展战略确定为“现代化建设中必须实施”的战略⑥。2002 年，中共十六大把“可持续发展能力不断增强”作为全面建设小康社会的目标之一⑦。2012 年，中共十八大提出“五位一体”建设，即将经济建设、政治建设、文化建设、社会建设、生态文明建设纳入中国特色社会主义事业总体布局⑧。城市规划的价值不再仅仅是发展经济利益，保护生态环境，维持社会可持续发展成为城市建设的主要目标。

在新型城镇化背景下，我们对空间价值有了更多认识。因此，面对城市规划、人类生活所遗留的生态资源的破坏、自然环境的污染、非可再生资源的耗竭、气候变暖等问题，规划师的规划观念也发生了改变。如何在满足当代人生活需求的同时又不影响后辈的生活权益，真正践行可持续发展道路才是我们主要的思考方向。

1.4　空间治理，更为深刻的规划内涵⑨

“空间治理”是以空间为平台进行利益博弈而形成的治理结构，通过资源配置来实现国土空间有效、公平和可持续的利用，以及各地区间相对均衡的发展[3]。在治理理论中，一般将治理结构主体划分为三个类型，即政府、非政府等多元化利益集团。现代空间治理强调不同利益集团之间相对平等的协作过程，这意味着治理已经不仅是政府等权力部门，而且包括了非政府组织、企业等私人领域[3]。空间规划是空间治理的一种政策工具，它自然而然地反映了不同时期空间治理的目的。

中共十八大以后，中央政府开始对地方资源（土地资源）、财政收入权力进行改革。中央政府对城市政府在地权、财权方面的管控逐步加强，地方政府对资源配置的能力进一步下降。这反映了中央政府对空间资产的管控进一步加强，体现了新型城镇化的发展模式必须遵循生态文明的大方针。在城市增长主义时代下，属于被动治理的规划工具将凸显其在空间资产方面的刚性管控。增量空间规划将进一步减少，存量空间规划将得到更多的重视。空间规划需要保护好空间资产，并且让空间资产释放出其应有的空间价值。

在这个逻辑下，空间治理的结构将更加显示其“监管型治理”的特征。对于底线型空间资产将进一步加强自上而下的绝对管控，对于发展型空间资产则进一步通过市场力量触发其潜在价值。在近几年的空间规划改革中，这个治理特征可以说体现得淋漓尽致。一方面，在总体规划编制过程中，资源环境承载能力和国土空间开发适宜性评价（简称“双评价”）之后的“三线”划定基本上从各个层次明确了保护的红线，底线型空间资产基本上都被纳入了红线保护范围之内；另一方面，在具体的空间开发过程中，城市更新、存量空间开发则是成为发展型空间资产的主要行动抓手。

对于传统规划而言，两类空间资产的管理是存在于多个规划管理部门、多种规划类型中的。这势必就与空间治理的变化形成了矛盾，即传统规划无法继续体现空间治理转型的目的。在这个背景下，空间规划改革则是呼之欲出了！

第 1 章注释

① 本部分原文作者为侯晶露，陈易、乔硕庆修改。

② 参见 2013 年 12 月 12 日中央城镇化工作会议文件。

③ 本部分原文作者为刘贝贝，陈易、乔硕庆修改。该章节的部分观点源于作者在南京大学城市规划设计研究院北京分院公众号发表的文章《空间规划中的“空间资产”理念》。

④ 参见 2013 年 11 月 12 日中共十八届三中全会《中共中央关于全面深化改革若干重大问题的决定》。

⑤ 本部分原文作者为乔硕庆，陈易修改。

⑥ 参见 1997 年 9 月 12 日至 18 日中共十五大会议内容。

⑦ 参见 2002 年 11 月 8 日至 14 日中共十六大会议内容。

⑧ 参见 2012 年 11 月 8 日至 14 日中共十八大会议内容。

⑨ 本部分原文作者为侯晶露、陈易，陈易、乔硕庆修改。

第 1 章参考文献

[1] 高吉喜，李慧敏，田美荣. 生态资产资本化概念及意义解析[J]. 生态与农村环境学报，2016，32(1)：41–46.

[2] 陈锋. 转型时期的城市规划与城市规划的转型[J]. 城市规划，2004，28(8)：9–19.

[3] 陈易. 转型期中国城市更新的空间治理研究：机制与模式[D]. 南京：南京大学，2016.

第 1 章图片来源

图 1-1、图 1-2 源自：南京大学城市规划设计研究院北京分院项目《神农架林区生态与城镇空间管控策略研究》.

2　思想争鸣，规划改革的初期探索

2.1　碰撞，规划改革探索时期的热点[①]

尽管身处在快速城市化的大时代，然而发展的快节奏并没有妨碍规划师的冷静思考。实践中碰到的各类问题也从零星的议论转变为业界热烈的讨论，直至对某些主要问题达成了专业、行业的共识。一方面，伴随着持续的专业思考，无论是发展规划、城乡规划，还是土地利用规划，它们在各自发展过程中都在不断地丰富与充实进新的内容。正如中国的城市与区域发展一样，转型、转变和创新都在不同领域时刻发生着。规划师从来都没有停止过对规划本身的思考与改良，或许这种“变化”恰恰是中国规划的常态。另一方面，伴随着共识的逐步达成，这些曾经在不同领域发生的思考和创新终于“合一”。正因如此，在规划改革的初期，大家广泛讨论的话题主要聚焦在“多规合一”。之后，随着研究的深入，改革探索逐步导入“空间规划”这个概念，“国土空间规划”这个新名词最终成为本次规划改革集大成的新概念。

“多规合一”这个名词很容易理解，顾名思义就是讲原本属于不同部门的规划被统一纳入一个研究范畴，形成规划技术的整合。这个概念的出现本身就带有很强的阶段性，更像是一个过渡时期的名词，充分体现了规划改革缘起于对既有规划的一次技术整合。由于在这个阶段，大家讨论的焦点是如何解决“规划打架”的问题，因此“对图斑”竟成为这个阶段大家重点研究的方向。在不少试点地区的规划实践中，规划设计单位花了大力气在比对城乡规划和土地利用规划之间的图斑冲突问题。正所谓不对不知道、一对吓一跳，当图斑比对结果出来的时候，不少同行都惊叹于矛盾之突出。原来仅仅是停留在碎片化认知中的问题，通过系统性的比对终于全面暴露出来。尽管这个比对工作非常重要，然而它毕竟不是规划改革的重点方向，而仅仅是一个前期技术层面的准备工作。这一思路很快在某试点城市规划评审后被纠偏。这次纠偏在规划改革探索时期是一个非常重要的标志，意味着规划改革从基础性的规划技术整合转向了高层次的规划方法统筹。

“空间规划”对于城乡规划背景的规划师并不陌生，当下城乡规划界不少思想和理念都可以追溯到“空间规划”理论，例如“整体主义规划”学术流派。即便如此，“空间规划”这个名词开始在国内规划界提出的时候还是在业内引起了不少混淆。在此之前，我们对空间规划的理解往往还停留在其狭义的内涵上，即空间规划指的是物质空间规划（Physic Spatial Planning）。在城乡规划学科中，为了区别于现代综合性规划，我们曾经习惯性地用空间规划来简称传统意义上只重视空间形态的物质空间规划。在综合性规划中，规划师会对土地利用规划、城乡空间形态、生态系统网络以及社会经济发展等方方面面的问题进行系统性研究。很明显，传统的空间规划往往只关注土地利用和空间形态。因此在“空间规划”这个概念刚刚提出的时候，有不少同行会以为这是“物质空间规划”的一个简称。随着“空间规划”概念的普及，大家才明白“空间规划”和“物质空间规划”有着极大的区别。一时间，大量关于空间规划概念的研究和实践应运而生，最早关于空间规划的研究自然是从其概念开始。由于空间规划这个概念本身是一个“舶来品”，因此关于空间规划的国际案例研究也成为讨论热点。在这些案例研究中，欧洲空间规划案例研究最为热门，其中《欧洲空间发展展望》（European Spatial Development Perspective，ESDP）、德国空间规划、英国空间规划、荷兰空间规划等最具代表性。除此之外，美国与日本的规划也被作为空间规划案例研究纳入讨论之中。尤其是这个时期，美国正好在编制《美国 2050 空间战略规划》。不少学者将《美国 2050 空间战略规划》作为重要的空间规划案例研究。事实上，它作为战略规划的案例研究更适合。当然，相关内容在后面的章节会做进一步的介绍。

除了“多规合一”的技术探讨和“空间规划”理念与内涵的研究之外，这一时期规划改革的另外一个讨论热点是一系列空间规划新理念的引入。本次规划改革正处在我国社会经济发展转型时期，转型时期发展模式和发展思路的创新势必会为规划带来大量的理论与理念变革。正如上文所提到的，规划改革并不是止步于技术层面的整合，更是一次治理方式的改革。规划是现代治理的重要工具，它反映了治理体系希望实现的发展观、价值观。当治理方向发生重大转变时，势必会倒逼规划、政策等治理工具进行同步变革。在这个时代背景下，我们可以看到生态文明、系统统筹、底线思维、管控思维等等一系列新概念成为这一时期规划试点或规划编制过程中常被提及的规划理念。同时，也可以看到“双评价”、大数据分析和智慧城市等大量新技术出现在研究和规划过程中。甚至很多专家和学者甚至跳出了原有的规划范式，在规划编制思路上进行深入的思考与不断地创新，包括新型城镇化规划、陆海统筹规划、市县域规划编制方法创新等新的规划类型也在不断出现。

对于规划从业者而言，这一时期是一个规划知识快速传递、消化并运用的过程。尤其在 2012 年城乡总体规划修编的过程中，出现了不少新的规划编制模式。可以说在规划改革探索时期，不同部门的规划都做了不少大胆的尝试，这也正印证了规划是作为政策工具的一个重要属性。当我们面对一个大转折、大转型的时代，规划必将会做出最为理性和自觉的变化以适应新时期的需要。

2.2 从学习、借鉴到空间规划方法的初步应用②

承上所述，空间规划的概念和理论是业界最早研究的重点。我们当下讨论的空间规划是第二次世界大战之后产生的[1]。战后，欧洲国家为了满足经济社会发展的需要，开始探索空间规划之路以解决战后的种种问题。直到1999年《欧洲空间发展展望》的提出，空间规划才被赋予了当代内涵。其间，西方空间规划也在不断地修改与完善以契合空间治理的需要。如果将这个时期的空间规划发展做一个简单梳理，那么不难从以下几个方面了解空间规划发展的脉络：

2.2.1 空间规划编制体系大有不同③

空间规划编制体系反映了规划治理方式。虽然编制体系侧重规划本身，但是却能反映出规划研究、编制、实施、管理等各个方面。在本次规划改革之前，我国的规划编制是分散在各个部门的。也正是因为这样，才会有后来的"多规合一"。提到这个问题，不禁让我想起在一次探讨"多规合一"的讨论会上，一位学长曾经提到过他早年工作中遇到的一件趣事。在一次外事活动中，来访的是某国主管规划部门的负责人一行，而我国负责接待的人员则分别来自国家发展和改革委员会、建设部、国土资源部等多个部委，这也真实反映了那个时期我国规划体系的状况。实际上，如果我们回顾中华人民共和国成立后不同时期的规划编制体系，那么我们会发现规划编制体系也经历了不止一次的细分、重组过程。

我国的规划编制体系变迁是一个伴随不同时期经济发展不断调整的过程。在计划经济体制下，城市规划、区域规划均由国家基本建设委员会领导，国家计划委员会相比较空间规划的发展更重视发展规划。在改革开放初期，国土规划与区域规划工作合并转到国家计划委员会，这样就有利于对各类不同层次的综合性地域空间规划进行上下左右的综合协调。在此背景下，全国性国土总体规划纲要和地区性国土规划（区域规划）盛行一时[2]。然后很快国家减少了对各类地域空间规划的统筹，国家计划委员会重新将重点转向地区经济发展规划，城市规划司也回到了建设部[2]。国家计划委员会也在1998年国务院机构改革中改名为国家发展计划委员会，也就是今天的国家发展和改革委员会[2]。国家在地质矿产部和国家土地管理局合并的基础上成立了国土资源部，原先国土资源部只抓土地利用规划，后来被赋予编制国土规划职能，开始注重国土规划。之后的20年恰逢中国进入快速城市化阶段，发展和改革（简称"发改"）、住房和城乡建设（简称"住建"）、国土资源（简称"国土"）部门在规划领域中的三足鼎立基本形成。尽管这三个部门在规划编制过程中一直存在着技术、管理等方面的博弈，然而在快速城市化阶段也起到了较好的制衡作用。

由于各类规划由多头管理，部门职能不清晰，部门之间互相争夺区域规划空间的现象频发，因此在规划编制中也出现了大量重复工作，导致资源浪费、互不协调，对规划的科学性、权威性以及实用性造成影响。这也就引出了后来要解决所谓“规划打架”的呼吁。规划学界也开始将目光转向了域外，希望找到一些解决问题的答案。

1）欧盟空间规划：超国家尺度的空间治理方案

欧盟空间规划是一个超国家尺度的空间规划尝试。尽管在编制体系上很难与国家尺度的空间规划做比较，然而在编制体系思路上仍然有很多方面值得我们学习。如果深入探究空间规划发展的历程，那么我们不难发现欧盟空间规划对欧洲规划乃至世界空间规划的发展起到了创新推动作用。

曾经流行的战略性空间规划为欧洲在促进经济发展、提高生活环境、保护生态环境、维持生活公正等方面发挥着积极作用。但随着生活和生产方式的转变，规划重心的转移，空间联系不断复杂化的变化，为了提高地区的整体品质，实现地区的可持续发展，欧洲迫切需要一个新的规划方法取代原有的战略性空间规划[3]。同时，为了应对新的经济形势，政府规划职能发生了转变。政府各个部门相互沟通配合，重视区域空间整合发展，进而推行一系列政策支持“空间规划”创新，于是在 1999 年提出新的规划理念——空间规划。空间规划的核心理念依然围绕战略性空间规划，但是在原有规划的基础上更多地考虑新的城市与区域发展环境变化的产物[3]。

欧盟对空间规划的定义如下：空间规划主要是由公共部门使用的影响未来活动空间分布的方法，它的目的是创造一个更合理的土地利用和功能关系的领土组织，平衡保护环境和发展两个需求，以达成社会和经济发展总的目标。也就是说空间规划的核心是“国土整合 + 政策协调”。其中协调包括政府部门与部门的协调、层级政府与政府的协调以及区域与区域之间的横纵协调关系[4]。

2）英国空间规划编制体系

提及空间规划，很难回避现代城市规划的起源——英国。在 18 世纪中叶，工业革命拉开了西方发达国家城市化进程黄金时期的大幕[5]。英国为了改善城市化发展过程中所出现的一系列城市问题、保障民生的发展而颁布了相关法案，并在之后的时间里不断地进行更新与完善。可以说，英国在城市规划方面的探索为现代城市规划学科奠定了基础。

英国抛弃过去传统规划体系的转变基于 1947 年《城乡规划法》的颁布。《城乡规划法》提出了发展规划的概念，并在 1968 年进一步将发展规划分解成偏向战略性的结构规划和偏向实施过程的地方规划。分区规划、重点规划与专项规划属于地方规划，从而与结构规划形成郡层级与区层级规划的二级体系。随着行政区划权力体系的调整，二级体系虽然仍适用于非大都市地区，但是大都市郡被撤销后地方政府的权力被削弱，从而促成了综合发展规划的出现。

2001 年，随着社会发展核心和发展目标的转变，英国实行了 55 年的规划体系发生转变。2004 年，《规划与强制性购买法》的颁布标志着英国规划摆脱了以土地利用为核心的物质形态规划属性，英国规划正式进入“空间规划体系”时代，并形成了“国家—区域—地方”的三级体系。2008 年，《规划法案》正式颁布，法案深化了前期的规划理念并且强调公众参与，同时强化了可持续发展的规划理念。2011 年，《地方主义法》给予了地方政府更大的治理权益，又一次确立了英国实施至今的二级空间规划体系。可见，英国空间规划在编制体系中经历了“一级—二级—三级—二级”的演变[6]（图 2–1）。

英国政府结合行政区划及各区域之间的经济合作关系，将英格兰划分为九个区域[6]。各个区域的空间规划编制工作由各区域的规划机构承担，区域规划机构编制的方案由国务大臣审批通过之后再通过公开评估的方式获得公众意见（表 2–1）。区域政府办公室根据意见修改与编写公

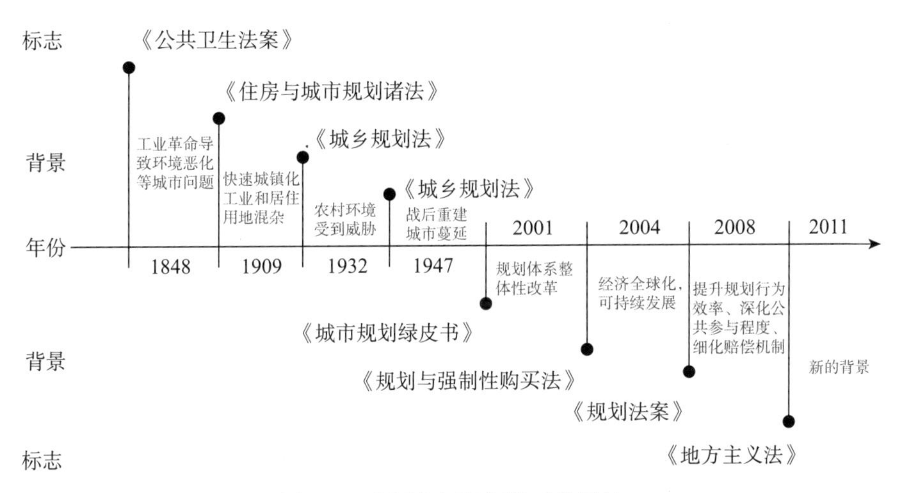

图 2–1　英国空间规划体系发展轴

表 2–1　区域空间战略修编主要程序的内容和参与主体

程序	主要内容	参与主体
1	草拟并发布编制计划和公众参与声明书	区域规划机构、区域政府办公室
2	草拟方案和政策，并进行可持续性评价	区域规划机构、社区
3	向国务大臣提供区域空间战略修订草案并进行公开咨询	区域规划机构
4	进行审查评级和公众评级	区域规划机构、社区
5	编写公众评议报告	区域政府办公室
6	发布修订情况和区域空间战略修订版	国务大臣
7	发布整个修订阶段的可持续性评价报告	区域规划机构

众评议报告，最后由国务大臣发布修订版情况，地方区域规划机构发布整个规划环节的可持续性评价报告[7]。

3）德国空间规划编制体系

德国可以说是世界上最早进行空间规划编制的国家之一。1935 年成立的空间研究办公室和 1940 年成立的地域研究处标志着德国空间规划的开始。当然，随着德国的战败，这两个机构也被强制解散。之后空间研究所重建，德国城市规划编制由各个州负责。这个状况一直持续到 1960 年全国统一的城市规划法——《联邦建设法》的诞生。1987 年，《联邦建设法》与《城市建设促进法》合并成为《建筑法典》(图 2–2)。《建筑法典》与《空间规划法》成为德国空间体系规划的主要执行法律，德国的空间规划职责、内容和编制都由这两个法律确定。

德国的空间规划编制体系由“联邦—州—地方”三级构成[8]。各层级空间规划分工明确，在上一级规划指导下编制下一级规划。规划体系连续且完整，并且每一层级空间规划均有相应的法律支持。联邦政府负责制定空间规划总体框架——联邦空间秩序规划。该规划由联邦和州政府共同编制，具体由联邦交通、建设与城市发展部负责编制，为整个德国的空间发展提供指导方向。州政府制定州发展规划和区域规划，其中州发展规划具体由公共行政管理机构、区域协会、乡镇管理部门等联合负责编制，而区域规划一般由区域规划协会负责编制。地方政府制定由预备性土地使用规划和建设规划（法定规划）构成的城镇规划，具体由地方政府部门负责编制[9](图 2–3)。

4）荷兰空间规划编制体系

除了欧洲空间规划、英国和德国空间规划之外，荷兰空间规划也是业内较为推崇的学习案例。荷兰位于欧洲西偏北部，是著名亚欧大陆桥

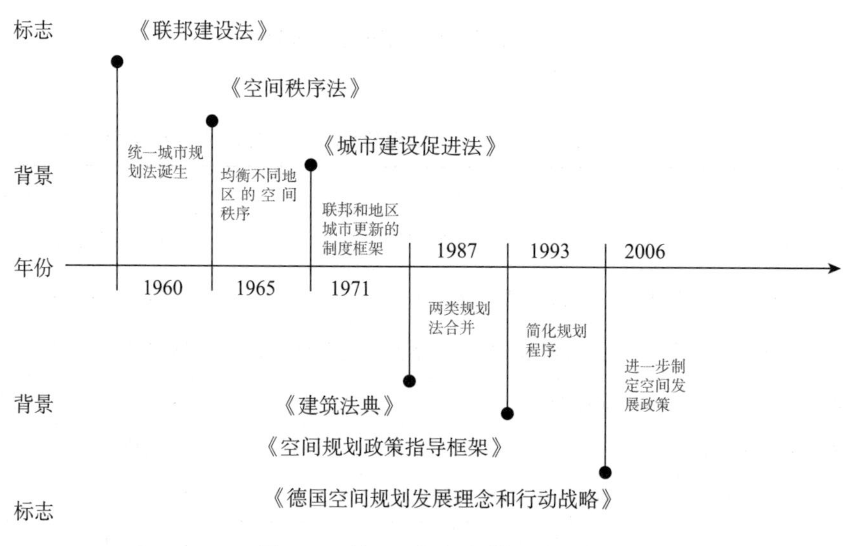

图 2–2　德国空间规划体系发展轴

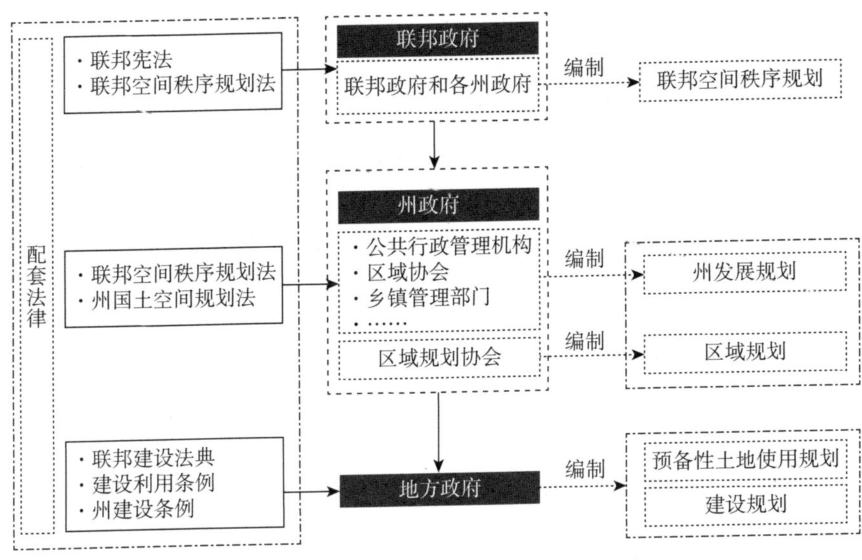

图 2-3　德国空间规划决策管理体系运行示意图

的欧洲始发点。荷兰 1/4 的国土低于海平面，因此被誉为“低洼之国”。因为荷兰的国土面积仅仅超过 4 万 km^2，并且它又是欧洲人口密度最高的国家之一，所以荷兰空间规划编制的一个重要背景是在空间需求较为紧张的条件下，实现有限土地资源的高效利用，以保障合理的空间活动范围。荷兰空间规划比较重视规划编制中如何解决建设开发需求、区域发展差异、土地利用浪费、物质环境破坏等空间问题。

在西方国家中，荷兰属于非常重视国家宏观空间规划构建的。并且，由于荷兰的空间资源相对紧张[10]，荷兰空间规划以高度管制性著称。荷兰空间规划具有综合性、多尺度、政策性特点，被认为是最详细的全面综合规划方法的典型[6]（图 2-4）。

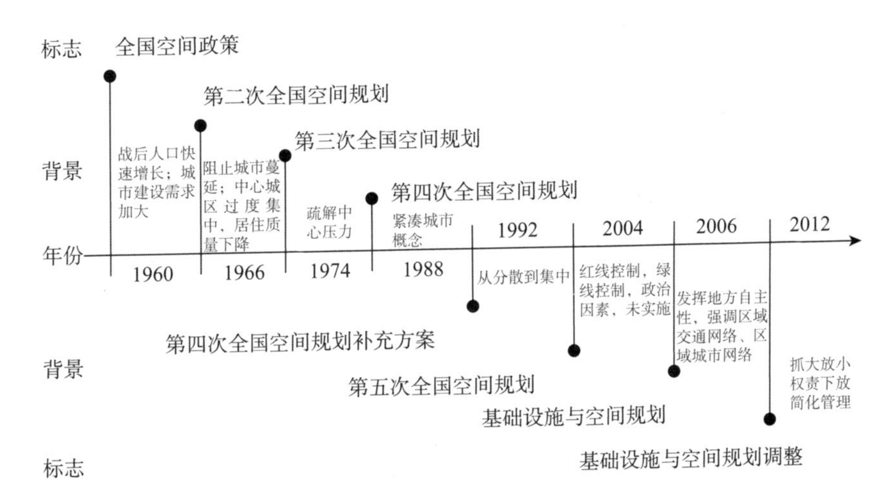

图 2-4　荷兰空间规划体系发展轴

至今为止，荷兰历经了五次全国空间规划的编制与调整，经过不断完善，最终呈现出由“国家—省—市”三级架构构成的荷兰空间规划体系（图 2-5）。其中远期战略规划由国家、省、市各级编制，土地利用规划是根据市政府所编制的法律规定编制的规划[11]。与我国现行规划不同的是荷兰国家级空间规划没有固定的期限。国家空间规划根据不同国民经济发展的变化，由议会和内阁进行提案修正，国家空间规划委员会负责统筹协调各部位规划之间的横向关系[12]。各个层级编制规划有独立的审批权，前提是下级规划必须顺应上级规划所提出的发展战略及理念，服从上级规划的重点项目规划安排。省级规划在三级规划体系中起到承上启下的协调作用，配合上下级衔接、协调整体的空间规划体系。

5）日本空间规划编制体系

日本在第二次世界大战之后，社会经济和人民生活都受到了很大影响。为了解决城市发展所面临的窘境，政府制定了《国土综合开发法》，从经济、社会、文化、政策等多方面对国土资源进行综合利用、开发、保护。全国国土综合开发规划空间规划编制体系是该法案的核心，其价值导向是以资源开发为核心。但凡城市规划专业毕业的学生，对日本的全国国土综合开发规划空间规划编制体系应该并不陌生。与《首都圈基本规划》《东北开发促进规划》《九州地方开发促进规划》只包含部分规划种类不同，《国土综合开发法》的覆盖面积更广，包含种类更多，规划方法更详细、全面，包括全国综合开发规划、都府县综合开发规划、地方综合开发规划和特定地域综合开发规划四个类型规划[13]。

20 世纪 50 年代，日本经济进入增长阶段，地域发展之间的差异变

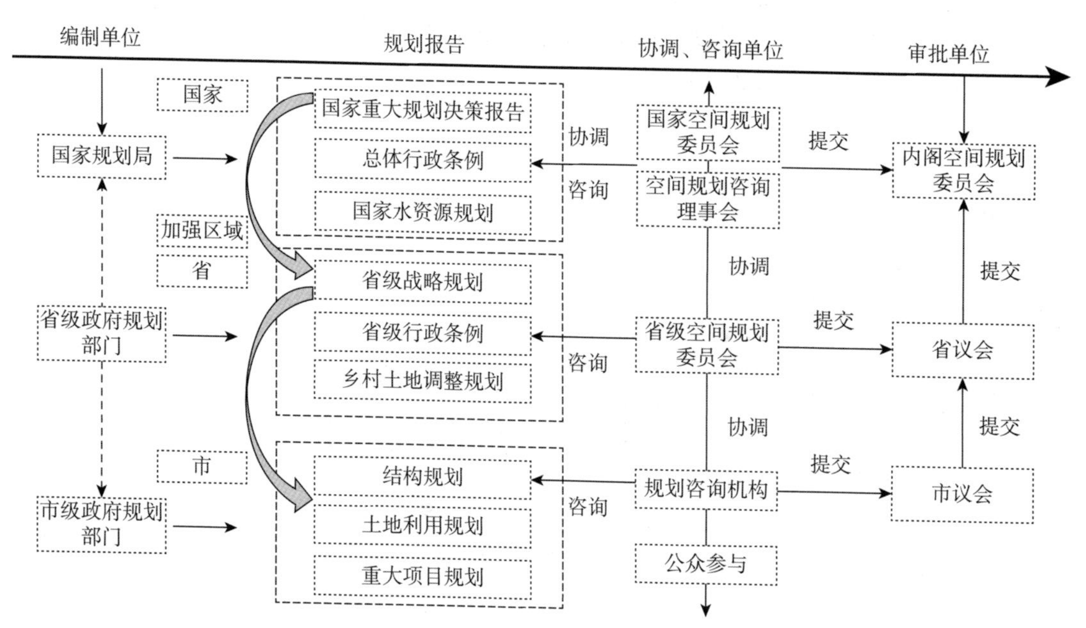

图 2-5　传统荷兰空间规划体系总框架（1965—2008 年）

得越来越大。为了均衡地域发展，日本政府于1962年正式发布实施了《全国综合开发规划》，也就是所谓的“一全综”。“二全综”主要采用大项目开发的模式，重点建设基础设施，创造富饶的环境，但是由于“石油危机”的影响，没有达到规划预期，因而有了之后“三全综”的编制。在“三全综”实施期间日本进入经济发展平稳期，某些以出口为主的地方产业由于广场协定的签署受到了很大波及，小单元城市人口持续减少，大都市人口集中现象明显。“四全综”的出现并没有改变“三全综”所带来的消极影响，日本经济进入长期低迷期。人口问题、全球环境问题、全球经济发展问题需要新视角、新起点以及新理念的规划体系出现，于是“五全综”应运而生。

“一全综”到“五全综”的开发都是以开发为基调[14]，其特点是国家主导的全国性规划体系，但是缺少听取地方意见的机制[15]。2005年提出的《国土形成规划法》完善了“全综”的规划体系，采取了国家与地方共同制定规划方案，明确了公民与地方政府在编制过程中大的参与作用，强调了成熟型社会的规划特点，规划内涵得到了提高（图2–6）。

我们可以发现，新一轮的日本国土形成规划与以往的许多规划有很大的不同，它更加强调“合作”与“管理”的重要性。“合作”强调中央与地方的合作、政府与政府的合作、政府与社会公众的合作，全方位的合作形成了更为全面的规划文本。“管理”强调政府职能的转变。国土交通省在国土形成规划中扮演着重要角色，在其他相关的职能机构中协调统筹，负责空间规划所涉及规划的运行。

日本从全球化、国际化的空间规划视角出发，将广域圈作为空间战略发展单元，强调各广域圈直接参与全球化竞争。日本国土形成规划更具全球视角，更关注全球化对经济社会发展和国土空间格局的影响，通过跨境交通基础设施的建设来实现国际化的区域协作，扩大国土“软空间”。在内部空间发展中，将更大的区域（广域圈）作为空间战略发展单元，强调各个单元的独立化、个性化发展，并通过单元之间的协作来实

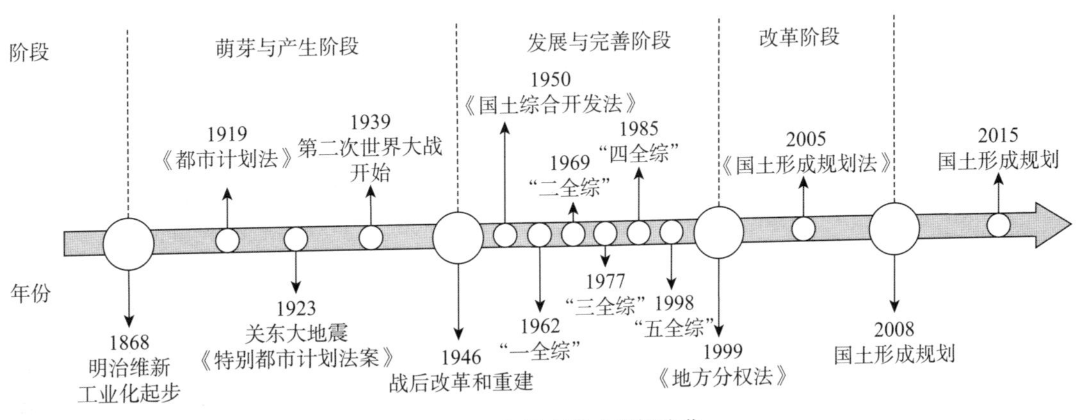

图2–6　日本国土形成规划演化

现整个国土空间发展的提升。同时在具体内容中，新的规划减少了数量的指标，而更多地引入了制度建设的内容。

6）小结：我们可以借鉴哪些有益的经验④

（1）构建完善的空间规划体系，明确各层次的责任分工

从英国空间规划的二级规划体系，到德国的“联邦—州—地方”三级规划体系，再到日本的垂直型两级空间规划体系[16]，这些代表性国家空间规划的一个共同特点都是规划体系在空间治理尺度上脉络清楚、层次分明。这与我国之前所形成的各部门规划编制过程“各自为政，以我为主”，以及“纵向到底，横向分离”的现状大为不同。

（2）淡化行政区划界限，基于“网络化”制定空间政策

英国空间规划体系转型的一个重要特征就是规划对连续“功能区”的关注，淡化行政区划的限制。日本新一轮的国土形成规划也增加了“广域圈”的内容，根据地方之间的联系，在全国范围内形成各具特色同时在功能上又相互合作（即既“独立”又“协作”）的10个广域圈。德国《德意志联邦共和国基本法》《区域规划法》等法律中都对区域协调发展做出了明确规定，并制定了相关规划以缩小区域发展差异，从而实现区域均衡、协调、高效发展。

（3）“国家—区域—地方”的各级空间规划明确事权

英国、荷兰、日本等国家的空间规划具有事权明确的共同点。“国家—区域—地方”的各级事权划分明晰且规范。国家层面主要以宏观指导性文件为主。区域层面较国家层面内容稍详细，主要内容偏重远期区域发展的战略规划。地方层面的规划较国家层面与区域层面的规划更为详细且具体，在遵循上位规划指引的基础上制定实施规划。在具体的空间治理层面，以荷兰的国家空间战略为例，最新的国家空间战略认为上一轮空间战略划定严格的红绿线界限不利于空间的发展并可能导致城乡空间的隔离。因此，荷兰不再划定严格的控制轮廓线界限，对于城市建设区以更加灵活的示意性图示代替。

（4）立足整体空间基础，聚焦空间政策核心议题

从荷兰空间规划的经验可以看出，空间规划必须在整体考虑空间的基础之上关注当前核心的战略要素。基础设施与水系治理议题成为最新一轮空间规划的战略，即对城市网络的构建。与之类似，每一轮日本的国土形成规划都有不同的主题，从最初的构建开发据点，到以点带面，到定居构想、交流网络，再到最新一轮的“空间营造”，每一轮规划都有针对性地解决当时经济社会背景下日本国土空间发展的关键问题。

（5）建立可持续评估、实时监测反馈机制

几个典型国家的空间规划，无一例外都十分重视规划的可持续评估和实施监测反馈机制。可以说空间规划的评估体系已经渗透到几个代表性国家空间规划的编制和运作的全过程，形成了良好的动态循环。在规划制定时，首先进行预评估和战略环境影响评价，讨论规划的可行性及

对环境的影响，以帮助公众和决策者做出正确的政策选择。规划执行后进行定期的过程监测和实施后评估，动态考察规划的结果绩效，反映实施中所出现的问题，并即时反馈给决策者进行必要的规划调整，这使得所有空间利益相关者都能参与到规划过程中，并合力改进、完善规划。

（6）鼓励多元化公共主体参与规划编制

荷兰、英国和日本在空间规划体系的发展演变中，都经历了规划编制和实施部门机构的调整。地方政府自主权的增加、区域政府规划职能的整合和多元化主体参与空间规划的编制实施成为共同趋势。如今中国的社会发展处在社会主义初级阶段，外部国际环境形式复杂，同时国内正处于推动高质量发展的变革阶段，政府与资本不再是空间规划的主体，民间群体博得了更多的关注，参与决策的方面越来越广，听见决策的声音越来越多。在空间规划的制定和实施过程中，建立一个由政府、社会精英、民众代表共同构建的多方协作架构显得十分重要。

2.2.2 空间规划管理如何科学决策⑤

1）德国空间规划决策体系

德国的空间规划也可称之为空间的协作性全面规划，涉及参与的部门多，规划范围广，内容全面。因此，德国空间规划决策体系受其政策体制的影响，同样也具有与其政策体制特征相类似的架构[17]。

各层级政府，乃至地方层面的空间规划方案，都有各自的规划管理制度和决策权力。联邦政府在国家空间规划中起到把控全局的作用，通过制定立法保证在规划过程中项目运行的连贯性。在决策体系中，联邦政府的空间规划更像是一种框架规范，并没有实际的掌控权。并且，联邦层面的空间规划的决策主要是由16个州（市）政府通过会议协商确定。州政府负责州空间规划的制定，地方政府则负责地方空间规划的制定。上级政府对下级政府有决策的话语权，但只有宽泛的管辖权而没有决定权。下级政府在规划上有一定的自由权，但受到上级政策的管制。

2）荷兰空间规划决策体系

荷兰的空间规划决策体系由“国家—省—市”三级体系构成[18]。国家级空间发展规划主要包括国家空间战略，起核心指引的作用。省级空间规划不是强制性规划，但在空间规划协调中起到重要作用。市级空间规划是三级体系规划，分为结构规划与土地利用规划两个层次，对地方开发建设活动具有绝对的约束力[1]。国家级和省级的空间规划都是指导性的，市级空间规划则更具约束性，并且这个约束力的决策方是地方政府。

中央政府制定全国空间规划，具体由基础设施与环境部[19]（由住宅、空间规划和环境部，农业、自然管理与渔业部，交通、公共事务与水管理部，以及经济事务部四个部门整合形成）负责编制。省级政府负责编制省结构规划，当然这属于非必须空间规划。市级政府负责编制结构规划和土地利用规划，其中土地利用规划为法定规划（图 2-7）。

值得一提的是荷兰国家空间规划将空间分为基础层、网络层、使用层三个层次[20]，这个划分方法在后来我国空间规划研究中受到了业界很大的关注，对于我国规划改革的确具有很高的借鉴价值。如图 2-8 所示，从下至上分别为基础层、网络层和使用层。基础层包括水系统、生物系统以及非生物系统，通过自上而下的整体管理与协调来解决、完善基础层内系统。网络层包括交通网络、能源网络、绿色网络等。规划提出了发展网络层伴随的环境问题，强调对绿色能源的利用。使用层包括城、镇、村的休闲、生活以及工作场所。空间规划中用红线、绿线划分出不同的区域空间，强调在保证区域公平发展的前提下，在保持区域差异特色的基础上，提高居民生活水平，改善区域空间质量。

荷兰空间规划的一个重要出发点，就是在整体考虑空间各要素的基础上聚焦核心战略要素，国家层面的空间治理在保证基础设施建设的条件下，预留发展空间交给市场，让政府和市场各自发挥作用，进而在国家层面实现了资源配置的最优化[1]。如荷兰新一轮发展意向是构建“城市网络”，实现各个城市之间的互补增援，从而平衡区域之间的发展水平，增强荷兰在欧洲的核心竞争力[21]。

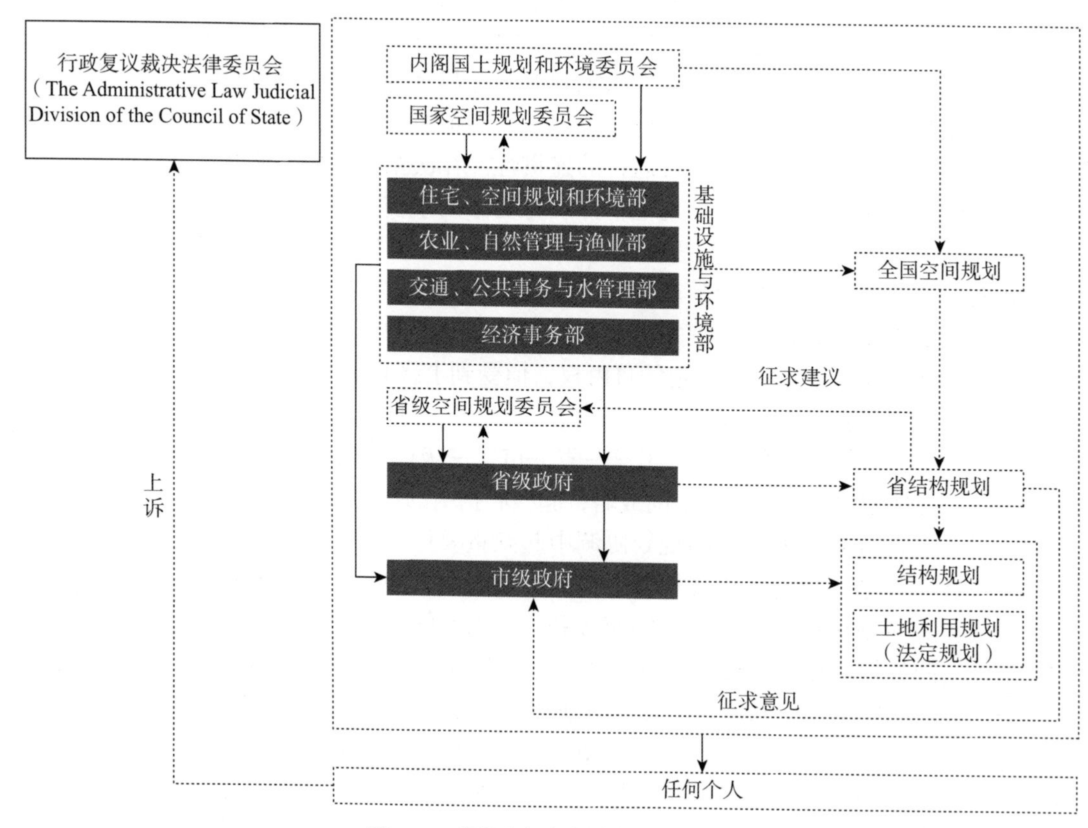

图 2-7　荷兰空间规划决策体系示意

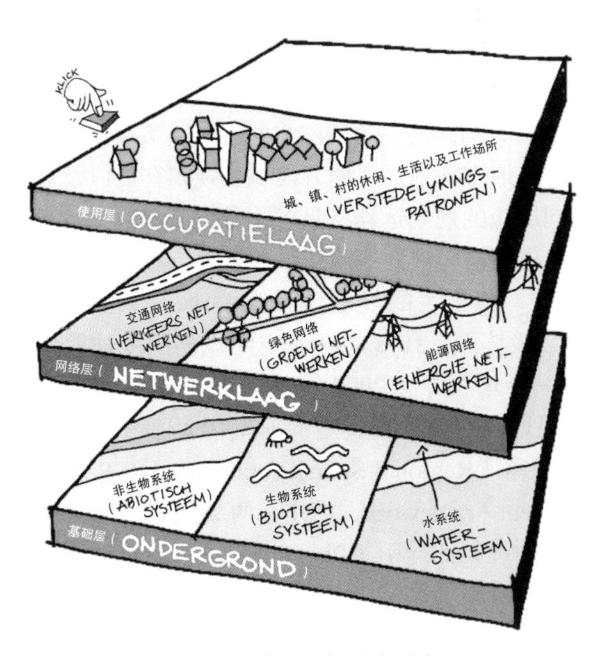

图 2–8　荷兰空间层次示意

从严格的区域轮廓线（红线）政策到灵活、弹性的“网络化”区域空间格局。在实行了三轮严格的区域轮廓线（红线）政策以后，荷兰最新的国家空间战略取消了这一政策。究其原因，是因为长期的空间规划实践表明，过于严格的红线划定并不利于空间的发展，甚至还可能导致城乡空间的隔离。最新的空间规划已经不再划定严格的红线和绿线界限，而以更灵活的示意性图示代替[21]。最新的荷兰国家空间战略规划提出了具有发展优先级的 6 个“国家城市网络”和 13 个“经济核心区”，大多数经济核心区都坐落在城市网络内。在每个城市网络内，以“集中（城市化）区”来取代之前过于严格的红轮廓线，加强地方政府空间的扩大以及城乡一体的融合发展[21]。

3）日本空间规划决策体系

日本空间规划的主体是国土形成规划[13]，由“中央—都道府县—市町村”三级体系构成。国家层面的规划运行的职能由国土交通省（由运输省、建设省、北海道开发厅、国土厅等中央机关合并形成）一个部门统一执行，国土交通大臣具有决定权，负责两个县或两个县以上的大范围规划。都道府县的规划范围超过市町村，由知事进行决定且在与地方决定规划有冲突时具有优先权。市町村的规划由各级政府决定[22]。日本的每一次空间规划在讨论结束后都需要由国会批准，规划的制定、决策、实施、管理等每一个步骤都配套详细的法律与行政机制，发挥规划规范的效力，使日本的国土开发有法可依，大大减少了开发过程中内外在因素的影响。例如，在《国土综合开发法》之后制定了 30 余部配套法律，以保障《国土综合开发法》的有效实施[23]。

4）英国空间规划决策体系

受其国家行政体系影响，英国在每一个地区都拥有各自的规划系统，下面我们以英格兰为例，谈一谈英国空间规划决策体系。负责英格兰空间规划系统的主要是地方规划局、地方议员、规划官员以及规划督察[7]。每个部门负责不同层级的规划运作，且各个部门有横纵向的管理流程，任何部门都没有单独决策空间规划编制结果的权力（图 2–9）。

1945 年至今，英格兰的规划体系由一级—二级—三级—二级体系发展到如今的二级体系，传统的区域空间规划制度被取代，"自下而上"的规划权力进一步增强[7]。2004 年英国规划体系改革在欧洲规划里是从传统的用地规划向空间规划转型的典型代表。改革后的空间规划体系包括区域空间战略（Regional Spatial Strategies，RSS）和地方发展框架（Local Development Framework，LDF）两级规划，国家层面没有具体的规划而是关于规划政策的导引（Planning Policy Statement，PPS）。

（1）两级规划决策体系清晰且事权划分明确

英国的两级规划决策体系清晰且事权划分明确，区域空间战略（RSS）强调战略层面而非战术层面的内容（表 2–2），提供的是空间发展的指导思想和原则框架[24]，战术层面的规划则由地方发展框架（LDF）

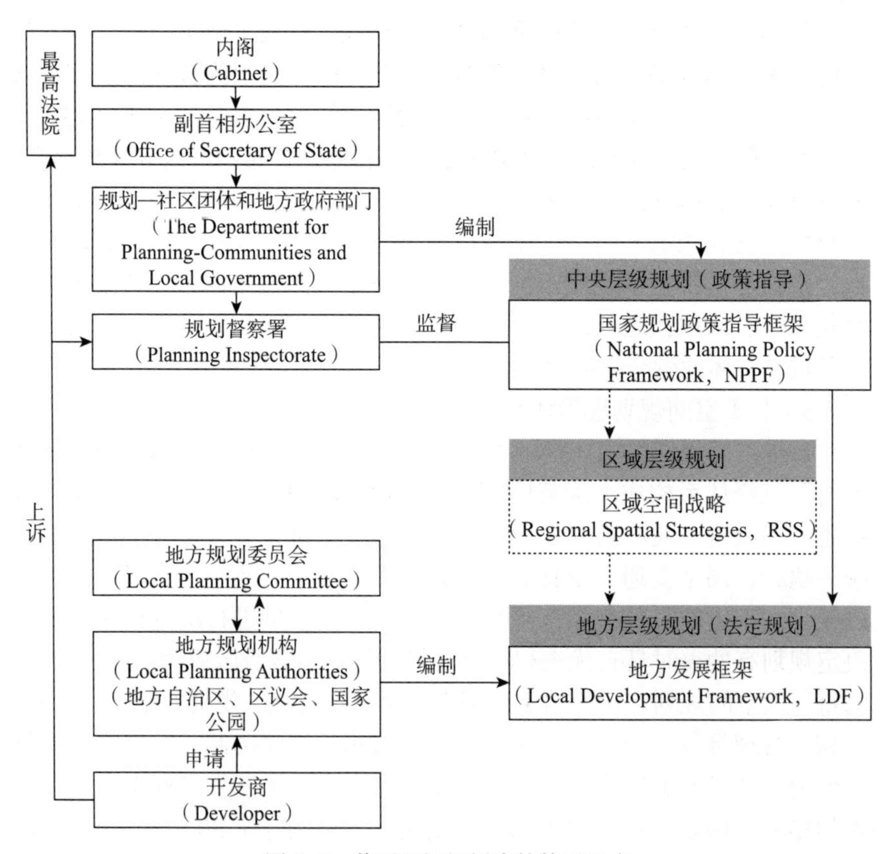

图 2–9　英国空间规划决策体系示意

表 2-2　英国区域空间战略主要内容一览表

序号	主要目标
1	战略期区域空间的远景及怎样为实现可持续发展目标做贡献
2	确定主旨和目标，用明确的政策来制定简明的空间战略并通过工作图来说明该战略
3	解决跨区域问题但不解决属于地方发展框架（LDF）的地方问题
4	与其他区域框架和战略［包括区域可持续发展框架（Regional Sustainable Development Framework，RSDF），区域文化、经济和住宅战略］保持一致，并给予支持
5	与国家政策衔接，提供空间的具体政策，以使国家政策适用于地区环境
6	适用于区域性而非具体地点的问题，详尽程度不超过地方发展文件（LDD）
7	指出如何实施战略及实施的具体期限
8	建立政策目的和优先项目、目标和指标之间的联系，每年以优先项目的实施和区域远景的实现情况来监督区域空间战略（RSS）的实施并审查评议
9	有利于实现《规划与强制性购买法》所规定的可持续发展目标的其他内容

提供。区域空间战略（RSS）大部分政策的主体内容都是对地方发展文件（Local Development Document，LDD）的编制要求和指引，即区域空间战略（RSS）并不直接涉及地方开发活动的管理和控制[25]。这种战略与战术层面规划清晰的事权区分，从根本上体现了英国政府对区域战略性规划政策的重视，既为地方发展提供了明确的方向，同时又保留了较大的发展弹性。

（2）区域空间战略超越了传统土地利用规划内容，整合了土地开发利用政策

上文提到英国空间规划包括强调战略层面的区域空间战略（RSS）与战术层面的地方发展框架（LDF）。区域空间战略（RSS）在战略层面上起到整合的作用，尤其是土地利用与土地开发的高效整合。同时，区域空间战略（RSS）的政策主题涵盖了可持续发展的四大领域十七个方面的内容，涉及的范围广，需要汲取国家政策和法规并选取符合政策主题的核心文件，需要考虑各个政策部门的战略、规划和计划，建立各个群体的沟通途径，确保空间规划各个方面的连续性。区域空间战略（RSS）需要由上级层面制定战略性框架并由下级层面制定地方规划推行实施[26-27]。

（3）将可持续评估纳入规划编制程序并将评审纳入公共检查程序

规划政策可持续评估（Sustainability Assessment，SA）是区域空间战略（RSS）改善决策质量，确保政策符合可持续发展目标的重要机制。可持续评估（SA）融入多方判断与利益关系权衡，多方公众监控，真正践行公众参与，切实政策制定与实施的公平、公正、公开原则[26]（专栏 2-1）。

专栏 2-1 《城乡规划（区域规划）(英格兰）条例 2004》摘录

根据《城乡规划（区域规划）(英格兰）条例 2004》第 12 条可知，区域空间战略（RSS）修订必须与可持续评估（SA）一同进行。可持续评估（SA）随着区域空间战略（RSS）修订的开始而开始，为必要的阶段提供参考信息，基于充分的数据基础、系统的评价框架和不断反复的评价过程，确保规划决策过程的高质量。可持续评估（SA）要参照《关于区域空间战略和地方发展框架可持续评估的咨询文件（2004）》《战略环境评估指示：对规划机构的导引（2003）》等相关文件的指引。可持续评估（SA）开展的目的在于实现四个可持续发展的目标：第一，维持高和稳定的经济增长和就业水平；第二，承认每个人需求的社会进程；第三，对环境的有效保护；第四，对自然资源的小心使用。

可持续评估（SA）一般包括五个阶段：第一，设定背景和目标，建立基线并确定研究范围；第二，发展和定义选项；第三，评估规划草案的影响；第四，对规划草案和可持续评估（SA）报告的咨询；第五，监控规划的实施。这基本上是一个循环反复的过程，依照相对固定的“科学理性”程序展开，其中也融入了多方的价值判断和利益关系的权衡。可持续评估（SA）过程涉及多次的外部信息加入，首先是目标的识别、基线信息的收集，然后是对可持续评估（SA）范围的咨询、对可持续评估（SA）选项的咨询、规划变更信息的加入等。

（4）设立区域空间规划的专门机构

英国的区域规划机构（Regional Planning Body，RPB）由区域议院、政府区域办公室和其他利益相关者三个部分构成，担负着各自独立而又相互关联的职责。区域规划机构（RPB）确保任何区域空间战略（RSS）的修订都是为实现可持续发展这一目标，从而帮助达到政府规划制定的法定目的[26]（图 2-10）。

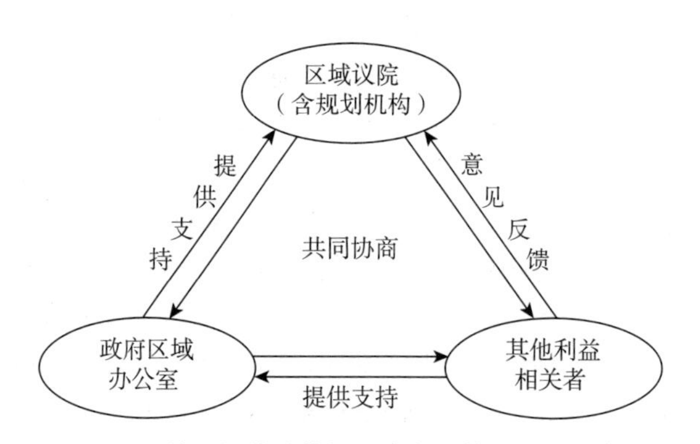

图 2-10 区域空间战略修订程序与可持续评价程序关系

5）小结：国外空间规划决策体系异同点

（1）国外空间规划决策体系共同点

① 空间规划层级与行政管理机构设置相对应

空间规划是政府用于国土资源调控、协调空间发展的工具。例如，上文所列举的四个国家的空间规划体系，行政管理机构设置的层级对应相应层级的规划，规划体系的层级与政府行政管理体制相关（表 2–3）。

② 规划事权集中在单一部门或机构

为了适应全球化发展、增强自身竞争力，这几个国家基本已推行了规划管理体制改革（也可以说是一种“大部制改革”）。这些国家将职能相近、业务范围趋同或相关的部门进行了合并。并且不同层级政府部门的规划事权边界比较清晰。这样就可以实现各层级规划体系客观上规划内容不同但能相互衔接、相互配套，形成连续性较强的空间规划有机整体。

德国以层层制定法律的形式明确划定各级行政管理机构的规划事权（详见图 2–3 及表 2–4）。荷兰的基础设施与环境部实际是由住宅、空间规划和环境部，农业、自然管理与渔业部，交通、公共事务与水管理部，以及经济事务部四个部门整合形成。日本具有最高权威的规划管理机构——国土交通省实际是由原来的运输省、建设省、北海道开发厅、国土厅等部门合并形成。英国的中央规划编制管理机构为规划—社区团体和地方政府部门，顾名思义该机构具有规划、社区团体及地方政府等部门职能。

③ 具体空间规划事务事权下移且具有相当的灵活性

从这几个国家的规划编制和决策体系分析，我们不难发现各国中央政府层面制定的空间规划并非真正意义上的具体空间事务规划，而是侧重于宏观的、具有战略性的空间发展政策和原则，国家层面的空间规划

表 2–3　典型国家规划层级体系与行政管理机构设置对应关系一览表

国家	行政管理机构设置层级 / 个		规划体系层级 / 个	
英国	3	· 英格兰 · 郡（大部分已撤销） · 市	2	· 区域空间战略 · 地方发展框架
德国	3	· 联邦政府 · 州政府 · 地方政府	3	· 联邦空间秩序规划 · 州发展规划和区域规划 · 城镇规划
荷兰	3	· 中央政府 · 省政府 · 市政府	3	· 全国空间规划 · 省结构规划 · 结构规划、土地利用规划
日本	3	· 中央 · 都道府县 · 市町村	4	· 全国国土综合开发规划 · 区域国土综合开发规划 · 都道府县国土综合开发规划 · 市町村国土综合开发规划

表 2-4　德国各级政府规划事权

<table>
<tr><th colspan="2">行政区域</th><th>规划事权</th></tr>
<tr><td colspan="2">联邦</td><td>制定全国国土空间协调发展原则和方向性、纲领性、总体性的愿景；
协调全国的部门规划；
协调各州的空间规划</td></tr>
<tr><td rowspan="2">州</td><td>州发展规划</td><td>制定州国土空间协调发展的原则和目标；
协调州的部门规划；
规定各区域的发展方向和任务；
审查和批准区域规划</td></tr>
<tr><td>区域规划</td><td>制定区域国土空间协调发展的具体目标；
规定各城镇的发展方向和任务；
审查城镇规划</td></tr>
<tr><td rowspan="2">地方</td><td>预备性土地使用规划</td><td rowspan="2">调整城镇行政辖区内的土地利用和各项建设使用，实现城市建设的可持续目标</td></tr>
<tr><td>建设规划</td></tr>
</table>

均以指导性为主。具体的空间规划事务多由地方政府负责，形成法定规划，落实到具体的用地，注重规划的实施性。

德国在空间规划方面的立法从侧面反映了空间规划决策的实际权力在各州和各城镇。联邦层面制定的空间规划具有总体性、方向性、纲领性的特点，从宏观上制定空间协调发展的原则[28]。州政府的任务是颁布州空间规划法，将全国的框架性法律具体化。

荷兰空间规划在推动城市化发展中起到了积极的推动作用，但是编制周期过长、法规过于繁杂、强调控制、被动式发展等问题一直以来都困扰着规划界。人们对规划的要求与需求也越来越高。为了满足经济发展的需要，荷兰国家行政政策科学委员会提出了新的国家发展方向，即政府不应该通过法规来控制发展，而应该积极地促进发展；并且在《空间备忘录草案（2004）》提出了新的规划原则，即“权力下放，让基层部门拥有更大决策空间”[18]。

日本空间规划中制定的《地方分权法》调整整促地方分权。法令规定在国家政权统一领导下，地方政府自主地处理地方事务，规划事权逐步下放，由地方主导。

英国地方政府在这个方面一直拥有较大的空间规划自由裁量权。首先，中央政府层面仅能制定指导地方规划的政策集合——国家规划政策指导框架（NPPF），并不具备强制性；其次，地方政府编制的地方发展框架（LDF）为法定规划，具有法律约束力；最后，2011 年英国还颁布了《地方主义法》来强化地方政府的决策权。

（2）空间规划决策体系的不同点

① 空间规划的协调管理机制不同

德国通过各层级部长召开空间规划问题会议进行空间规划的协调。

部长联席会议下设有专门的委员会负责专题协调，委员会讨论的范围几乎是整个规划涉及的范围[29]。

荷兰通过国家空间规划委员会进行空间规划的协调（表2–5）。在荷兰空间规划实施中，中央政府的职责是执行、监督和帮助，不介入具体事务。但在中央和省级政府层面均设置空间规划委员会，用以协调“中央—省—市”政府的纵向垂直关系以及同级政府不同部门之间的横向水平关系。具体而言，内阁国土规划和环境委员会对国家空间规划委员会制定的全国空间规划进行评议、协商之后向国会递交提议进行表决。省级政府在编制区域性的结构规划过程中则需要征求省级空间规划委员会的意见[21]。

日本通过国土审议会制度进行空间规划的协调。日本分别在中央、都道府县及市町村设置国土审议会，并在国土审议会下设规划部会和专业委员会，审议各层级的国土开发规划，同时向主管行政长官和议会提出意见或咨询，以此来协调中央与地方、议会、公众之间的关系（图2–11）。

英国通过设立规划督查制度进行空间规划的协调。英国为了制约地方政府自由裁量权，成立了规划督查署[30]（Planning Inspectorate，PI）来实施规划督查，并对国务大臣和议会负责[8]。规划督查署主要有两项职责：一是处理有关开发与建设项目规划许可申请的上诉案件，代表国务大臣介入城市开发与建设项目规划许可审批；二是为其他中央政府部门处理相关的上诉案件。

② 规划体系的灵活性和弹性不同

较之上述的其他三个国家，日本对空间规划的控制力度较大。日本

表2–5　荷兰空间规划协调

政府高层	设立机构	成员组成	主要职责
中央政府	内阁国土规划和环境委员会	由空间规划相关的部门长官组成，荷兰首相亲自兼任委员会主席	对国家空间规划委员会提出的国家空间规划政策文件和建议进行评议； 向国会提交提议进行表决
	国家空间规划委员会（秘书处设在住宅、空间规划和环境部的国家空间规划局）	由相关部的高级官员组成； 国家空间规划局局长任委员会秘书	制定国家空间规划； 协调各部门利益； 监督空间规划的实施
省级政府	省级空间规划委员会	各政府部门的长官； 空间规划督察员； 各社会团体的代表； 非官方专家	具有省级空间规划委员会和顾问委员会的双重职责

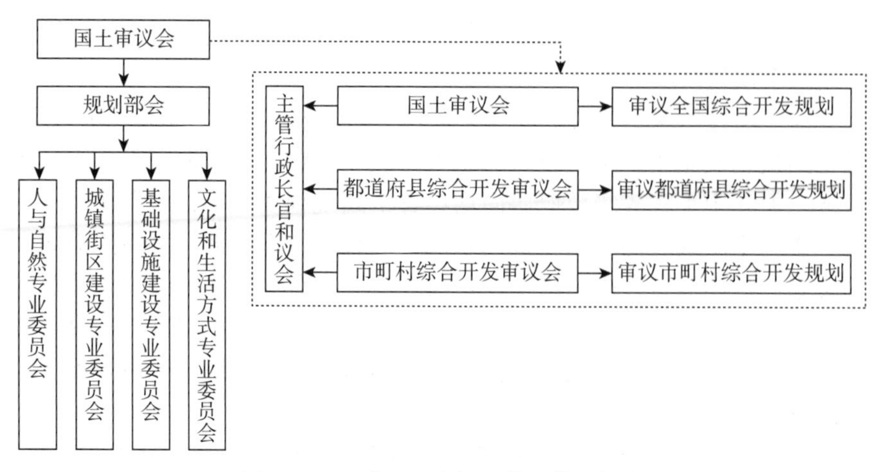

图 2–11　日本国土审议会管理体系架构

通过逐级规划并根据每一层级制定相应的配套法律，严格保护规划的确定性。与日本空间规划不同的是，英国、德国及荷兰三国通过颁布或修改法令的方式来保证空间规划体系的灵活性和弹性。2004 年，英国颁布了《规划与强制性购买法》[30]。该法律规定，当发展出现预期之外的情况需要修改或调整规划时，可以通过修正、调整地方发展框架（LDF）的段落内容来解决，或者可以编制一项行动规划，不需要通过对整个规划进行修编，简单化了后期规划的修编过程。

荷兰颁布《19 条款程序》(*Article 19 Procedure*)[30] 为规划的修改提供了法律依据，使规划的修改和变更更为合理。《19 条款程序》规定，当一个城市在进行规划的编制或提交审批时，如果出现新的发展需要，发展项目可以先行执行；如果出现某个特殊或者必要的开发项目，尽管与既定的法定规划有矛盾，仍可以获得建设项目的申请[19]。德国修改的《建筑法典》规定，建筑计划的修改只需在建筑设计的实施合同上修改即可，该规定增加了基层土地利用规划和建设规划的弹性。

（3）对我国空间规划改革的启示

① 匹配行政管理层级设置，重构规划体系

规划改革后，我国实行的是“国家—省—市—县—乡镇”五级行政管理层级。在大部制改革之前，除国土部门外，其他部门分头制定的空间规划体系尚未完全匹配这一管理层级。如发改部门主导的主体功能区规划仅包括“国家—省”两级体系，住建部门主导的城乡规划实际包括“省—市（县）—镇”三级体系。这直接导致不同规划体系间缺乏对应层级的协调平台。为保证规划体系的连续性，逐级贯彻国家层面的空间规划政策，重构规划体系层级使之匹配行政管理设置应成为改革的重要方向。

② 调整规划事权是改革的一项重要任务

我国规划职能长期以来分散在发改、住建、国土、环保等众多部门，规划事权分散、边界不清，导致规划内容交叉重复。改革后的部门职能整合应明确规划体系中各层次、各部门规划的事权。这些都应是空间规划改革的重要任务。

③ 在空间规划法规调整完善的过程中，重视具体土地利用规划事权的下移

中共中央办公厅、国务院办公厅印发的《省级空间规划试点方案》中提到，要"推动完善相关法律法规""探索空间规划立法，在省级空间规划和市县'多规合一'试点基础上，对空间规划立法问题进行研究"。在相关立法完善的探索中，要充分借鉴具有成功经验国家的空间规划立法经验和教训，避免自上而下管控过严、过死。应赋予地方政府适当的发展弹性，以适度的地方自由裁量权保障空间规划在地方层面的实用性、有效性。

2.2.3 空间规划实施三个现实问题[⑥]

"规划同时性"是近年来规划研究中非常强调的一个理念，这个理念主要是对单向线性规划思维的反思。规划同时性不仅仅是对影响规划结论要素的系统考虑，更是对规划编制过程的系统统筹。传统的"规划分析—规划编制—规划实施"过程转变为分析、编制、实施的同步思考。

在具体规划实践中，要让规划编制科学确实也需要让规划过程同时兼顾规划分析（所谓起点）、规划编制和规划实施（所谓终点）。空间规划实施过程很难绕开诸多现实问题，这些问题就需要在规划编制伊始就开始考虑。规划实施过程中需要面对的挑战，同样也是规划编制过程中需要研究的重点。从这个角度来看，我们不妨借鉴国际经验，探讨在规划过程中很难绕开的三个问题，即钱从哪儿来、地如何用和产如何投。

1）钱从哪儿来

"钱从哪儿来"虽然听起来比较尴尬，但是这也确实是规划中最为重要的问题之一。各国在解决规划实施过程中的资金保障问题也是各显神通。例如，在空间规划实施过程中，为了更合理地支配空间规划实施后的财政预算，荷兰国家政府额外编制政府财政预算用于空间规划实施的引导资金。此外，在第四次国家空间规划编制及之后的每一次空间规划中添加中央与省级政府关于空间规划财政支持的附件文件。该文件明确规定，为实现国家空间规划，中央政府必须向省级政府提供财政支持，同时还对省市级政府应该实现的绩效进行了规定[31]。如国家财政对于第五次国土空间规划的支持，将有"城市更新投资预算"[Urban Renewal Investment Budget（ISV-2 in Dutch）]与"农村投资预算"[Rural Area Investment Budget（ILG in Dutch）]两项投资实施计划的跟进。总体上相关的政府投资约占政府总支出的9.4%、国民生产总值（Gross National Product，GNP）的2.3%左右，这从某种程度上保证了荷兰国土规划的

有效实施。

日本政府则是采取直接式和间接式的两种财政支持方式：对国家公共设施以及指定的开发区进行直接式投资；通过提高中央与地方合作项目中中央的投资比例，或者减免地方税，进而间接性地对区域项目进行财政补助。同时日本为了保证空间规划的实施，根据区域“过密”与“过疏”两大现象来分类制定财政政策。针对“过密”区域往往采取三个方面的策略：第一，加强基础设施投入，需要注意的是日本政府在这方面的投资几乎可占总支出的40%—50%；第二，制定税收优惠政策，吸引外来投资，如减免部分税收，进而促进企业和人口向外转移，同时吸引民间资本投入基础设施建设；第三，发挥财政转移支付制度对地方财力的平衡作用，保证民众所享公共产品和服务的水准。

除了财政支持，日本还采取了两种渠道进行融资，即通过政府金融机构来设立专项贷款和导向性贷款，例如，成立了北海道东北开发公库、冲绳振兴开发金融公库等区域性开发金融机构[13]。日本在国土形成规划中增加了各级政府、非利益团体、民间企业以及个人等多元社会主体的金融投资鼓励，如挖掘当地人的主人翁意识，吸引民间投资。同时，当地政府在行政等方面支持地区发展，企业家反哺家乡，发挥企业社会责任（Corporate Social Responsibility，CSR）精神等拓宽融资渠道。甚至通过一些特定消费者募集的小型公募债券来发展非营利组织（Non-Profit Organization，NPO）银行、社区基金、街区建设基金等。

2）地如何用

土地毫无疑问是空间规划中最为重要的生产要素之一，土地利用问题也是规划编制中最为难啃的“硬骨头”。新加坡的土地政策和管理机制较为完善，也为新加坡空间规划的实施和经济社会发展提供了坚实的支撑。新加坡的经验很值得我们借鉴与学习。

在征地补偿政策上，新加坡运用直接比较法、净收益资本化法、重置成本扣除折旧法等方式对土地的现状用途价值以及未来规划用途的价值进行评估。当然，评估土地价值是建立在合理、合法的范围内获得土地增值[32]。除此之外，新加坡还成立了上诉委员会和上诉庭以裁定土地征用的补偿金额。此外，土地使用大于10年需征求八成利益相关者的同意方可征用，不足10年的，需要取得九成利益相关者的同意。这从一定程度上避免了“钉子户”现象的出现。

在土地出让政策方面，新加坡政府创建了一套新的运转机制——“二次出让”，确保参与的各个部门职权分明。通过采取差别化的出让方式、出让价格、出让期限，发挥政府对不同行业用地的调引，体现了政府的发展意图和战略导向[32]。土地出让之后获得的出让金必须上缴国库，相关政府部门和法定机构无权支配，只有在得到总理和总统的双重签字认可时方可使用。

新加坡特别看中增量土地的集约化利用，如通过向上拓展、向下延伸的方法善用空间，提高建筑密度与容积率。同时，新加坡还融入了多功能使用建筑，加入了美观绿化功能，提供了弹性白色地块以供未来发展需求的使用。这些策略都从一定程度上提高了土地集约节约利用的水准。

3）产如何投

产业一直以来都是规划编制中地方政府最为关心的问题，甚至不少地方政府的规划编制都是为了服务产业发展。在荷兰空间规划中，产业政策的空间导向是其研究的重点之一（表2–6）。在荷兰空间规划中，一方面，采取比较严格的产业区位政策，所有的产业活动位置必须符合国土规划尤其是土地利用规划所要求的土地使用权限[31]。例如，农村地区在通常情况下不允许发展工业，但中央政府同样指出可将乡村地区的闲置新建筑转化为住宅或小型企业；新建庄园也可带来对休闲设施或自然保护区设施的投资等。另一方面，国家会在产业发展方向上给出明确的聚焦。例如，第五次国家空间规划曾明确指出，要提高水、农产品、园艺与园艺原材料、高科技系统与材料、生命科学与医疗、化工、能源、物流、创意产业等方面的国际竞争力，并给出了重点产业的重点发展区域。

从以上三个问题的分析，我们不难看出规划中的资金安排、土地安排和产业安排自始至终都是规划过程的重点。从各国的经验也可以看出，空间规划在思考这三大问题的时候也充分体现了其公共政策的属性。

表2–6　荷兰产业政策的空间导向

主要发展方向	空间分布
智力港	荷兰东南部智力港口
绿色港	芬洛、欧斯特兰西地、阿尔斯梅尔、荷兰北部、布斯克布和巴布区
能源港	格罗宁根
食物谷	瓦赫宁恩
健康谷	奈梅亨和位于中西部布拉班特的“康复谷”
微科技	乌特勒支科技公园，以及图特大学和代尔夫特理工大学

2.2.4　西方国家空间规划经验借鉴与思考⑦

1）空间规划应体现统筹、协调和平衡的治理目的

规划是治理工具，自然首先应体现治理的基本属性，即统筹、协调和平衡。正如上文所提到的德国、荷兰两国的空间规划体系，各个层次的空间规划都具有相对独立的编制权、审批权，但是它们之间也存在相互制约的关系。在下层规划遵循上层规划制定的基础上，上层规划对下

层规划具有战略引领作用，无直接管辖权。荷兰各级规划的制定都会邀请下层规划的政府人员参与，并同时取得上层规划的审批认可。这样的协调统筹工作才能够确保规划的整体协调性[11]。在不与顶层规划类法律相冲突的情况下，各州可根据自身的经济、地理、人口等各项条件，制定适合本地法律的同时又要保证法律的可实施性。这也是整个欧洲共同体平衡与可持续策略的体现。

2）空间规划的编制构成不仅应多层次，而且应多类型

我们往往会较为习惯性地从治理尺度上去划分空间规划的层次，从国家到地方的空间规划应该存在着不同的层级。除了空间层次，空间规划还应该具有多类型的构成特征。尤其对于我国这个幅员辽阔的大国而言，构建好多层次、多类型的规划体系能够较为清晰地界定规划编制的边界问题。在此基础上，还应该有不同类型的法律、法规作为支撑，使得不同类型和层次的空间规划有法可依。

例如，德国就是采用主干法辅加从属法规、专项法的形式形成多类型的空间规划构成。在法律、法规支撑方面，以主干法为指导，以专项法与从属法为配套，共同引导国家的稳步发展。如在空间规划制定时，除了主干法律，也会有《农业生产法》《交通法》等配套法律与之协调。由此，德国空间规划以“主干＋专项”的方式成功组建了一套完整的规划法律体系（图 2–12）。

3）空间规划立法是开展规划编制、管理体系的基石

实际上，上文已经提到了一些国家在空间规划立法方面支撑规划多类型构成的经验。除此之外，日本和德国的空间规划法律体系还较为强调横纵结合，即既从大方面考虑整个国家情况制定相应的空间规划法律体系，又根据部分区域的实际情况制定明确的法律保障，确保整个空间规划的合理性、完整性。

日本自 1945 年就在不停地完善相关的法规体系，构建了“基本法＋

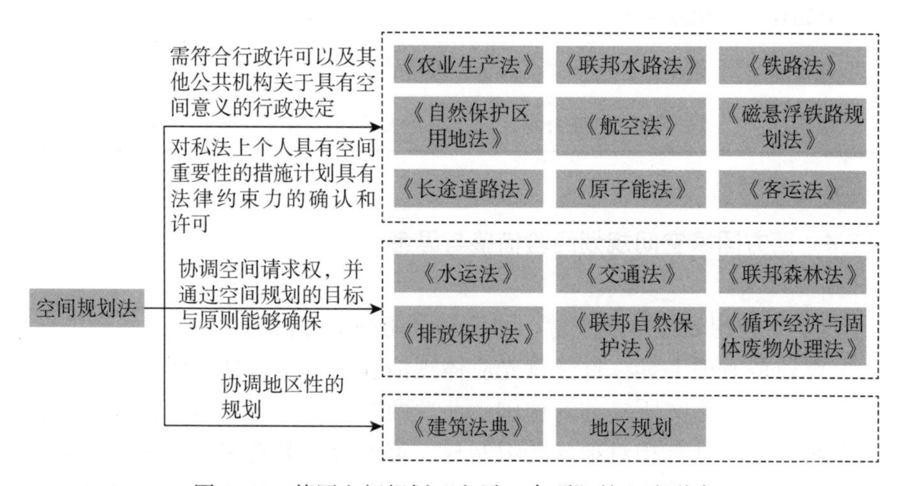

图 2–12　德国空间规划“主干＋专项”的立法形式

专项法规＋部门规章”的空间规划法律体系。在基本法上，1974年，日本颁布了《国土利用规划法》；2005年，为了推进日本国土的综合利用、开发和保全，谋求与《国土利用规划法》相配合，制定了《国土形成规划法》。在专项法规上，规范各大地区开发行为、规范大都市圈开发行为、促进地区振兴、促进产业振兴，以及促进落后与萧条地区发展的法规[13]。在部门规章制度上，围绕农田改良、海港、空港、海岸、森林、道路、交通设施、城市公园等等，设立了《森林法》（1951年）、《道路法》（1952年）、《海岸法》（1956年）、《城市公园法》（1956年）、《河川法》（1964年）、《住宅地区改良法》（1970年）等等（表2–7）。

日本无论是各土地分区，还是各政策区域，都配给有明确的法律保障，用以限制、调整与指导土地利用和区域发展。在国土分区管控上，先划定分区，再制定规划。日本《国土利用规划法》在将全国土地划分为城市区、农业区、森林区、自然公园区、自然保护区五类基本功能地域后[33]，又相应的颁布了五部法规，对各类地域的发展目标、空间布局和管制要求等进行了安排与指导，避免空间管控存在疏漏。在政策区域管控上，首都圈综合开发规划根据建设情况及发展条件，将首都圈地域划分成了原有市区、近郊完善地带、城市开发区和近郊绿地保护区四大不同类型的政策区域[34]，并对各政策区域采取不同的开发和管制措施。同时，又针对不同政策区域配给了相应的法律法规，如《关于首都圈的近郊建设地带及城市开发区域建设法》《首都圈近郊绿地保护法》等，确保政策管控的合理性与可实施性。

德国不同层级地区的空间规划法律不同。德国是联邦制国家，由16个联邦州组成，每个州都有独立立法权。德国在联邦层面有统一的规划

表2–7　日本空间规划专项法规分类及主要法规

专项法规分类	主要法规
规范各大地区开发行为的法规	《北海道开发法》（1950年）、《东北地区开发促进法》（1957年）、《九州地区开发促进法》（1959年）等
规范大都市圈开发行为的法规	《首都建设法》（1956年）、《近畿圈建设法》（1963年）等
促进地区振兴的法规	《小笠原诸岛振兴开发特别措施法》（1969年）、《筑波研究学园都市建设促进法》（1987年）等
促进产业振兴的法规	《新产业城市建设促进法》（1962年）、《工业重新配置促进法》（1982年）、《多级分散型国土形成促进法》（1988年）等
促进落后与萧条地区发展的法规	《振兴偏僻岛屿法》（1963年）、《振兴产炭地区临时措施法》（1961年）、《搞活过度萧条地区的特别措施法》（1962年）等

法律体系，包括《建设法典》《建设法典实施法》《规划图例条例》《空间规划法》四部法律。各州在此基础上，又制定出本州的空间规划法律[9]。德国《空间规划法》就以法律的形式明确规定了联邦和各州制定空间规划的原则、目标和任务，提出了上下级规划相符的法定要求[35]，同时其对空间规划条件约束作用，各州如何制定空间规划的法律、方法以及需要协调的内容也均做出了详细的规定。从规划到实施过程中，不同类型的规划对应不同的法律条例，受不同法律和条例指引。其中，控制性规划以《空间规划法》、州规划为指导；建筑指导性规划以《建筑法典》《建筑利用条例》《州建筑条例》为方向；建筑施工规划则参考《州建筑条例》而制定。

与日本、德国相比，英国的空间规划以用地管制为核心，注重地方规划的实效，其规划项目的决策权在于地方政府。2005 年之前，他们并不制定全国性的空间规划法规，只是制定了相应的政策或导则从战略角度上来引导区域或地方层面的规划[36]，如《住房与城市规划诸法》《公共卫生法案》《特别地区开发和改善法案》等，2005 年体制改革之后，区域级规划具有了法律效力，出现了区域空间战略（RSS）与地方发展框架（LDF）。其次，英国还设立了上诉制度，如开发者项目得不到地方政府的审批，可向中央上诉，如有必要，中央可要求地方政府进行修改。此外，地方规划的修改还需要有一个长时间的研究分析，并取得公众的认可。

2.3 主动转型与整体统筹的城乡总体规划方法创新

2.3.1 整体视角与区域一体化规划方法⑧

尽管我国空间规划研究的思潮在近几年才形成热点，然而地理学视角的区域规划思想实际上已经开启了我国空间规划探索之萌芽，其以区域的视角研究城市，并付诸实践。从 20 世纪 70 年代后期的城镇体系规划到 80 年代逐步为由建筑学扩展而来的“城市规划”领域所接受，“城镇体系规划”登堂入室，成为城市规划的正式组成部分，从地理学背景的学科融入了城市规划学科。在实践中，在城镇体系规划的基础上，空间规划领域进一步发展到市县域规划，当然在空间要素上，市县域规划仍然是以市县域城镇体系规划为基础，再加上基础设施规划。1990 年中国城市规划设计研究院（简称“中规院”）编制的《黄山市城市总体规划（1990—2010 年）》就是和《黄山市市域规划（1990—2010 年）》同步进行的，并且由同一个项目组完成。这个项目组的骨干于 1992 年到了中规院深圳分院，要完成《中山市城市总体规划（1992—2010 年）》的编制工作。一开始按照协议，实际是要完成《中山市中心城区总体规划（1992—2010 年）》，当时中山市中心城区主要是指中山的市区（石岐）

和中山港区。但是当时的中山市市长坚持说他是全中山市的市长，不是市区的市长，他要的就是全市的规划，而中山市又是不带县级行政区的地级市。因此《中山市城市总体规划（1992—2010 年）》就成了全市到镇一级的"城市空间"的总体规划。

当时珠三角的形势是，自 1992 年邓小平同志发表南方谈话以后，我国改革开放进程进一步加快，珠三角尤为突出。国有企业、集体企业、个体企业、外商投资企业、合资企业等各种类型的企业在城市、在乡镇、在开发区、在村庄，甚至就在农民家里，如星火燎原般遍布城乡。按照《城市规划编制办法》的规范性要求编制的规划已经难以指导当地的建设发展，也解决不了当时发展建设中所存在的区域不协调、城乡分割的矛盾。

对于南海的研究，广东某著名大学的教授早已出版相关书籍。但是当地领导明确对项目组的同志说："这本书上把南海每一个地方的特色都描述得很清楚，我们自己心里也很清楚。我们不需要你们再研究一遍，告诉我们每个村镇都要按照自身的自然和传统特色去'差异化'地发展各自的产业。我们的企业是市场需要什么，就生产什么。我们的农民是企业家，家在哪里企业就办在哪里。"在那个对未来充满着无限想象的年代，珠三角地区建设用地盲目发展、遍地开花，失控严重，尤其是在"城市规划区"以外的乡村地区。《南海市城乡一体化规划（1995—2010 年）》就是在这样一个背景下，为更好地发挥规划的引领、管控职能而进行的一次对全市域区域国土进行的全域规划探索，也是我国第一个"城乡一体化规划"。

1995 年，南海市是隶属地级佛山市的一个县级市，位于广州市西部，面积约为 1 151 km^2，全市人口为 103 万人。1995 年全市有 22% 的管理区（相当于行政村）的农村经济总收入超亿元，村及村以下的工业产值已占工业总产值的 50%，人均国内生产总值（Gross Domestic Product，GDP）为 17 000 多元，是名副其实的富裕地区，南海也被称为"广东四小虎"之一。由于交通、通信基础设施完善，广州等特大经济中心的辐射已直接抵达市域城乡。全市城镇之间在经济社会、公共服务等方面的联系和依赖相对松散（都直接对接广州等），城乡一体化发展的趋势已较为明显。

《南海市城乡一体化规划（1995—2010 年）》在可持续发展和区域发展整体性的思想指导下，从本地区城乡发展的实际出发，分析了南海市在区域发展中所处的地位，市场经济体制下南海与广州、佛山在社会经济、城市空间和基础设施方面的关系，以及市域内城乡发展的特点和存在问题，提出了适度集中、城乡一体的总体发展战略，并明确了重点建设东部、联系北部、带动西部、开发南部的城市建设战略。

《南海市城乡一体化规划（1995—2010 年）》对后来的城乡关系统筹、市县域总体规划都产生了比较大的影响，可以说当时规划全域覆盖、周边区域统筹协调的思想和技术路线一直延续到了当前的国土空间规划。

2.3.2 共轭生态规划方法：统筹城乡空间与生态空间⑨

生态文明是近年规划改革过程中规划理念与方法的顶层思考，也是规划回归初衷的规划价值观的体现。随着人类开发自然资源的规模和生态影响强度的不断加大，生态概念在迅速社会化、普及化和大众化[37]。尽管生态概念已经是热点中的热点，然而生态环境规划（方法）成为城乡规划点缀的尴尬局面也屡见不鲜，生态学理论也常因对城市限制过多、束缚发展，导致难以付诸实践。生态保护与经济发展的矛盾是否可以适度调和？生态资源怎样转化为生产力？这成为诸多规划师思考与研究的领域，也是城乡规划方法创新的方向。

多数大都市远郊区县具有优于中心城市“望得见绿、记得住乡愁”的自然禀赋。同时，大都市远郊区县还往往有区位所带来的相对低成本优势。作为大都市郊区县，其公共设施、基础设施等支撑系统也相对完善。当然，大都市远郊区县也面临一些特殊困境。例如，在中心城市的“扩散效应”和“极化效应”并存的夹击下，这些区县往往处于特大城市的城乡交界地带，扩张推力大，空间管控的压力大。城镇职能和规模受中心城市的影响较大[38–40]。

我们不妨从传统城乡总体规划中生态内容缺失的角度出发，结合大都市远郊区县的发展特征，通过城市共轭生态规划，探索促进其构建“社会—经济—自然”复合生态系统以实现环大城市有序生长的方法。

1）共轭生态理论的内涵

规划领域已经逐渐从关注单纯物质空间形态和经济发展，向兼顾空间形态、技术手段、环境质量、经济运行和社会活动的方向转变，产生了多种生态规划理论或模式，包括：紧凑城市、宜居城市等物质空间改良范式；慢速城市、绿色城市等活动行为调整范式；低碳城市、生态城市、弹性城市等复杂系统重构范式[41]。在复杂系统重构范式中，中国生态学奠基人马世骏等于1984年提出了基于多层次、多功能、多目标的社会、经济、自然耦合发展的城市复合生态系统[42]。其中，自然子系统包括中国传统的五行元素水、火（能量）、土（营养质和土地）、木（生命有机体）、金（矿产）；经济子系统包括生产、消费、还原、流通和调控五个部分；社会子系统包括技术、体制和文化[43]。

王如松[44]基于“社会—经济—自然”复合生态系统的耦合关系，在北京城市总体规划修编中提出了处理城市冲突关系的共轭生态规划方法，旨在促进生态、规划的融合。“轭”是马车行驶时套在马颈上用于拉车的人字形马具，要求左右两轮平衡，车马前后默契，节奏快慢和谐，车马一体共生[37]。“共轭”即按一定的规律相配的一对，常指矛盾的双方相反相成、协同共生。共轭生态规划指协调人与自然、资源与环境、生产与生活以及城市与乡村、外托和内生之间共轭生态关系的复合生态关系规划[44]。这一理论基于生态视角，从矛盾和问题出发，为传统城乡总体规划编制内容和方法的完善提供了导向，是从保守保护规划到主动规划设计的转变，在城市规划[45-47]、生态规划[48]、土地利用规划和管理[49-50]等领域实践中得到了借鉴和发展。

2）基于共轭生态理论的总体规划方法创新

在共轭生态指导下的总体规划方法，从传统城乡总体规划中生态内容的缺位及不足出发，构建城市复合生态系统，使生态、经济、社会三个子系统耦合，实现经济发达、社会繁荣、生态保护高度和谐，即"矛盾问题—了解症结—路径构建"的过程。

首先，认识矛盾问题，从生态、经济、社会多个维度，对城市的发展机遇与困境、现状与问题进行系统梳理和总结。其次，了解症结，寻找传统城乡总体规划、既有发展路径中生态内容的缺位及不足。该不足通常表现为八个方面：第一，缺少与城镇体系规划相对应的区域、流域和腹地生态系统建设规划，与建设用地规划相对应的非建设用地规划；第二，缺少与环境敏感区、生态保护区等保护性规划相对应的风水廊道、生态网络等生态服务空间的诱导规划；第三，缺少与基本农田保护、文物古迹、自然保护区等单项保护规划相对应的城市生态肌理、社会文脉、生态服务功能的整体保育规划；第四，缺少与二维土地利用规划相对应的地下和近地空间的第三维空间利用和保护规划；第五，缺少与生活用水、城市用水相对应的自然生态用水规划；第六，缺少与城市交通、物流、资源能源供给等动脉规划相对应的废弃物处理及循环再生等静脉规划；第七，缺少与能源开发、利用、节约规划相对应的能源耗散、更新和影响减缓规划；第八，缺少与纵向、树状管理体制建设相对应的横向耦合、综合决策、系统监测、信息反馈等能力建设规划[44]。最后，进行路径构建，包括生态保护与发展理念的重塑、基于生态视角的城乡规划内容的完善、生态管理体制机制的创新。其中，城乡规划内容的完善因规划对象的不同，灵活性较大。

3）结语

共轭生态规划方法可以概括为"矛盾问题—了解症结—路径构建"的过程，这三个阶段都以自然、经济、社会的和谐为核心考量，注重生态保护和经济、社会发展的协同进行，缓解了传统认知框架下生态性与经济性的对立性，较适宜于快速发展且生态本底良好的环大城市区县的建设模式。

但共轭生态规划方法指导的城乡总体规划也面临以下几方面的挑战：第一，在增长主义语境下，生态品质提升、生态发展路径的可持续性等能否被纳入传统以 GDP 等经济发展指标为主的考量体系，在一定程度上决定了高淳这类地区能否顺利实现环大城市有机生长；第二，共轭生态规划作为一种规划编制方法，其结果还有赖于后期实践中政府引导、市场投资、公众参与等软环境的支撑。

2.3.3 情景规划方法：统筹城乡空间的不确定性 ⑩

不确定性是近来很多领域讨论的热门话题，尤其在宏观战略研究中尤为突出。当城市与区域发展到一定地步，其复杂巨系统的特征就会越来越突出。也正是由于影响空间发展的因素增多，机制更加复杂，城乡发展的不确定性开始增多，规划所要面对的挑战就进一步增大。我国现阶段的发展更需要考虑市场逐步成为发展要素配置的决定性因素，城市发展也在这个背景下出现了更多的可能性。传统的蓝图规划已经很难解决城市发展中众多的复杂与不确定问题。情景规划作为一种具有较强弹性和前瞻性的研究方法被逐步应用到城市规划领域，尤其是研究性较强的战略规划。

1）国外情景规划的研究

情景规划（Scenario Planning）最早出现在第二次世界大战不久以后，当时是一种军事战略规划方法[51]。20 世纪 60 年代，赫尔曼 • 卡恩（Herman Kahn）和安东尼 · 维纳（Anthony Wiener）首次将这种军事规划方法提炼为一种商业预测工具[52]，之后基于情景理论的情景分析方法在企业管理、能源需求、交通、农业等方面得到广泛应用[53]。可见情景规划体系的提出与应对市场的不确定性有着密不可分的关系，它的提出正是为了解决市场环境下诸多“难以预测”的因素。

正是由于市场环境中的不确定性，情景规划开始在城市研究与城市规划领域中不断得到重视。虽然市场在宏观层面具有一定的周期性，但是就具体城市而言又存在着很强的不确定因素。在市场化的环境中，城市空间与要素利用早已不可能是唯一性的配位逻辑，而是存在着多可能、多选择。因此需要一种能够提供多维度分析，多可能结论的规划方法。情景规划作为一种预测与评估手段，在城市规划中发挥了定性与定量相结合的优势，为城市发展提供了有效的决策支持，比较著名的案例包括《波特兰大都市区 50 年发展管理战略——都市 2040》（1995 年）、《芝加哥大都市区规划》（1996 年）等[53-54]。

2）国内情景规划的研究

国内学者比较早就开始运用情景规划方法进行决策辅助的应用性研究了。通过对影响城市发展的地形、区位、人口、经济发展、开发时序等要素进行定量化处理[55]，借助地理信息系统（Geographic Information System，GIS）空间分析技术进行情景概率计算，使方案编制与评估更具科学性。

大体上国内研究更多地关注物质空间规划，缺少公共政策导向方向，尤其是城市发展战略领域的研究应用[55]。俞孔坚等[56]运用情景规划对北京大环文化产业园进行规划研究。丁成日等[57]运用情景规划对北京城市总体规划修编提供了技术支持。赵珂等[58]引用了连续性城市规划理论，认为城市规划是一种过程，而不是终极目标的观点。于立[59]从城市效能方面出发，提出近代城市规划的初期目标是受到乌托邦的影响来改造世界和建设理想的社区。洪彦[60]通过综合前期分析，考虑因素包括成本、历史文化保护及区域发展适应能力，来评价项目。刘滨谊等[61]在《预景规划方法在概念规划中的应用：以马鞍山市江心洲发展概念规划为例》中对江心洲最后的决策方案的评估是基于江心洲的地理环境要素分析。罗绍荣等[62]以临汾为例，在分析现状和识别关键影响因素的基础上，设定城市未来发展目标，通过不确定因素组合的方式构建了三种城市发展目标，对可能出现的发展目标进行分析与评价，并最终确定城市发展战略。周杰[54]介绍了情景规划思想和多决策分析—地理信息系统（MCDA-GIS）技术的概念、特点以及应该用于城市规划领域的情况。

3）情景规划对规划方法创新的思考

在城市发展迅速的现代社会，普通的规划很难跟上发展变化的速度，尤其是城市发展的方向与方式会受到政策、经济形势、产业与技术的转型与创新的影响。而这些综合因素在普通的规划方案中很难涉及所有。基于情景分析的城市规划不仅保留了传统的规划方式，而且综合考虑了未来城市发展的多角度与多因素，在时间、方向、空间分布等方面进行了多方面分析，不同情景下的规划方案在城市发展过程中均具备可能性，这也为城市政策的制定者提供了具有前瞻性与灵活性的决策支撑，具有相当重要的实践意义。

2.3.4 结构渐进更新规划方法：统筹城乡总体结构与行动⑪

规划编制无论是在空间上还是在时间上都有很强的实效性。规划需要在若干个维度实现时空逻辑的同时性，才能真正形成战略结构清晰、落地实施可行的方案。因此，合格的规划师都十分强调全域范围的空间统筹和实施周期的时间（近中远期）统筹。全域范围空间统筹和实施周期统筹之间也存在十分紧密的逻辑关系。近期行动计划应该是实现远期蓝图结构的触媒。城市和区域的发展是一个进化的过程，也就是所谓跬步与千里的关系。我们在不少城市实践过全域范围空间统筹的规划方法，其中在汕头潮南地区的规划实践印象最为深刻。潮南地区是一个较为典型的半城半乡（Desakota）地区，地域的特殊性更加映衬了方法的重要性。

半城半乡（Desakota）是亚洲国家城市化过程中极为特殊的现象，也是国际城市十分重要的研究领域。然而，在城市规划实践中却鲜有有效的方法来解决这类地区的发展问题。尤其在城乡总体规划的编制中，传统的蓝图式规划显得“干预”乏力。如何科学拟定这类地区长期发展愿景的同时合理考虑近期发展，如何有效解决半城半乡（Desakota）地区经济发展的同时改善这些地区的环境问题都是非常大的挑战。全域范围空间统筹与结构渐进更新（Structural Progressive Renewal，SPR）成为解决这类空间问题的一种规划创新思路。

全域范围空间统筹以行政区划为边界解决全域内部发展问题，即对整个区域全空间、全要素、全方位的统筹。在空间上从城市到乡村，从建设用地到非建设用地，从生态绿地到保护红线，一张蓝图统筹到底；在空间要素上，调动土地、经济、社会、生态等发展要素，实现空间发展与资源承载、产业驱动、基础保障、生态保护等系统、全面的发展要素考量；在区域协调方面，通过衔接上下位规划，统筹发展空间整体生产力格局。

结构渐进性更新以区域融合发展为前提，改善前期规划矛盾、挖潜内部资源、融合现代化城市功能，并且提高居民生活质量。我国当前城镇化进程中呈现出多样化的空间类型，其中有两类空间与这个规划方法十分契合：一类是旧城改造空间；另一类是半城半乡空间。前者主要体现在旧城空间逐渐从“拆、改、留”转向“留、改、拆”，从“点状建筑更新”向“片区整体更新”转变[63]。随着经济的快速发展，生产、生活方式发生改变，传统规划模式不再能满足大部分人的需求。旧城改造的目的也发生了改变，即满足人的生活需求，激活城市动力，推动生产与生活的进步。后者则主要体现在城市与乡村空间混杂的地区，也是我们常常提到的半城半乡（Desakota）地区。后文将进一步结合实证来解析这个创新规划方法的应用。

2.3.5 柔性空间创新方法：统筹城乡空间与产业空间⑫

产城融合体现了区域产业空间与社会空间协调发展的内在要求，是社会经济发展的必然[64]。然而产业、社会和空间这三者本身就存在着流动性、不确定性和稳定性的巨大差异，要统筹好这三个要素本身就有一定的难度。面对市场化程度较高的地区，如何实现市场要素、社会要素和空间要素的统一一直以来都是空间规划关注的重要问题之一。

针对我国半城市化的特征研究，学界已做了较多工作，研究对象多集中在珠三角、长三角等经济发达地区[65-68]。许学强等[66]从城乡区位角度提出半城市化地区是城乡相互作用最为强烈的地区，这些地区的发展呈现分散式城镇化、城乡高度混杂的特征；刘传江[67]从发展模式角度总结了半城市化的形成是自下而上的城镇化过程，以我国珠三角为代表的亚洲发展中国家的地区的工业化是受到外力推动而启动的；李孟其等[68]、景普秋等[69]从区域角度进行总结，认为半城市化地区空间的出现打破了城市和乡村的封闭空间，强化了城乡间的相互联系和相互作用。

1）半城市化地区的空间特征

我国半城市化地区发展总体上呈现自下而上、城乡互联、区域协同的特征。我们在研究中发现，这些特征背后所隐藏的是半城市化地区独特的自组织属性。自组织是指演化无须外界特定干扰，仅依靠系统内部要素相互协调便能达到某种目标的过程[70-71]，伴随自组织特征同时呈现的是空间基础条件的复杂性[72]。半城市化地区空间基础条件的复杂性体现在建成区范围模糊、空间破碎化程度较高、用地类型和生产方式混杂、城区配套服务缺乏和城市风貌特色缺失等。因此，半城市化地区的空间组织既有独特的自组织优势，又缺乏规范的空间秩序，空间优化难度很大。

半城市化地区的自组织体现在经济组织方面，柔性经济是其重要的组织特征。柔性经济的产生主要有两个方面的因素：一方面，随着产业组织“专业化”的出现，从资本主义发展方式变化的视角提供了空间与工业地域形成机制。国际经济地理学界针对企业组织“专业化”和“垂直一体化”形式提出“柔性积累体系”的概念。另一方面，强调柔性集聚与空间形态的联系，强调“带有区域产业共同体”性质的产业区是柔性专业化生产方式的重要空间形态。在这样的背景下，“柔性”这个词与“产业区”“产业集群”相联系，成为后福特主义新生产体系的代名词[73]。

2）柔性经济的空间集聚效应

柔性集聚的一般特征可以总结为对强不确定性条件的适应过程。郑京淑等[73]将企业柔性经济上的空间集聚一般特征进行了较为全面的概括，主要分为三个层次：微观层次的柔性集聚特征体现为企业内部的柔性，即劳动力柔性和生产工程的柔性；中观层次的柔性集聚特征体现为企业关系和区域经济间的柔性，即企业为使区域产业获得足够竞争力而形成的企业间分工与协作关系；宏观层次的柔性集聚特征体现为国民经济水平的柔性。

随着近年来市场经济对企业组织的影响日益增强，企业通过结构调整推动发展战略的柔性化转型，这种转型具有一种柔性管理特征。企业根据内外环境的改变采取了提高主动适应性和生产效率、提升迅速应对变化的能力等新战略，以适度的柔性管理促进企业的发展。此外，柔性的生产经济活动往往还根植于地方社会文化环境当中，与生产的集聚区形成一个紧密关联的系统，这一特征在我国半城市化地区体现得较为突出。最直接的就是出现了非常普遍的“三合一”（生产、销售与居住功能三合一）空间，这也是传统的柔性自组织形态。近两年对汕头半城市化地区的研究发现，基础条件本身就复杂的空间资源与具有强不确定性的柔性经济叠加作用后，产生了几类空间分异效果。故需要进一步对这些空间的区别和内外要素进行整体解读和认知，进而提出空间优化路径。

3）柔性集聚过程的空间细分

鉴于我国城市和乡村用地性质的差异以及半城市化地区未来发展空间的潜力特点，将半城市化地区进一步细分为中心城区、开发区、乡镇和村庄四类空间。其中，中心城区包括老城区和新城区；开发区包括区属和镇属两类；乡镇包括“三合一”空间、小厂房及镇三类；村庄包括“三合一”空间、村宅和农田（包括水体）三类。针对半城市化地区本身空间条件复杂、增量空间有限且分散的情况，需要将划分的四类空间分别与未来空间优化中的存量与增量空间形成初步对应关系。

根据每类空间的可能用途和潜在问题，从社会、经济、环境与市场维度进行要素归纳，辨析体现四类空间功能差异的积极要素和消极要素，以此构建覆盖全部空间资源的认知“断面”，形成对柔性集聚空间的体系化解读（图 2-13）。由上述解读可以看出，分异的四类空间同时存在着积极要素与消极要素，而四类空间细分后的要素特征则更为多元。因此，探讨针对四类空间资源的优化路径，也应该体现多元化的层次特征，不能只侧重某一类空间，而是需要建构系统性的创新思考过程和创新性的空间功能结构体系。

4）系统统筹下的产城空间优化创新

针对半城市化地区强自组织特性所带来的空间基础条件复杂性和强不确定性导致的柔性经济特征，传统的城市空间结构已经无法阐述并指导复杂空间的优化。因此，应探索性地提出以系统统筹优化为路径，构建创新空间系统功能结构体系（图 2-14）的空间优化方案，即主要通过总体空间功能结构、产业空间结构、精致空间结构和内部空间结构四个互联的统筹要点，突出总体空间结构和针对不同特色空间分异特征提出的优化路径。

图 2-13　空间功能差异下的细分认知“断面”示意

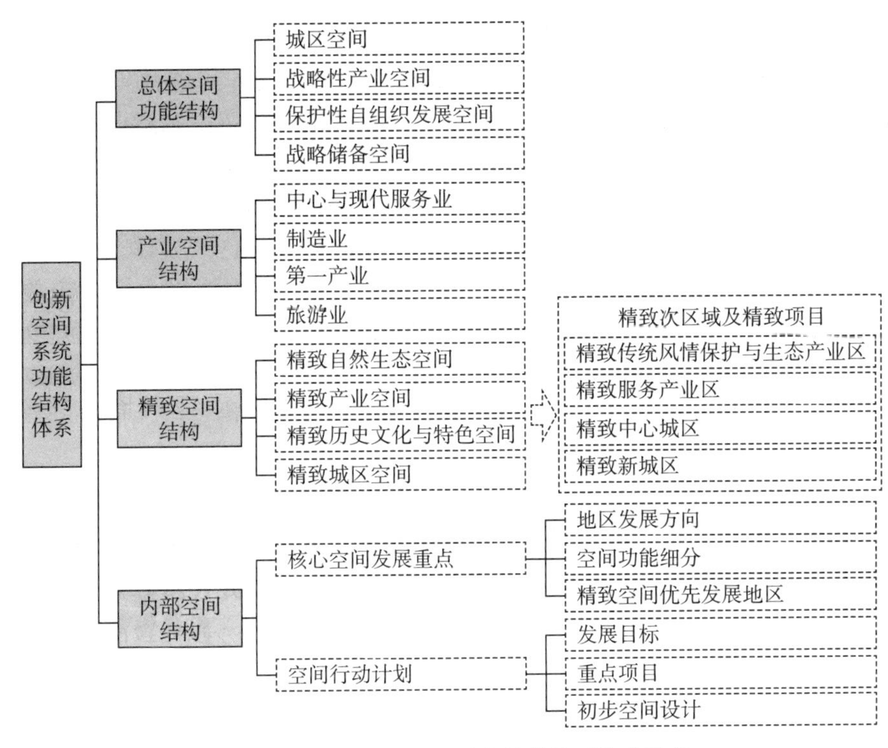

图 2-14 创新空间系统功能结构体系构建示意

在创新空间系统功能结构体系中，总体空间功能结构要求跳出传统结构点、线、面的表达方式，而基于柔性集聚下分异的四类空间特征，形成以城区空间、战略性产业空间、保护性自组织发展空间和战略储备空间为引领的创新空间系统。产业空间结构是围绕柔性发展特征，分别从中心与现代服务业、制造业、第一产业、旅游业等方面提出产业空间发展引导。精致空间结构强调空间元素和区域特色的互动关系，通过划分精致自然生态空间、精致产业空间、精致历史文化与特色空间、精致城区空间，形成四类精致空间元素，进而在区域层面构建精致传统风情保护与生态产业区、精致服务产业区、精致中心城区、精致新城区等精致次区域。内部空间结构主要根据总体空间功能结构的四类创新空间，以空间的充分利用为目标，对近期实施地段和重点地段提出细化功能布局与空间结构。因此，可以认为创新空间系统功能结构是基于空间功能差异建立的一个相互关联的空间体系，也是一种切实以功能为引领的、跨越地方行政边界局限的空间功能优化方法。

5）创新空间系统功能结构体系在汕头澄海区的构建

2012 年，笔者有幸参与了汕头市澄海区战略规划。澄海区紧邻汕头中心城区，是典型的半城市化、柔性经济发展地区，也是汕头产业发展的领跑区和生态优势最为显著的地区。然而，当澄海区日趋成为汕头市“扩容提质”主战场的同时，人们也可以清晰地看到澄海区发展所呈现出的强自组织和柔性特征，以及伴随这些特征所出现的种种空间挑战。

澄海区刚刚跨入工业化中期阶段，以原始设备制造商（Original Equipment Manufacture，OEM）代工生产形式的加工装配制造业比重较大。尽管澄海区的产业集聚度低、产业类型较小，然而作为澄海经济发展主要动力的民营经济表现得十分活跃，也造就了澄海区经济空间强自组织特征（图 2–15）。从企业数量来看，在 2010 年全区规模以上工业企业中，中小型企业高达 94%。从产值来看，2010 年规模以上民营企业（包括私营企业、股份有限公司等）共实现产值 204.36 亿元，占比达到 81%。但从空间分布来看，这些中小企业多数仍依靠传统生产方式，如以量取胜、管理模糊等，导致其空间破碎分散、生产规模受限、抵抗风险能力差、经济强增长点缺乏。

澄海区柔性集聚特征集中体现在家庭小作坊式混合的空间模式上。这种模式的生产组织方式灵活，柔性集聚在对应一些小众市场需求方面具有大企业不可比拟的优势。在这里，强大的宗族观念和人情交际模式

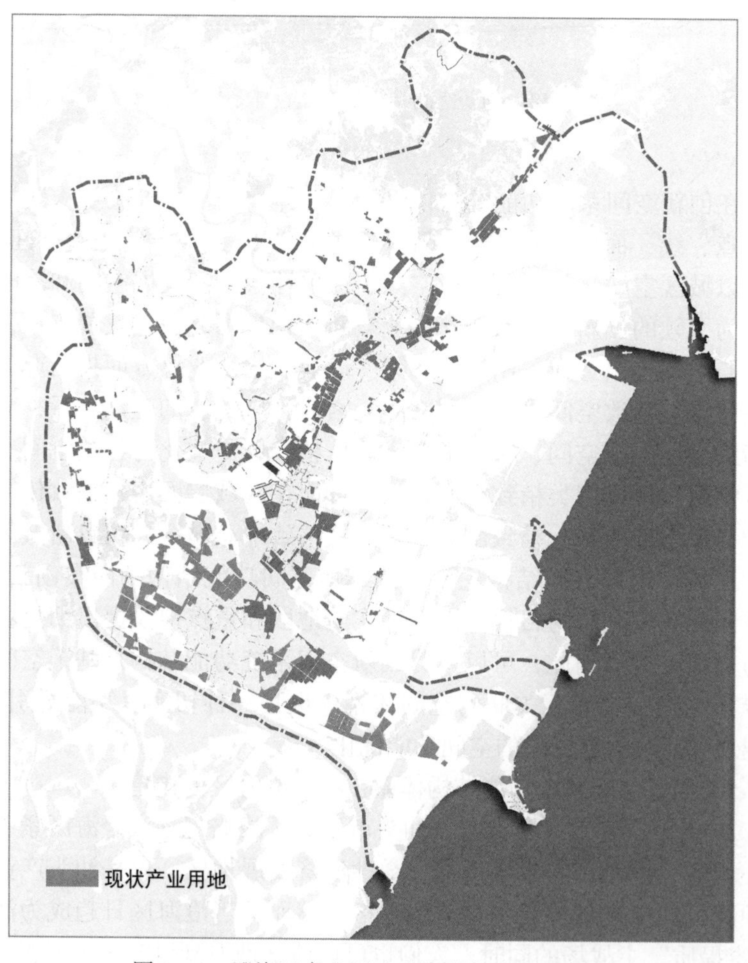

图 2–15　澄海区产业用地现状研究（2010 年）

让民众的活动集中在宗族内部，也建立起强大的关系，但“短平快”的经营思路往往带来的是空间资源的逐利行为，导致资源的低效浪费。以“三合一”空间、村庄为主的群落生产方式与城区、园区龙头企业逐步形成了相互的经济联系，而围绕着市场，“三合一”空间、村庄和园区恰恰成为推动澄海区柔性集聚的最核心空间（图 2-16）。

在柔性集聚下的空间发展背景下，澄海区的城市和乡镇发展空间矛盾突出，主要表现在以下方面：

（1）主城区空间发展明显滞后

澄海主城区的空间利用效率低，城中村人流混杂，生活与生产矛盾突出。从建设用地现状来看，城区居住功能与生产功能高度混杂，城中村较多且亟待改造升级，城区空间与外围村庄空间发展粘连，生活与生产相互交叉、相互干扰。澄海主城区的城市服务空间不足，对城乡全域辐射带动作用不明显，空间品质不高。澄海区的公共设施主要覆盖了主城区、莲下镇等，而莲上镇、莲华镇与东里镇等则在公共服务设施配置方面较为缺乏，居民生活不便，主城的城市服务功能也缺乏对周围地区的辐射与带动（图 2-17）。

（2）工业园区资源缺乏整合，空间失序

虽然澄海区的工业园区总体规模较大，但布局分散，缺乏组织。尽管企业众多，且不乏上市公司，但缺乏有区域带动作用的龙头企业，新建工业园建设空间缺乏区域统筹。

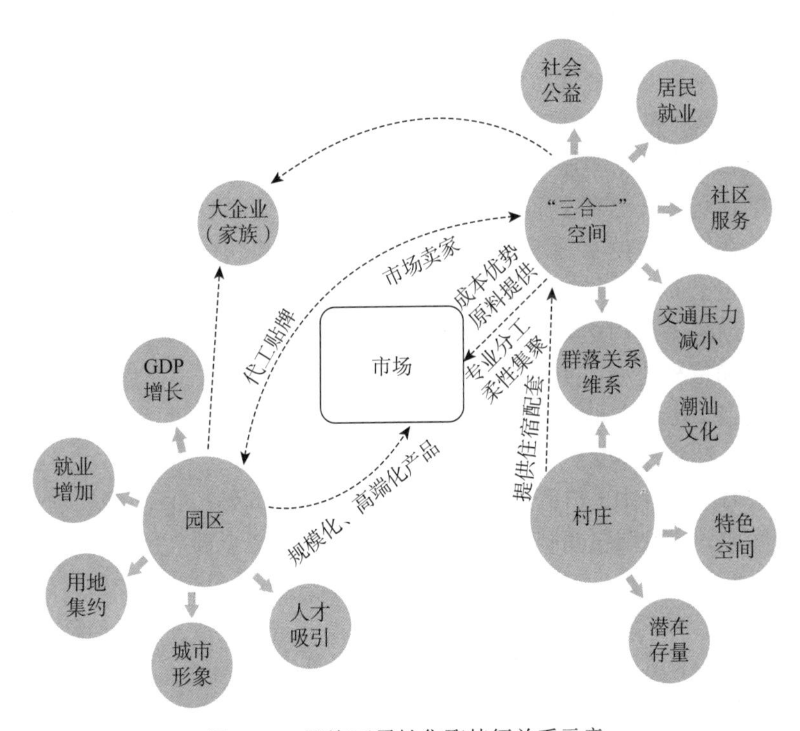

图 2-16　澄海区柔性集聚特征关系示意

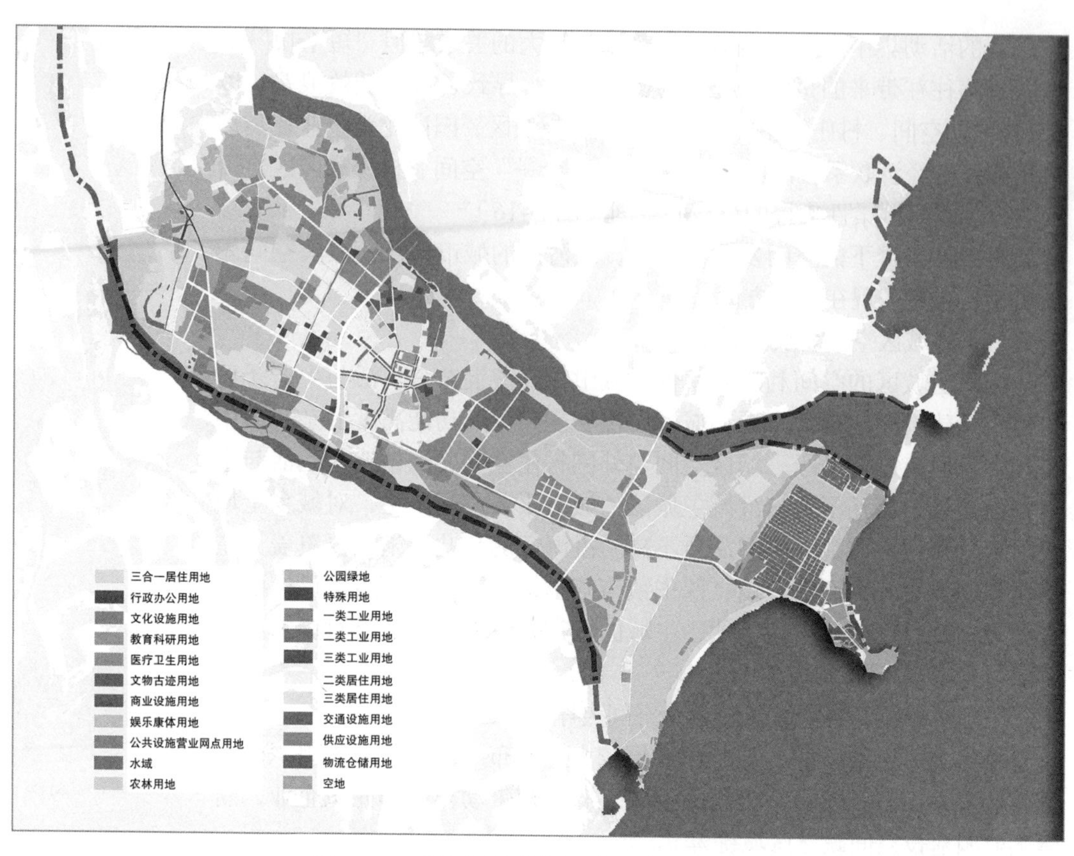

图 2–17　澄海主城区用地现状研究（2010 年）

（3）乡镇空间聚落品质低、密度高

澄海区中的大量“三合一”空间呈现出传统柔性自组织的空间形态，在乡镇表现得尤为明显。在这里，“三合一”已经变成乡镇空间中低品质空间的代名词。这些空间本身密度极高，由于发展自发性强，缺乏规划统筹，存在很大的不确定性，也对城市整体风貌塑造、居民生活服务提升造成了阻碍。此外，澄海区的村落布局缺乏统筹安排，在建设的同时又缺少与相关部门之间的沟通和协调，致使农村布局不合理、建设的随意性大和重复建设、重复投资等情况屡见不鲜，而真正面向百姓的公共服务设施却难以满足居民的日常生活需求。

（4）存量、增量空间瓶颈突出，短期难以突破

澄海区是我国人口密度最高的地域之一，空间资源非常稀缺，带状高密度集聚导致发展空间制约重重，存量与增量捉襟见肘。这样的空间瓶颈需要澄海区从地少且用地性质混乱的困境中重新选择出路，存量空间需要结合政策干预，通过“三旧”改造及少量零散空地进行开发，而增量空间在澄海区多为填海用地，存在较大的不确定性，需要进行综合平衡开发。

为构建创新空间系统功能结构体系，针对澄海区的空间矛盾，规划方案提出构建覆盖全区的系统统筹空间优化方案，具体可以从以下四个

方面进行统筹：

（1）构建“1331”总体空间功能结构

“1”，即做大1个中心城区——大澄海城区。大澄海城区是汕头未来的副中心城区、城市统筹发展的示范城区，是澄海区转型突破的核心。“3”，即做精三大战略性产业区——精细制造业集中发展区、精致服务业核心发展区和战略性新兴产业核心发展区。“3”，即做活三大保护性自组织发展区——韩江流域生态涵养与潮汕文化风情区（旅游休闲服务区）、中部自组织传统产业提升区（传统产业提升区）、汕北绿心保护与精致农业区（都市农业示范区）。“1”，即预留1个战略储备区——填海用地预留发展弹性区。与传统空间结构相比，“1331”总体空间功能结构更强调主次分明，核心抓手清晰；各空间功能定位清晰、分工明确，相互间没有冗余、重叠；以空间功能的需求为导向，突破行政边界束缚（图2-18）。

（2）构建产业空间结构体系

产业空间结构体系包含中心与现代服务业、制造业、第一产业、旅游业的四类产业维度分结构：中心与现代服务业分结构强调由澄海主

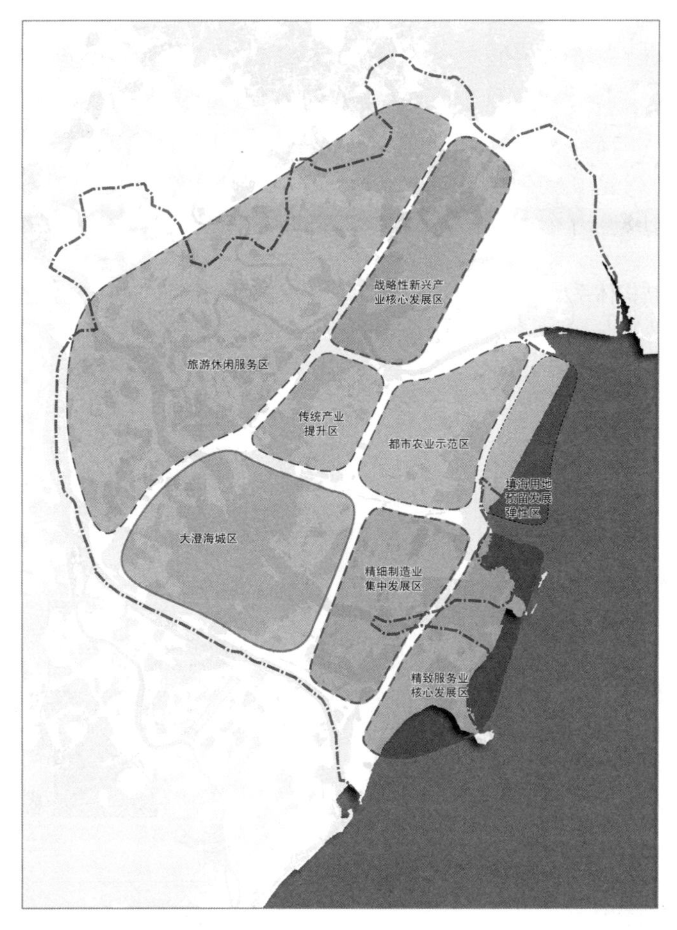

图2-18　澄海区总体空间功能结构思考

城区（包括莲下部分区域）及滨海现代服务中心、东里产业新城中心形成的“一主二副”结构；制造业分结构整合主城东部现有工业区并向北岸拓展，同时基于现状莲上、莲下、溪南区域的自组织生产区，布局中国锆城产业区；第一产业分结构包括西部社区支持农业（Community Support Agriculture，CSA）特色农业示范区、东部精细农业耕作区和海洋农业区三个片区；旅游业分结构包括两条旅游带、两个旅游服务中心和两条游线，即由自然休闲和传统潮汕风情绿色旅游带、主题蓝色旅游带、滨海综合旅游服务中心、前美生态旅游服务中心、绿色生态游线慢行系统和蓝色滨水游线形成的“2+2+2”旅游分结构（图 2–19 至图 2–22）。

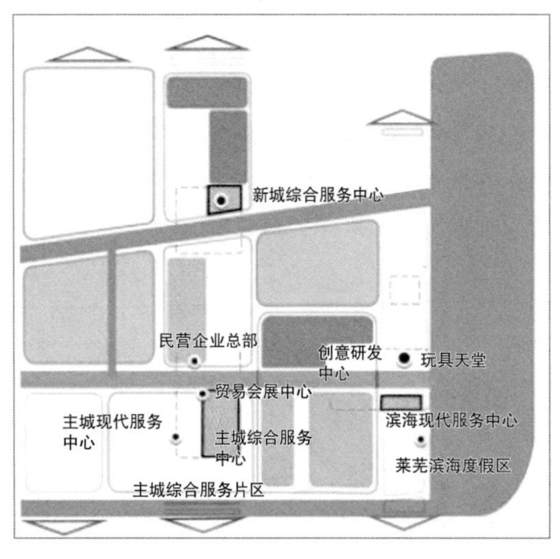

图 2–19　产业空间结构体系（中心与现代服务业）

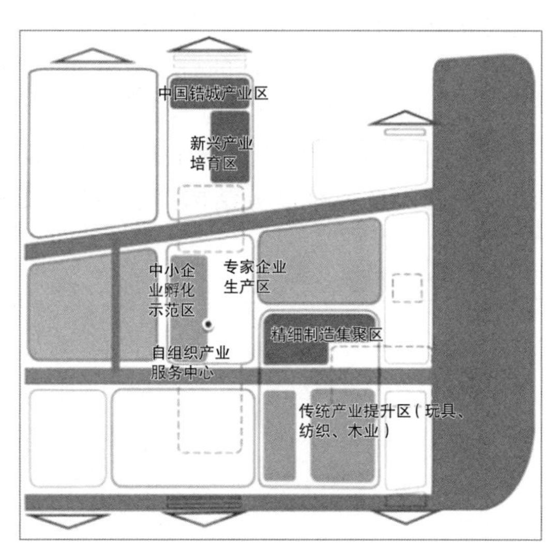

图 2–20　产业空间结构体系（制造业）

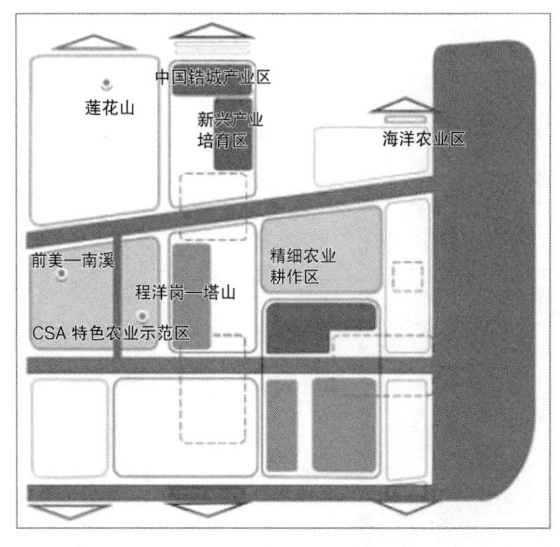

图 2–21　产业空间结构体系（第一产业）

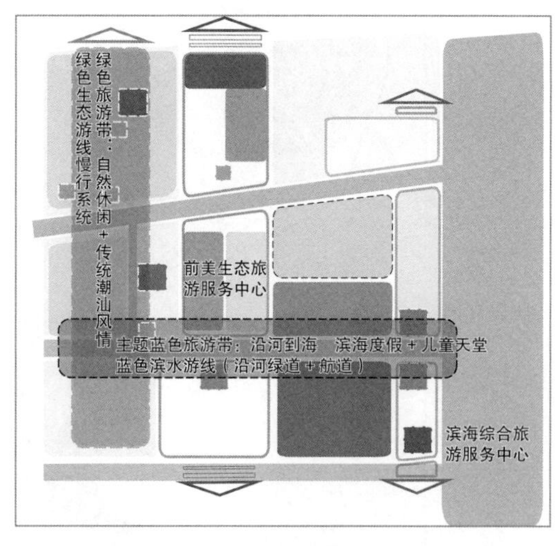

图 2–22　澄海区旅游“2+2+2”结构与建设项目研究

（3）构建精致空间结构体系：识别 4 类精致空间元素与 39 个精致节点

精致空间是指形态和内涵均具备出色的“精致”属性的空间。精致空间是城市高品质的最直接感受，在形态上应包括四大特征：一是充分体现汕头厚重文化的多样而协调的整体景观风貌；二是系统和谐的景观点轴序列；三是有机的绿化体系；四是整洁而富于匠心的城市细部空间。澄海区的精致空间分结构在进一步落实汕头战略规划中所提出的“城区、产业、历史文化与特色、自然生态”四类精致空间元素的基础上，将精致空间分成微创型和全新型两类：微创型是指在延续现状自组织发展机理的基础上，只做少量改动，就实现品质全面提升的空间；全新型是指柔性集聚下全新的品质空间。规划力图在每一个都市组团中找出培育上述四类精致空间的元素，最终形成 39 个精致空间节点，并通过人性化、生态化的人文绿道串联，让澄海区成为一座精品城市。

（4）构建内部空间结构体系：“1331”大结构下的小结构

内部空间结构体系是基于“1331”总体空间功能结构的四类地区，分别明确核心空间发展重点及空间行动计划。其中，核心空间发展重点主要针对地区发展方向、空间功能细分和精致空间优先发展地区三个方面（图 2–23 至图 2–25）；空间行动计划重点对精致空间优先发展地区进

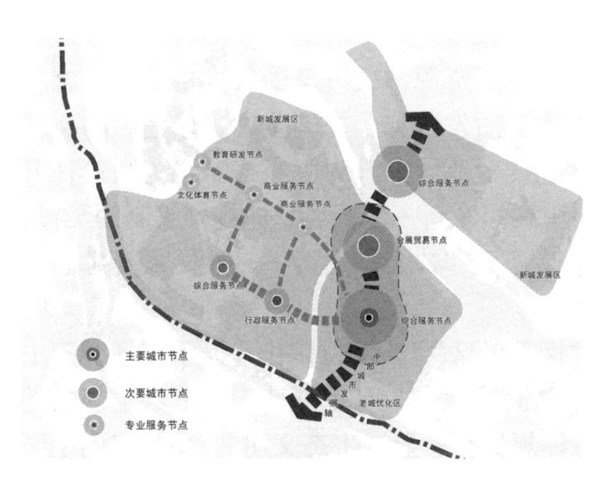

图 2–23　中心城区空间结构研究

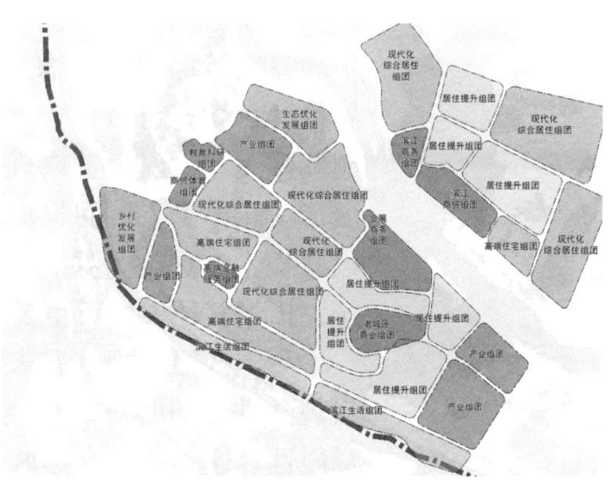

图 2–24　中心城区功能分布研究

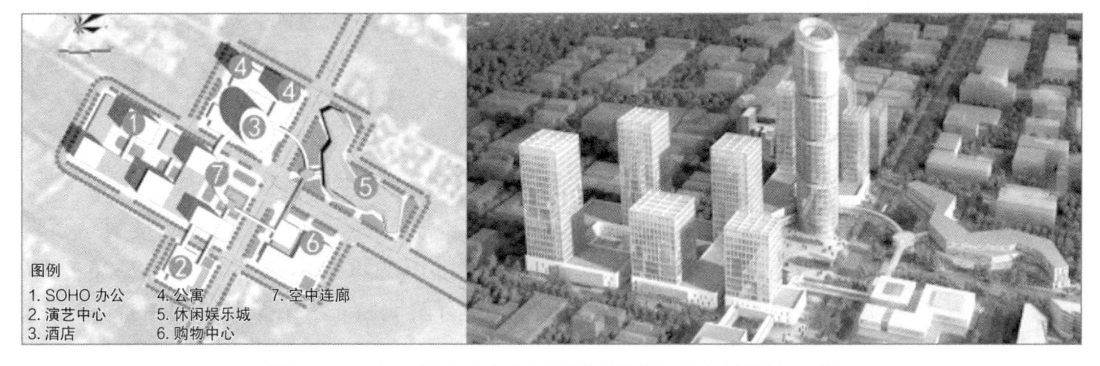

图 2–25　中心城区空间行动计划项目初步空间设计思考

注：SOHO 全称为 Small Office/Home Office，表示居家办公。

行空间细化，包括发展目标、重点项目和初步空间设计三个内容。从规划视角为政府控制及开发商开发提供创新空间发展思路。

在当时的规划调研中笔者发现，半城市化地区的柔性集聚发展是显著且持续的，空间问题往往是非常复杂且棘手的。对于这类地区而言，构建创新空间系统功能结构体系是一次跳脱传统规划思维的新尝试；同时，这种方法本身也具有柔性的特征，笔者希望借此实践为以后城乡空间的优化探索一条系统且柔和的统筹路径，在探索空间合理利用的道路上给予更多的关注。

2.3.6 规划实践：城乡总体规划创新中的点滴思考[②]

1）远郊生态都市区的城乡规划方法[⑨]

笔者至今还清楚地记得在高淳城乡总体规划项目启动会上当地一位主管领导说的一句话："高淳 70% 的空间将是永不工业区。"高淳一直将生态资源作为当地最有价值的空间资产，保护好这个资产就是对高淳发展最大的贡献。围绕这一理念，笔者展开了高淳区城乡总体规划的编制工作。事实上，2013 年的这次规划实践恰恰是对共轭生态规划方法的一次很好的尝试。

高淳远离城市群的中心城市和发展主轴，正是这一独特的区位造就了高淳既可保留一份弥足珍贵的生态资源，又可享受长三角所带来的发展机会。高淳可以放大现有的生态后发优势，把"生态、绿色"的文章继续做大。同时，苏南现代化建设示范区上升为国家战略也为高淳提升城市功能提供了新的契机。利用高淳区新一轮城乡总体规划编制的契机，以共轭生态理论为导向，重构高淳区"社会—经济—自然"复合生态系统，探索其环大城市生长之路。

高淳区原有规划并未有"撤县设区""苏南现代化建设示范区"等中宏观条件，同时对宏观经济、政治转型也未有足够认识，造成了规划的局限性。这一版的高淳城乡总体规划在彰显"生态文明"，建设美丽中国的理念下，规划手法上有两个方面的创新：一是以"全区一张图"为统领，构建以山水慢城为全域生态基底的"岛式组团"格局；二是以八个创新打造特色高淳，即空间形态创新、生态系统创新、产业发展创新、交通与空间组织创新、社会发展创新、规划实施创新、功能定位与区域角色创新、发展模式创新。

（1）高淳作为南京远郊生态型都市区的主要特征及挑战

高淳区位于江苏省西南端的苏、浙、皖三省交界地带，是南京市辖区中最南部的一个区，也是南京大都市的重要组成部分（图 2–26）。高淳作为南京远郊生态型都市区，具有鲜明特征，在转型发展的背景下也面临诸多挑战。

生态优势突出，城乡发展的生态依存度较高，但生态利用落脚点传

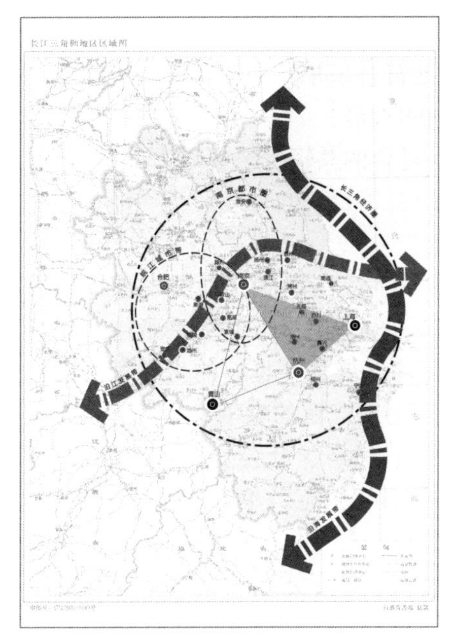

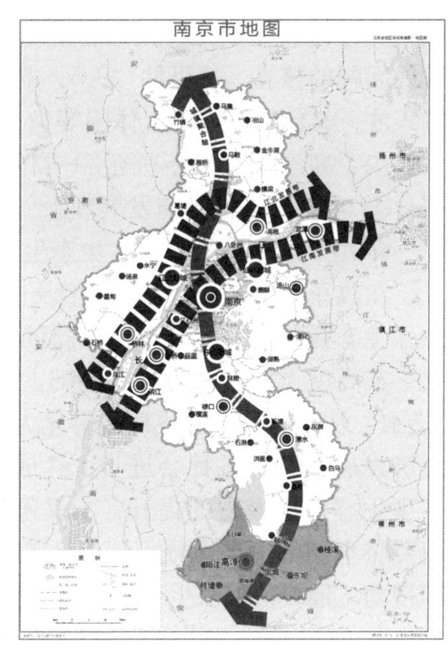

图 2–26　高淳区区位图

统而单一，没有充分转化为生产力。全区“三山两水五分田”，水系网络丰富，乡村生态特色鲜明。在生态的支撑下，旅游业、农业、渔业对优质生态资源的依赖程度很高。但生态利用模式最终主要落脚为旅游，城区对生态的表现也仅停留于“公园”“绿地”的概念，都是生态利用最传统、最初级的模式。生态利用模式的创新是亟待解决的问题。

产业转型发展、高端发展已成共识，但具体实现模式仍需进一步探索。在高淳区的各类产业中，农业特色鲜明但经济效率低；工业发展依赖少数龙头企业、区域同构严重；服务业以商贸、运输等传统型服务业为主，现代服务业发展水平低。在苏南生态环境优美、整体制造业发达、服务业要求高的大环境下，高淳面临如何错位发展的问题。

空间资源丰富、格局清晰，但传统“团块状填满”扩张威胁生态本底特色的保持。全区水域、基本农田等非建设用地占 83.79%，城镇空间体系清晰，乡村特色鲜明，生态格局良好。但城市的迅速蔓延增长导致区域肌理的碎片化，“团块状填满”扩张模式产生了巨型尺度、空间低效利用的城市区域空间结构。城镇边缘建设用地通过对农田、圩区的填占来实现增量，“围湖造地”等手段会对整个生态系统造成无法修复的破坏。

文化资源众多且类型丰富，但辨识度低，并没有绝对优势资源文化。“吴头楚尾”的地理位置造就了高淳区多元融合、兼容并蓄的传统文化特征，文化元素多但却缺乏辨识度，与周边区域相比无绝对优势。

人口净流出，“如何吸引人”成为关乎地区发展的关键。高淳区的人口表现为典型的大都市远郊区特征：人口流动性弱，人口净流出大于净流入，整体素质偏低，人口密度低。“如何吸引人”成为这一地区一切发展问题的核心。这里的“人”，既包括符合未来高端产业发展诉求的高端人才，又包括以养老、休闲等为目的的人群。

（2）高淳区“社会—经济—自然”复合的共轭生态规划

① 重塑生态保护与发展理念

a. 由“严格保护”到“生态生产力”

在改革开放前30年快速增长的背景下，高淳区获得的发展机会较少，生态得以保存，当下面临新的机遇，生态与发展的关系亟待重新确立。在高度重视生态保护的基础上，高淳区要依托良好的生态资源实现“造血”功能。让生态更好地转化为生产力、广泛的竞争力和优势，带动经济发展同时促进社会进步，达成自然、经济、社会复合系统的和谐。实现生态竞争潜力的提升，不是停留在对“生态”本身的利用与挖掘，而要将生态的优越性分配到全区各个领域，达到各个范畴对生态的反哺和带动，最终实现从生态自然到生态生产力的转变。

b. 由防御型“生态结合自然”到创造型“设计创造自然”

人类最初的设计往往以顺应自然环境的方式来解决问题和矛盾，进行着防御型“生态结合自然”（Design with Nature）。然而，现实是大多数人不是生活在由树木组成的森林中，而是面对一个自然、人工建筑和基础设施交错混杂的城市。更现实、具有主动性和创造性的“设计创造自然”（Design by Creating Nature）思想应运而生。与传统的“生态设计”不同，这种范式以景观作为城市结构性的载体，通过生态创造和修复等方式来积极地、正面地介入和干预人工环境的改变过程，改变长久以来“城市”和“自然”对立和分离的状态[74]。

② 以生态内容完善城乡规划体系

a. 优化总体空间：开创“岛式”生态组团式空间系统

放弃“团块”城市形态，尊重大湖山生态体系和小生态肌理，基于湖、绿的“岛式”意象开创生态组团式空间系统。由生态景观廊道与快速交通系统引导城市组团建设，控制组团间生态空间的预留，增强组团间快速交通联系，打造“一城两湖两翼，有机网络组团”的总体空间结构。

“一城”指中心城区，是全区发展的主导。依托现有的老城区、开发区，采用岛式布局和组团化发展模式，向北形成城北商务区、江南科学园、宁高高科技产业园，向东形成紫金科技创业特别社区，是全区行政办公、商业商务、文化娱乐、教育医疗、产业服务的核心集聚区。“两湖”指依托石臼湖和固城湖，形成两湖体系。其中，石臼湖沿岸最大限度地保留了生态农田基质，沿湖实施最低程度的开发建设，沿岸预留500 m蓝线范围。固城湖北岸进行了较大的开发建设，但均以景观绿化、文化休闲、公共服务功能为主；西岸保持现有防洪堤，内部开发度假设施；东岸结合花山，散点布置度假设施、旅游设施等。“两翼”指东部国际慢城和西部江南水乡。东部进一步利用并挖掘桠溪国际慢城的潜在发展力，为发展慢生活、养老休闲产业起到引导和示范作用；西部保留了圩田区的生态肌理，重点发展水乡慢城，形成具有独特江南水乡风格的空间特质。“有机网络组团”指打造覆盖全区的生态型网络都市，形成超越“城镇”概念，覆盖“城乡”的发展组团。在生态网络、城镇网络、特色村镇网络、公共服务网络等网络构架下形成商务组团、生活组团、产业组团、生态组团、城镇组团、乡村组团、旅游组团等（图 2–27、图 2–28）。

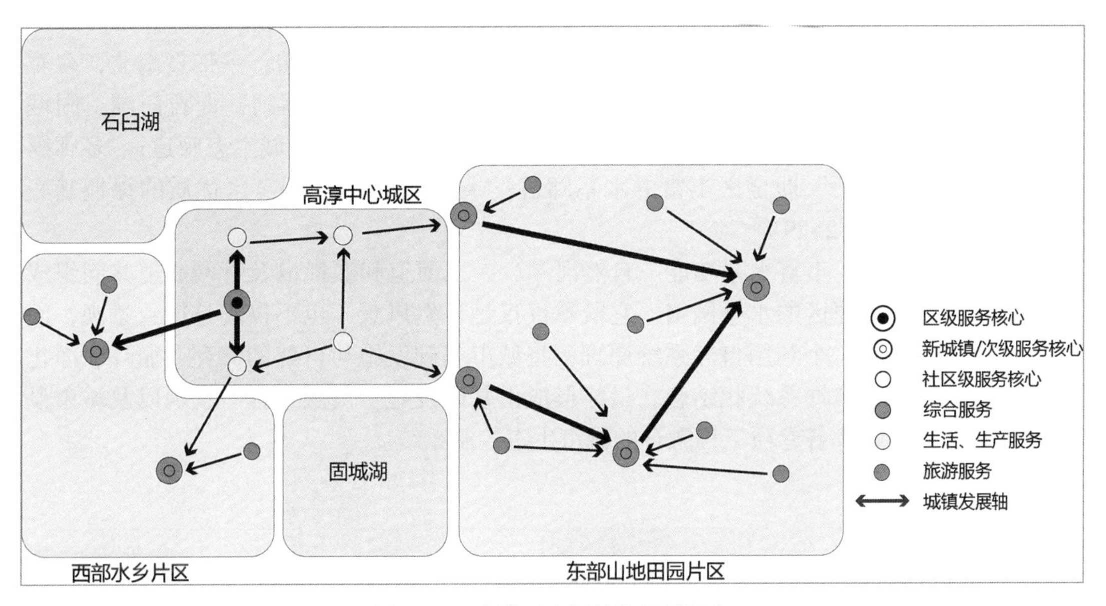

图 2–27　高淳区空间结构规划研究

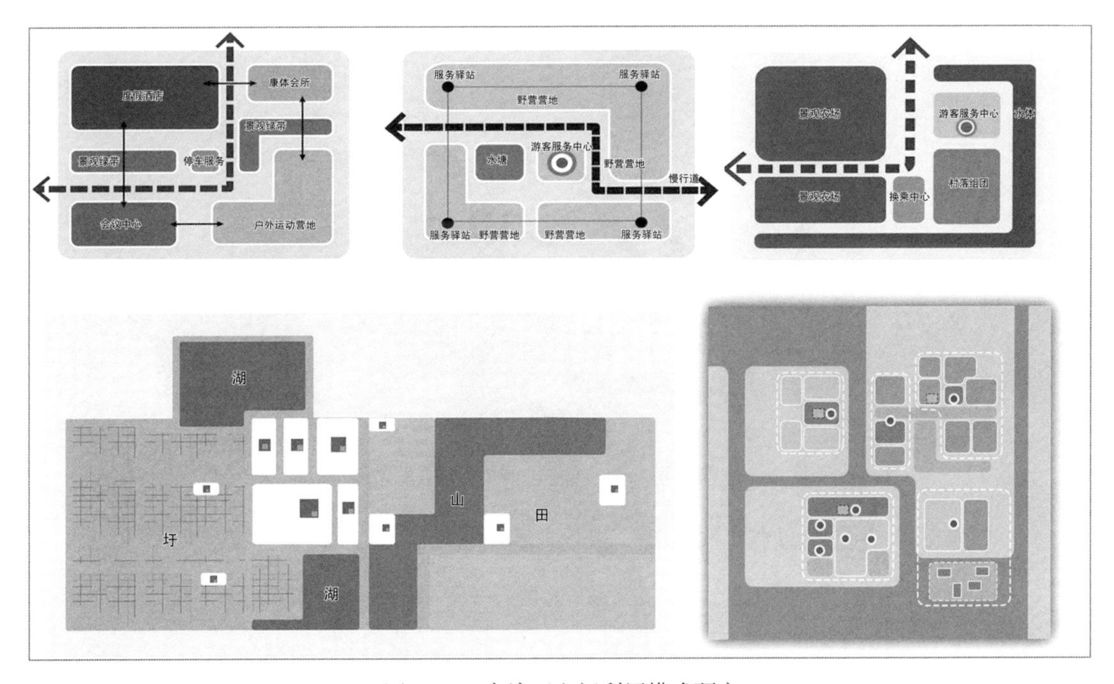

图 2–28　高淳区空间利用模式研究

b. 完善生态系统：保证区域水湖山田的系统性

加强生态系统规划，保证区域水湖山田体系的系统性。将全区 802 km^2 视为一个系统性、不可分割的生态系统。明确高淳区西部圩田特色水产生态区、中部淳溪新城综合生态区、东部低山丘陵特色农业与城乡建设生态区三大功能分区；重点建设游子山国家森林公园、大荆山森林公园及花山林场生态公益林区；发挥滨湖临水的特色和优势，重点保护和建设固城湖、石臼湖滨湖带，加强湖滨沿岸的水源地、自然湿地的保护和景观建设。

构建全区范围泛绿地系统，形成“两湖夹一城，一带贯南北，多廊纵阡陌，绿满高淳城”的总体生态廊道体系。“两湖”即石臼湖、固城湖；“一带”即石臼湖—石固河—固城湖形成的湖城生态廊道；“多廊纵阡陌”即全区丰富的水系廊道；“绿满高淳城”即全区优质的绿地基底（图 2–29）。

丰富水系功能。自然河湖、人工河道和湿地以及管网通道共同组成高淳区的水系网络。它既不仅仅是自然风景，也不仅仅是精致景观，而是一个利用自然系统原理，将城市基础设施与自然的储存、循环、净化与缓冲系统相结合，最终形成由基础设施、雨洪工程、景观以及城市设计等各专项工程融合的城市生态控制系统。

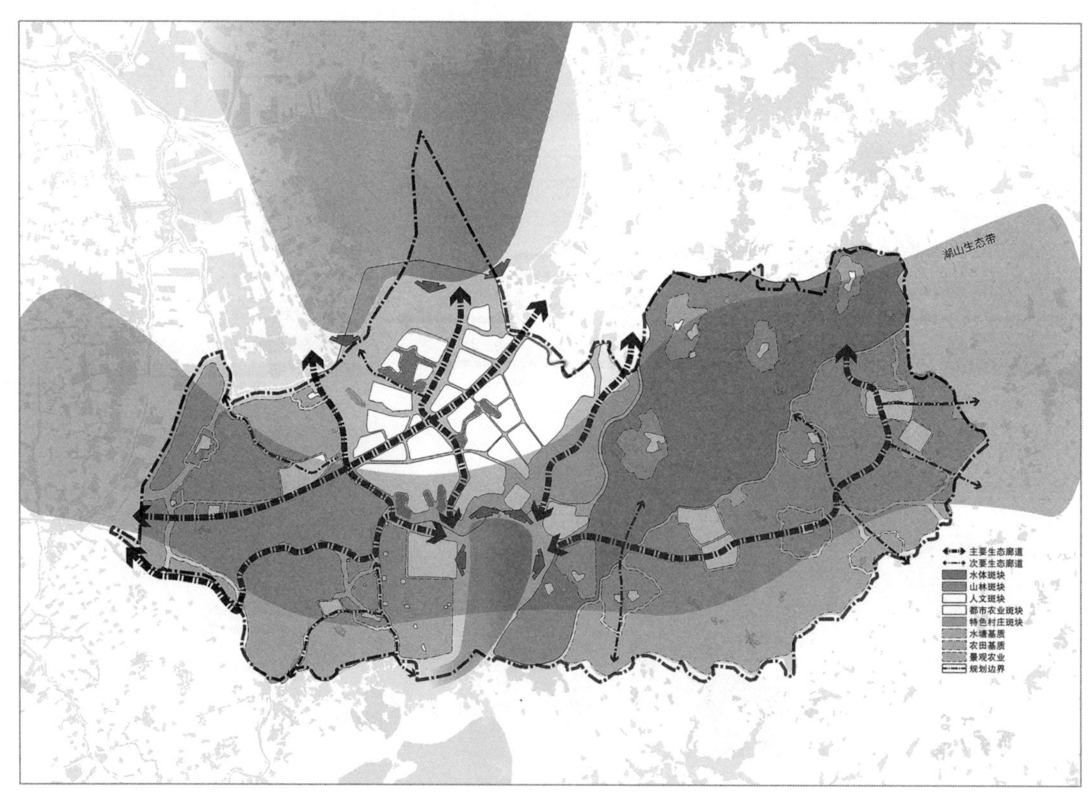

图 2–29　高淳区生态系统规划研究

c. 引导产业转型：利用生态打造中国田园科技城

基于高淳区独特的自然生态及发展基础和条件，确立打造中国田园科技城的总体目标，将高淳区提升为区域性制造业服务枢纽区，高品质居住生活、养老目的地，生态、运动、高品质度假型旅游目的地，融合景观功能的现代都市农业区。

重点发展现代农业、现代制造业和现代服务业，并制定产业空间指引，指导农业战略地区、制造业战略地区、服务业战略地区的发展。农业战略地区为江苏省水稻安全种植基地、长三角食用菌安全种植基地、江苏省螃蟹安全养殖基地、南京市茶叶安全种植基地四个食品安全基地，以及多处都市农场、社区支持农业（CSA）农场（是一种在农场或农场群及其所支持的社区之间实现利益共享、风险共担的合作形式）和特色观光采摘园、农产品加工基地。制造业战略地区包括零部件配套生产基地及田园科技城。服务业战略地区包括现代物流、服务外包、科技研发、郊区企业总部及休闲基地、专业市场、会展、文化创意产业生产性服务业基地，以及养生养老度假、运动休闲等生活性服务业基地（图 2–30）。

d. 保育文化体系：由单项点状规划到综合网络规划

基于生态、生产、生活三生融合原则，划定全区域的风貌分区（图 2–31），并根据各区域的生态本质制定西部水乡田园、湖滨休闲、中心城

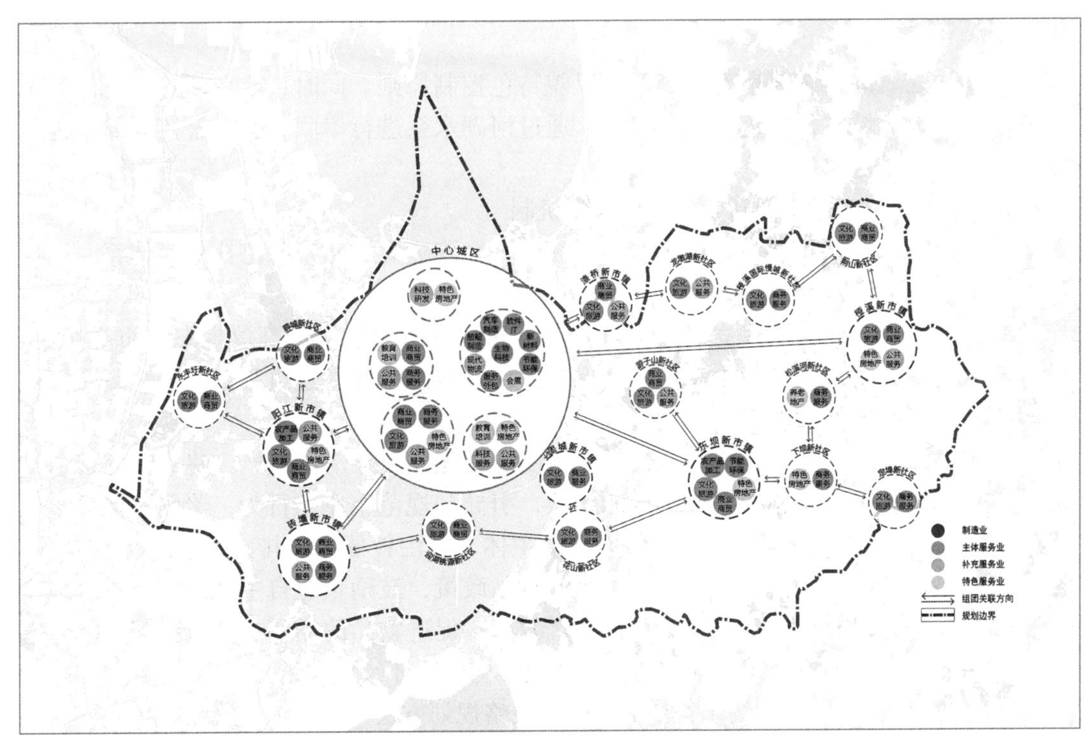

图 2–30　高淳区产业结构规划研究

注：IT 即 Information Technology，表示信息技术。

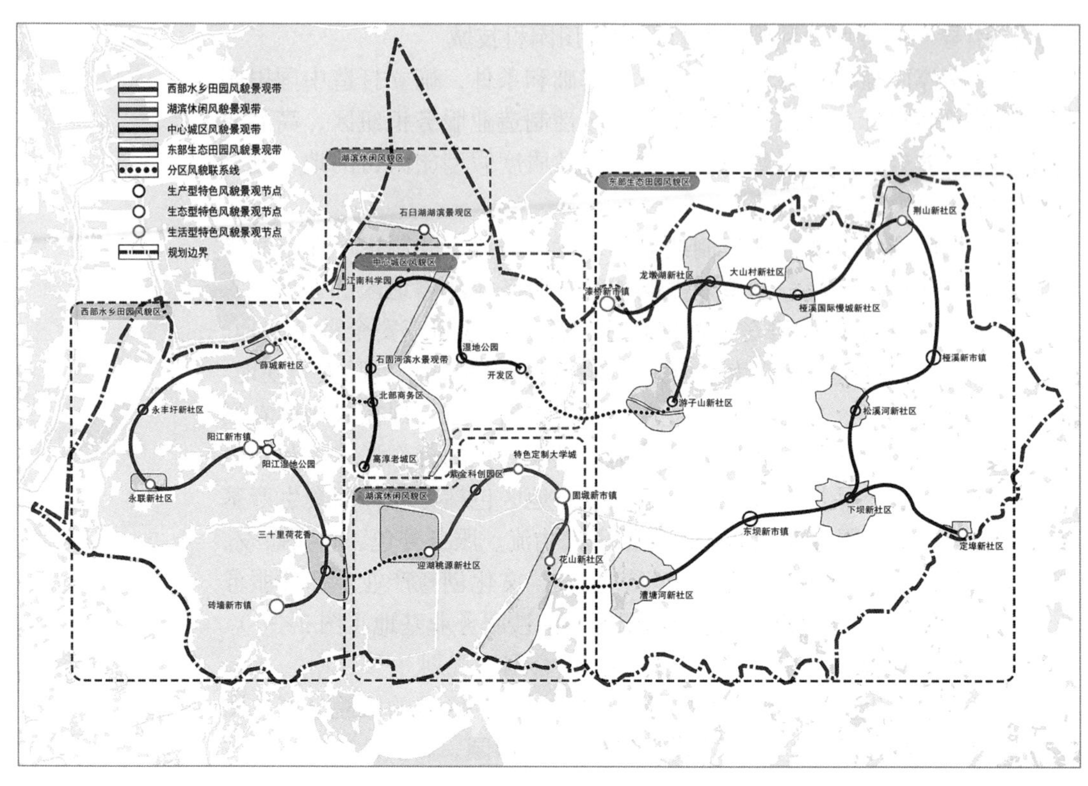

图 2–31　高淳区城市设计风貌分区规划研究

区、东部生态田园四大风貌特色控制原则。同时，重点保护富有高淳地域文化特色的文化遗产，通过河湖水系进行串联整合，整体彰显高淳历史文化特色。

③ 创新生态管理体制机制

通过完善地方法律法规，为高淳建立一套生态法律保障体系，包括绿色产销制度、生态激励制度等。

尝试建立新型管理机制。建立非营利性质的高淳生态城市委员会，并将政府、生态与自然保护组织、能源企业、建筑等各方力量凝聚到建设活动中。

完善产业生态化保障机制。首先，引导清洁生产。建立和完善清洁生产的相关法律法规和政策，引导和规范企业的行为，奖励对清洁生产的发展和推行有积极贡献的主体，惩治耗能大、排污重的不规范企业。其次，促进循环经济。制定补贴政策，鼓励企业自主创新，通过科技手段发展循环经济，提高生产效率；促进物品的循环利用，按照自然生态系统的物质循环和能量流动规律构建循环经济体系。

2）市场化背景下发展的战略规划方法[⑩]

2012 年参与完成的澄海战略规划让笔者第一次体会到了潮汕文化与潮汕特色。在一个市场经济意识极为强烈的地区，城乡发展确实存在很强的不确定性。在这个项目中，笔者大胆地采用了情景规划的方法，充分考虑未来城市的发展充满不确定性与风险性。与传统的预测方法趋势外推不同，情景规划具有一定的灵活性，可以根据实践中所产生的变化给出两种或多种情景预判。

（1）情景规划在战略规划中的方法创新

就区域发展战略规划而言，核心要解决的是区域发展的结构性问题以及从战略入手的实施路径。从一般意义上来看，结构性问题包括区域发展方向（是什么）、产业体系（做什么）、空间布局（怎么做）。在这个研究体系中，城市的发展被限定在了一个单一的假设中。虽然三个问题可以自成体系，但是其现实可行性确实值得商榷。在市场环境和要素投放时序不确定的前提下，很难想象会有一种“完全必然”的产业体系能够充分支撑区域的发展。而缺乏了这个产业体系的前提，随之而来的空间布局就会显得苍白无力。

针对这个状况，情景规划给出了若干种可能。当然，这些可能并非穷举所有的发展可能。毕竟，城市与区域的发展是在一种海量信息与要素下进行的。战略规划应该解决的是最具潜力的若干个方向以及面向近期的实施行动路径。由此，战略规划中的情景选择仍然会包括区域（解决发展方向与角色问题）、产业、空间和实施四个关键问题。不同的是，这四个方面将存在于不同的假设，并且其内涵将出现差别较大的理解。作为不同情景的研究，战略规划的结论也可能并非唯一。这将直接导致战略规划的结论更应偏向结构性问题，而非面面俱到；更应偏向抓大放小，而非全景式蓝图。

① 区域协调模式

在区域方面的研究，情景规划给出的是一种多元化的假设。传统规划方法，更希望从层次分析中得到“唯一”聚焦的可能。但是情景规划的分析，更多的是研判城市和区域周边地区协调的可能性，而这恰恰是在研究城市发展方向与区域角色的可能性。

在澄海的规划实践中，从区域发展趋势视角来看，汕头主城是其“唯一”的联系方向。根据《汕头市城市发展战略规划》，汕头主城的逐步扩展将粘连澄海城区，使得澄海成为汕头未来的主城区，同时成为产业领跑、生态最优、文化最强、“汕头特区扩围提质”的主战场。但是，从地方文化脉络视角来看，澄海是潮汕揭一体化交通走廊的东端起点，汕头市域现状产业发展、基础设施建设等各方面条件最好的非主城区。未来澄海的规划建设应站在主动对接大汕头地区的生态组团型城市的高度，加强与周边区县的联系，明确次区域级的地区服务中心的发展定位，主动整合粤东区域资源，构建大汕头地区的精品生态组团型城区（图 2–32）。

② 产业组织模式

在产业组织方面，情景规划需要探讨的是区域主导产业以及前后向产业关联的可能性。在这个假设下，很难简单地用三次产业的分类结构

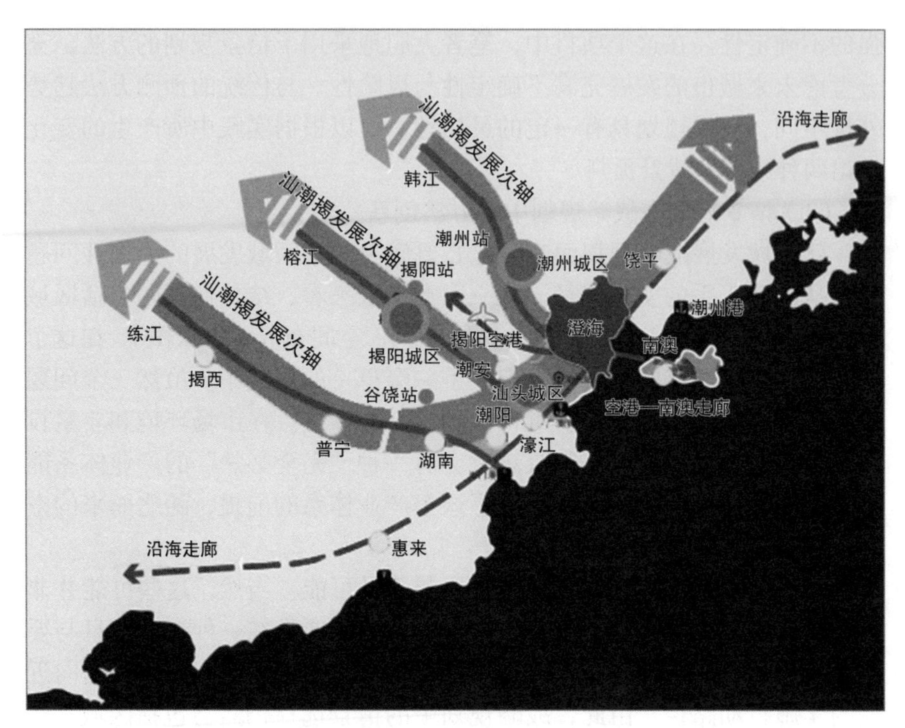

图 2-32　澄海在汕潮揭区域的综合交通区位思考

去“套”地区的产业体系。根据区域角色的情景不同所带来的产业潜力不同成为研判主导产业及其延伸体系的重要手段。以澄海为例，一方面要对现有的支柱产业做深入分析，另一方面根据与主城、揭阳等周边地区产业联动的可能拟定不同的产业发展着力点。

a. 高端化发展的潜力

一方面，澄海具有强大的宏观政策支持和良好的产业基础；另一方面，人多地少的现状也决定了澄海的工业必须走高端化路线。澄海具有追求“精致”的文化传统和汕头市最优的生态本底，这也为澄海走高端化发展道路提供了扎实的发展基础。

b. 全产业链发展的潜力

全产业链发展的潜力体现在两个方面：一方面，澄海拥有单一产业实现全产业链化的潜力，如玩具产业已颇具规模，实现了产销一体化，且已经自发地向产业链的上下游延伸（澄海本地已有 5 家上市企业）；另一方面，澄海拥有围绕核心产业实现全产业链发展的潜力，目前除了作为支柱产业的玩具产业外，新兴的动漫产业、文化旅游业、商贸物流业等的发展也十分迅猛（图 2-33）。

③ 空间组织模式

在空间组织模式上，情景规划中关于弹性发展和市场化的思路体现得淋漓尽致。采取战略主动的核心空间结构与基于市场的空间自构相结合。一方面，抓住核心结构，保证远期的城乡空间合理性；另一方面，

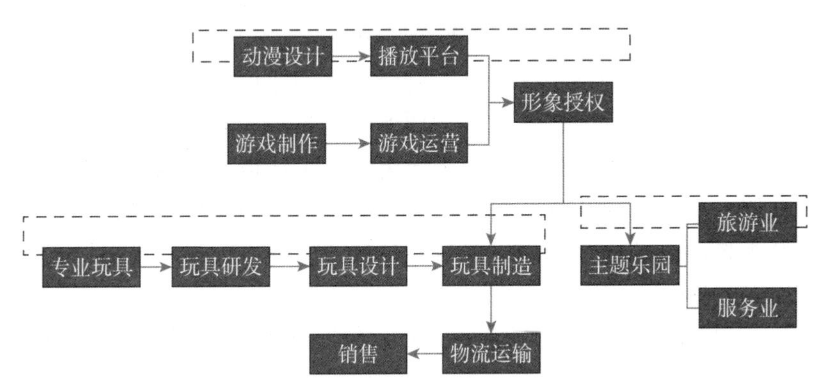

图 2-33　玩具、动漫、文化旅游、现代服务与制造业全产业链示意

充分尊重本地长期以来路径依赖下的地区自组织发展模式，以逐步打造“示范性精致空间”、渐进式空间改造的手法，逐步为存量工业的集聚提升、居民生活方式的改变、服务业的发展腾挪空间，从而通过其示范带动作用由近及远、由易及难在全区逐步推广，保证近期建设的可操作性。

④ 规划实施行动

在规划实施层面，充分发挥地区本体特色，由政府对产业发展、道路等基础设施建设、生态环境综合治理等重点发展项目进行统筹规划、综合布局，并将具有切实可行性的项目纳入规划行动体。充分发挥本地潮商的资本优势和重视乡情、重视回馈家乡的传统，将规划项目以项目包的形式由潮汕乡亲进行认领和投资，形成政府统筹加民间资本运作的特色实施模式。

（2）澄海区发展现状与问题

① 面临融入主城区与融入潮汕揭大区域的双重可能

在汕头特区扩围提质、潮汕揭一体化发展两大背景下，澄海区的区域发展战略选择面临进一步融入汕头主城区与融入潮汕揭大区域的双重可能。2011 年 5 月，包括澄海区在内的汕头市“三区一县”被正式纳入汕头特区。在汕头特区扩围提质的全新战略背景下，澄海是进一步融入汕头主城区，成为未来汕头主城区的重要组成部分；还是在潮汕揭一体化发展的大背景下，强化汕头北部门户的地位和作用，强化与潮州、揭阳的区域协作，成为汕头内联外扩的重要支点？这些都是澄海区在未来发展中迫切需要回答的问题。

② 产业发展持续呈现低水平，经济运营进入瓶颈期

本土柔性经济强大，但是现阶段整体产业发展持续呈现低水平，地区整体经济运营进入瓶颈期。与珠三角地区面向全球成熟市场形成“嵌入式”的产业发展路径不同，澄海区的经济发展模式是典型的“内生型”经济集聚模式。以本地最具代表性的玩具产业为例，绝大多数澄海区的玩具企业是土生土长的本地小微民营企业。经过多年的发展，虽然本地已有以奥辉玩具厂为代表的 5 家上市公司，但是围绕大企业进行产业链

上下游配套生产加工的大多数企业仍采用“前店后厂”的家庭作坊模式。在全新的国内国外发展形势下，澄海的玩具产业也面临着产品质量与国际市场要求仍有相当差距、自主创新能力不强、产品知名度仍有待进一步提升等问题。未来以玩具产业为代表的本土特色产业以何种路径实现转型升级？是继续强化现有自组织模式的柔性经济发展路径，还是通过不断壮大核心企业，带动地区产业整体快速转型发展，对澄海区未来发展方向的选择至关重要。

③ 空间无序发展，增量空间有限、存量空间开发难度与开发成本都很高

以“自下而上”为特征的柔性经济组织模式也影响了本地民营经济，这在空间构成上的一个重要表现是城乡建设的随意性、无序性。交通干道在当地村镇建设，民营企业基本首尾相连，村镇内部工业和居住混杂且无序蔓延，空间增长模式呈现斑块化和破碎化。在增量空间方面，由于澄海区现状人口密度已经很高，且受制于土地管理部门的建设用地指标限制，可供开发的增量建设空间十分有限；在存量空间方面，由于现状城镇建设的高度密集，且普遍存在权属不清、管理混乱等情况，存量空间无论是开发难度还是实际的开发成本都很高。

（3）情景规划思路

基于情景规划，可以对澄海的发展历程、发展现状、上位规划、区域统筹等各方面进行不同的情景假设，提出有一定理论与战略高度且具有较高可操作性的、具有弹性的、灵活的规划方案，以应对各种不确定因素对规划可能造成的阻碍与变动。本次针对澄海现状，从区域统筹、产业优化、居民生活、生态环境等方面，立足澄海，对接汕头，提出三种可能情景。

① 情景一

由于澄海现状 324 国道沿线用地密集，须考虑空间增量分布。从充分挖掘国土资源的情景出发，澄海主城区向东发展，将新增建设用地用作产业升级转型，发展现代工业园区；利用莲阳河、外砂河的优质生态资源，建立澄海生态廊道。此情景对生产与生活空间进行分向发展，工业园区东拓，主城区西进，建立 T 形强中心。同时在外围城乡空间保留弹性发展预留地。

② 情景二

此情景基于快速融入大汕头的发展愿景，在澄海的东、中、西三条轴带上根据现状基础对接汕头主城区。根据澄海自身现状，三条轴带分别为西部生态发展带、中部城镇整合发展带、东部产业发展带。在未来的发展中，三条轴带应当相互关联，逐渐闭合，最终形成网状发展格局，促进区域综合发展。

③ 情景三

此情景以保留澄海生态基底为前提，利用组团式发展，进行功能与

等级的分工与分层；对城区与沿海可利用空间进行充分开发，以弹性增长方式为主，防止过度铺张。尤其注重对澄海本地自组织的生产与生活方式以及文化传统格局进行保留，以城市内部品质为提升重点，以提升自身为主要发展要素，同时兼顾区域统筹与对接汕头。

（4）情景规划方案

① 东拓西进，西城东园，外围预留：区域化带形都市

在此情景下，澄海主城区向东延伸至海岸，集中发展现代工业园区；主城区向西扩过十八峰山将上华建设为现代服务新城，远期可考虑将隆都融入澄海主城区；组建强中心的 T 形结构，以莲阳河、外砂河滨水景观走廊为边界，构建澄海东西串联的带形主城区，整合提升 324 国道沿线产业与城乡建设空间，形成一条南北向的城乡聚落发展轴（图 2–34、图 2–35）。

此 T 形发展方向十分清晰，具体体现在以下方面：

第一，做大做强中心城区，形成东西向的“历史生态—城市服务—现代产业”发展带，加快融入汕头主城；

第二，T 形外可预留备用地；

第三，对生态资源缺乏统筹建设与保护；

第四，对沿海用地的开发力度不足；

第五，产业空间布局缺乏整体性，新兴产业与传统产业难以相互统筹发展。

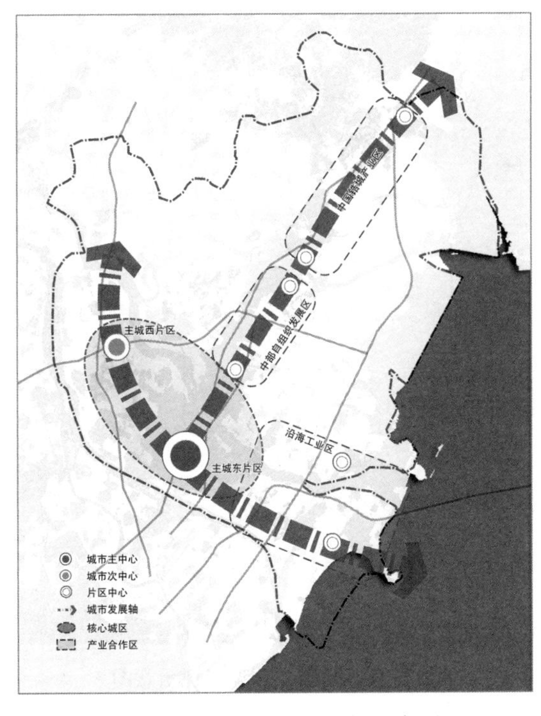

图 2–34　情景一结构规划示意图

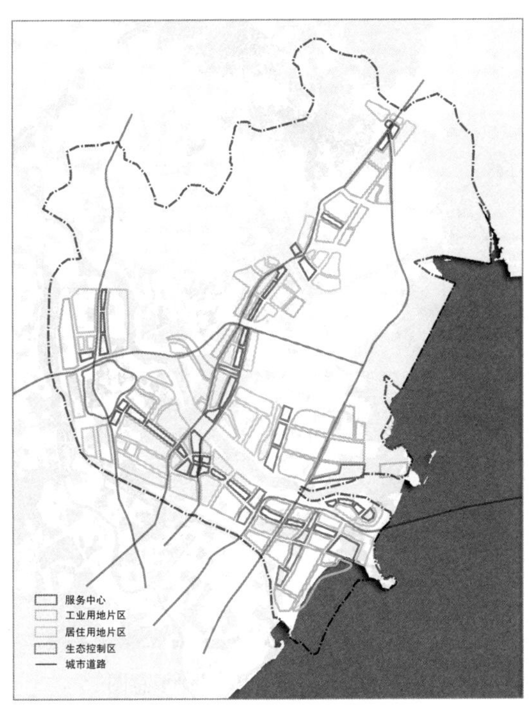

图 2–35　情景一用地规划示意图

② 三带并举，连绵发展：产业升级都市

为实现澄海融入大汕头，在澄海西部、中部、东部建立三条轴带，分别对接汕头主城。西部利用良好的山水生态资源与历史文化名村等人文资源优势，积极保护、合理开发，打造西部生态发展带；中部整合城镇用地，南段主城跨越莲阳河向北发展，在终端东里河两岸打造次中心，北部锆城引领新城建设；东部对接汕头东部新城，实现高技术产业与高端住宅、办公相配套的现代城市功能（图 2–36、图 2–37）。

情景二规划方案虽然可以实现澄海与汕头的相互融合，但没有突出澄海的优势与地位。

第一,三条轴带分别侧重生态资源保护、城镇品质提升、沿海高端开发，形成全面协调的发展格局；

第二，城市整体服务水平大大提升，可满足大规模人口增加需求；

第三，中部轴带是重点，且承担较大的用地与融资压力，而东部轴带对高端产业与高端服务业承担较大，未来实现可行性较低；

第四,三带六片的空间格局过于分散，对交通等基础设施要求较高，会导致中心城区发展资源不足；

第五,“轴—网”的模式会造成后续发展空间不断压缩，各条带连续发展存在困难。

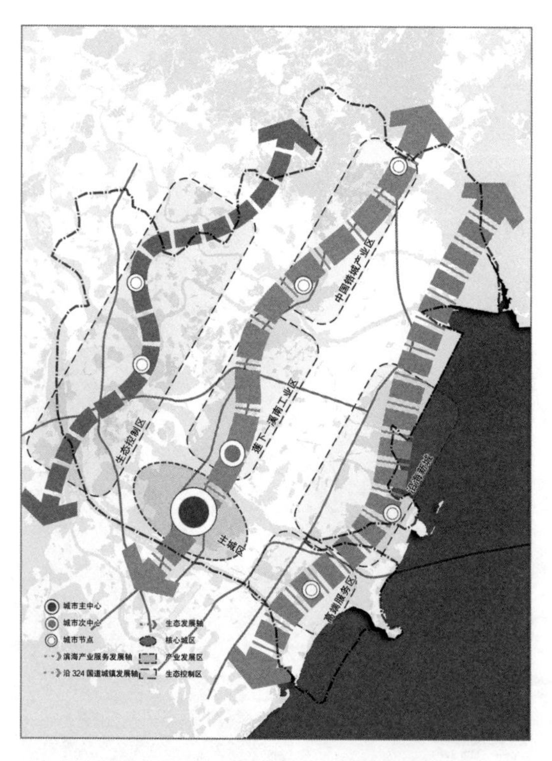

图 2–36　情景二结构规划示意图

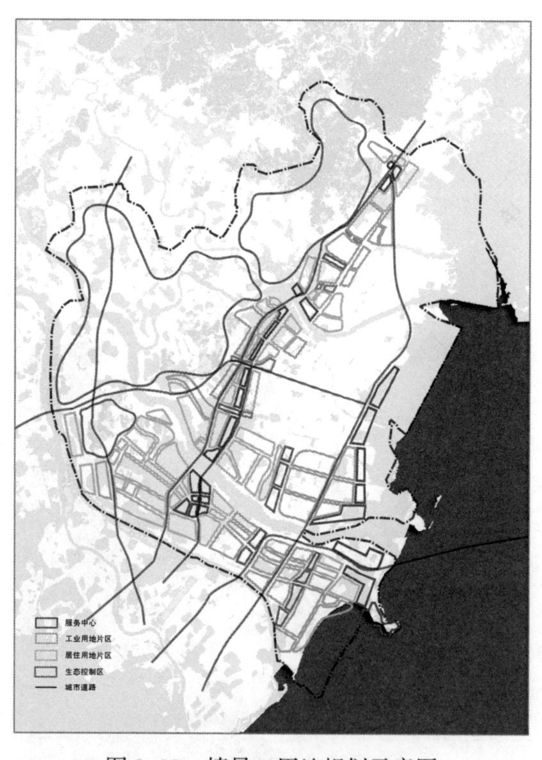

图 2–37　情景二用地规划示意图

③ 生态组团，有机分工；主次分明，弹性生长：舒适生活田园城市

情景三主要加强对澄海生态基底的保护，充分开发城区与沿海空间，对用地与融资不会产生过大压力。组团发展可以对空间进行统筹分区，各组团优势可以得到充分显现。同时控制保护型组团的开发强度，保护其原有生态基底。开拓型组团则侧重提升制造业与高端服务业。组团发展不仅可以明确功能分区，而且在开发强度上进行分层控制，促进弹性生长（图 2–38、图 2–39）。

情景三的规划方案不仅保障了澄海优质的生态基底，而且在区域发展与区域协作方面体现了较强的优势。

第一，功能分区发展为对接汕头提供了保障；强化与汕头主城区的联系，与潮汕揭地区连接的交通网络也得到了完善。

第二，充分展现了澄海特色，尤其是生态基底与山水肌理；对澄海自身产业也进行了最大限度的尊重与潜力挖掘；对澄海自身潮汕文化进行挖掘与塑造，增强澄海文化凝聚力。

第三，形成了明确的主体功能区结构，为澄海中心城区与战略产业区提供了发展方向上的指引，为全区的统筹发展提供了保障。

（5）小结：情景规划对规划方法创新的思考

在城市发展迅速的现代社会，普通的规划很难跟上发展变化的速度，尤其是城市发展的方向与方式会受到政策、经济形势、产业与技术转型

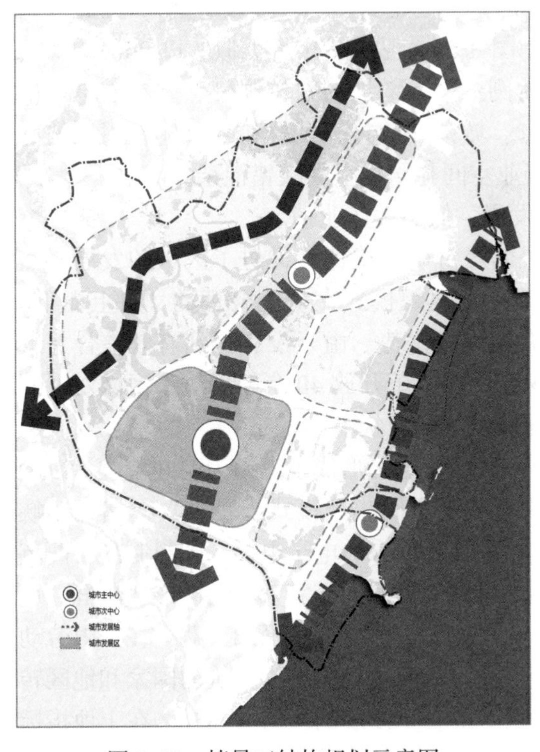

图 2–38　情景三结构规划示意图

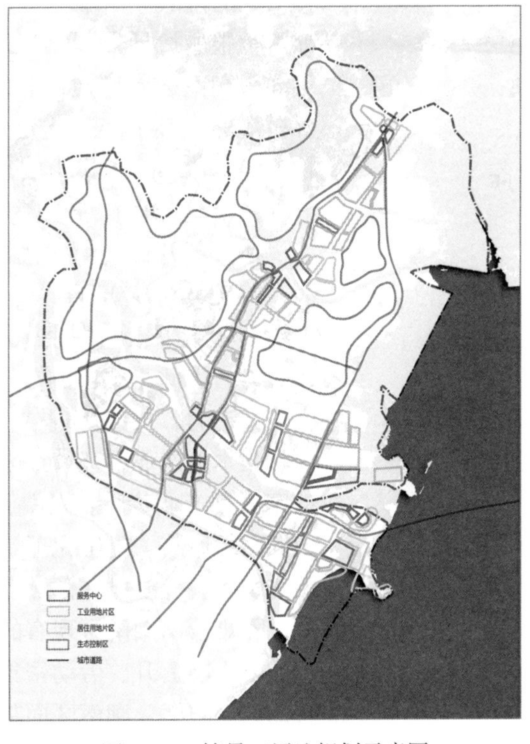

图 2–39　情景三用地规划示意图

与创新的影响，普通的规划方案很难综合考量这些综合因素的变化。基于情景分析的城市规划不仅保留了传统的规划方式，而且综合考虑了未来城市发展的多角度与多因素，在时间、方向、空间分布等方面进行了多方面的分析。不同情景下的规划方案在城市发展过程中均具备可能性，这也为城市政策的制定者提供了具有前瞻性与灵活性的决策支撑，具有相当重要的实践意义。

3）半城半乡地区的城乡规划方法 ⑪

（1）半城半乡地区的发展困局

Desakota 地区在中国往往被称为“半城半乡地区”。半城半乡地区是我国工业化和城市化进程中农村地区向城市化地区转变的初级阶段和过渡类型，具有显著的过渡性、动态性和不稳定性[75]。由于潮汕地区长期以来人多地少、空间局促，所以自古就有外出打拼、推崇商贾的传统，当地民营经济十分发达。改革开放后，在自下而上的农村工业化影响下，以家庭作坊为单位的作坊式小工业（“三合一”经济）在原有村庄用地的基础上不断扩张蔓延，逐渐形成了今天城乡不分、建设用地与非建设用地犬牙交错的空间发展格局，造成了潮汕地区的资源极其“碎片化”的窘境。

① 空间困局：城乡连片发展，土地利用高度混杂

空间碎片化是半城半乡地区的主要特征之一。不仅仅是城镇建设用地开发严重无序，更有甚者是城乡用地完全失控。加上极为强大的民间社会力量，政府管控在这类地区显得十分乏力，给城市规划编制带来了相当大的挑战。由于很难有效区分哪些是真正的“建设空间”，因此规划师常常很尴尬地发现用地规划图和用地现状图几乎类似。以 2003—2012 年汕头潮南区新增建设用地为例，城乡增加的农村居民点基本上是在原有村落的基础上连片蔓延开来。城镇和乡村、乡村和乡村建设用地彼此粘连，土地利用模式粗放，产业空间与居住空间交错混杂。

② 产业困局：各自为政发展，低层次产业锁定

在改革开放初期，潮汕民营经济确实快速地促进了区域的发展。然而，曾经异军突起的“自下而上”组织模式在缺乏合理的“自上而下”引导的状况下已然失去了原有的先发优势。由于没有得到有效整合并形成合力，因此小而灵的自组织经济在改革开放 40 余年后对于区域发展而言显得乏力，最终呈现“小马拉大车”的状况。

从本地产业特征情况来看，潮南区已经形成了以镇为空间单位、以劳动密集型产业为特征的高度专业化的空间集聚模式（表 2-8）。诸如，峡山的纺织服装、精细化工，陈店的文胸内衣、电子电器、塑料制品，两英的纺织服装等都已在镇域范围内形成上下游配套完善的地区产业集群。可是，不难看出潮南区现有的块状产业无一不是低水平加工业。在国内劳动力成本不断上升、劳动密集型产业不断向劳动力更为廉价的国家和地区转移的大趋势下，潮南区面临着巨大的转型发展的压力。并且，在土地指标紧缺导致新经济发展缺乏空间载体、强势的宗族文化导致传统发展路径依

表 2-8 潮南区主要产业产值及企业数量（2010 年）

类别	纺织服装	日用化工	文教用品	印刷包装	塑料制品	电子电器	全区工业
产值 / 亿元	274.27	45.88	21.82	13.16	45.49	16.8	484.10
企业数量 / 家	2 788	219	97	154	427	127	4 366
企业数量占比 /%	63.86	5.02	2.22	3.53	9.78	2.91	100.0

赖的双重制约之下，潮南区陷入了“低层次产业锁定”的困局。

③ 配套困局：城镇公共服务设施严重匮乏，公共服务能力不足

除了空间问题、产业问题以外，潮南区城镇公共服务设施严重匮乏，供给能力不足。在潮南区现有的公共设施中，行政办公、教育设施相对而言还算是集中分布并具有一定数量，其他公共设施分布散乱、缺乏秩序并且总体数量严重不足。例如，文化娱乐设施在整个区域供给不足。潮南区现状区级以上的图书馆、展览馆等现代城市必备的文化单位仅有 2 家，且集中分布于城区中心路段。其余均为村级以下的零散场所，完全无法满足居民日常文化生活的需求。再如，全区医疗卫生设施普遍存在规模小、占地少、设备落后等问题，医疗设施系统极不完善。当时，全区病床数仅为 1.2 张 / 千人，中心城区仅为 2.5 张 / 千人，均低于汕头市区 5 张 / 千人的标准。

（2）结构性渐进更新：基于结构、行动两手抓的总体规划方法创新

① 结构性蓝图与更新计划的同时性

a. 把控核心结构以保证远期的空间合理性，聚焦精致空间以保证近期建设的可操作性

由于在自下而上的自组织力量起主导作用的半城半乡地区，以行政干预手段主导的传统规划模式往往会遇到来自基层的较大阻力而难以落实。因此在潮南总体规划的实践中，要通过全区一体化发展“长远蓝图”的描绘，抓住核心结构，整合优化全区空间结构，构建起全区城乡一体化的空间发展模式，从而保证远期城乡空间的合理布局。

b. 立足本地基础的产业提档升级，根植于潮汕文化的产业组织创新

一方面充分尊重地区既有的产业体系，在产业发展策略上以现有六大支柱产业——纺织服装、日用化工、文教用品、塑料制品、电子电器、印刷包装为基础。强调在现有优势产业的基础上从产品品种丰富、产品档次提升、向产业链两端延伸等方面全面提升现有产业发展层次，培养龙头企业，整合地区产业资源，打造区域全产业链体系。

另一方面充分发挥潮汕“家”文化的优势，根植于潮商网络，以“家园经济”推动潮商资本回归式发展。潮汕地区素有“本地一个潮汕，外地一个潮汕，海外一个潮汕”之说，海外潮商更是以“刻苦耐劳、智慧精明、拼搏进取、诚信重义、感恩奉献、开拓创新、前瞻胆略、团结

互助”的精神，塑造了独特的潮汕商人形象。海外潮商将传统的经商理念与现代商业伦理有机融合，也为包括潮南在内的潮汕地区的发展提供了精神和物质上新的助力。未来应继续强化本地企业与海外侨乡企业的联系，有助于本地企业了解最新的设计潮流和生产技术，以及本产业的全球发展动向；创造良好的投资环境，吸引海外潮南籍潮商回乡投资。

② 以有机更新理念为核心的空间策略

首先，通过一系列结构性内容的确定和强制实施，确保对全区总体空间结构的控制，包括：第一，以各地特色和优势为基础，划分不同的功能片区，实现特色化、差异化发展。第二，在城乡一体化发展框架下，形成“中心城区（含核心区与新区）—组团—外围生态功能区”的一体化城乡空间体系。第三，加强区域系统统筹，通过自上而下的政策扶持，建立大区域合作平台，统筹区域产业体系，统筹区域环境质量。第四，着力提升中心城区功能。通过建立健全公共服务职能，改善中心城区偏弱、辐射力不足等问题。

其次，通过一系列行动计划，形成渐进式更新的发展路径。具体来讲，行动计划体系包括：第一，强制性行动与项目规划，如安全食品生产基地规划、地区水网恢复规划等。规划必须确保全区基本的生态、生产安全底线。第二，精致空间开发与项目规划，诸如城乡聚落型、产业型、自然生态型、历史文化型四类城乡精致空间。第三，微易行动与项目计划，涵盖交通渐进优化型、产业精明增长型、空间肌理重塑型和公共服务补缺型四类。第四，重大、难度行动与项目规划，如练江干流治理、峡山大溪和两英大溪等环境类项目，汕南大道、324 国道综合交通改造、广澳港疏港铁路潮南物流基地等基础设施类项目。

最后，通过对全区总体结构的主动控制和一系列渐进型的行动与规划项目体系，实现全区双重策略引导下的空间自构。

③ 基于社会网络的精致空间体系

在具体操作层面，充分发挥潮南本地特色，由政府层面对产业发展、道路等基础设施建设、生态环境综合治理等重点发展项目进行统筹规划、综合布局，并形成一个个项目包，然后发挥潮商资本优势，由潮汕乡亲对项目包进行认领和投资，形成政府统筹加民间资本运作的潮南特色发展模式。

（3）“全区一张图 + 行动计划”

汕头潮南区城乡总体规划在编制的过程中始终以“全区一张图 + 行动规划”为核心理念，构建了同深度覆盖全区的创新型城乡空间关系。以“全区一张图”为统领，深入贯彻落实科学发展观，加快推进城市发展模式的转型，并充分结合本地特点和发展中所遇到的问题。从传统重中心城区轻周边地区的总体规划模式，转向中心城区、镇区、乡村地区同深度覆盖、一体化发展的创新型规划模式，建立以“全区一张图”为标准的可持续发展的城乡空间结构体系。

规划试图在传统城市规划“理想蓝图式”模式的基础上进行大胆创新，即“理想蓝图 + 行动计划”。理想蓝图就是要回答传统城市总体规划的系列问题，包括发展目标、规模、总体空间结构等；行动计划则是在理想蓝图的基础上通过包括强制性、精致空间、微易、重大项目等一系列空间行动规划，既保证规划的可落地性，又预留城市未来发展的多种可能。

① 核心结构：覆盖全区的生态化都市网络

这是一张面向远景的理想蓝图：潮南区全区范围内重点构建“两带一网络”的空间结构。“两带”包括北部练江平原发展带、东部滨海发展带，“一网络”则是以广大乡村为基底，镶嵌了 1 个中心城区、10 个城镇组团，以及若干特色网络生态发展单元（图 2–40、图 2–41）。

这又是一个面向实施的渐进式更新规划，主要集中在四个方面：第一，城市绿地系统更新，在全区推广墙新文化公园、华里西公园模式，在密集的建成区中植入“绿色生活”；第二，现有公共服务设施的改造，如峡山商场空间改造，陈店镇手机商业街改造、浩华路两侧商业空间及配套服务增设等；第三，商业服务设施的增配，如广祥路、环美路、金

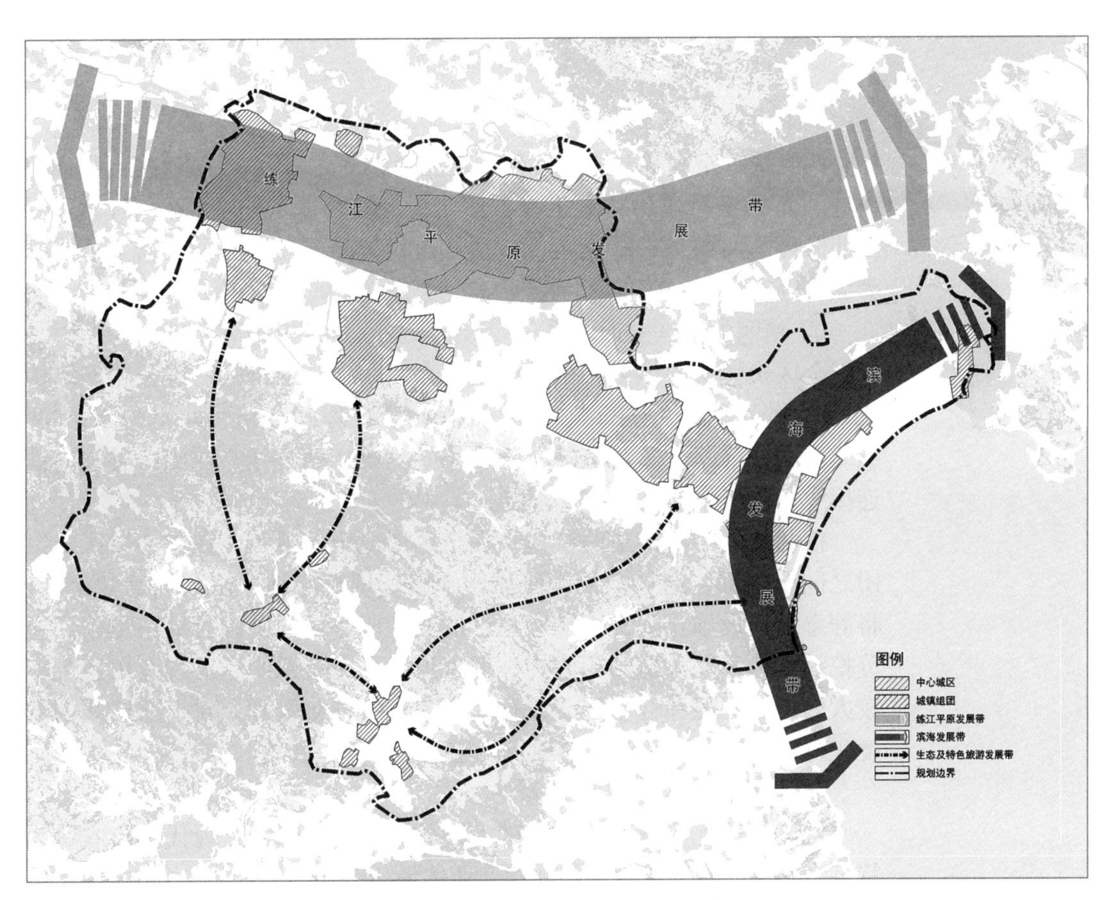

图 2–40　全区空间结构规划研究

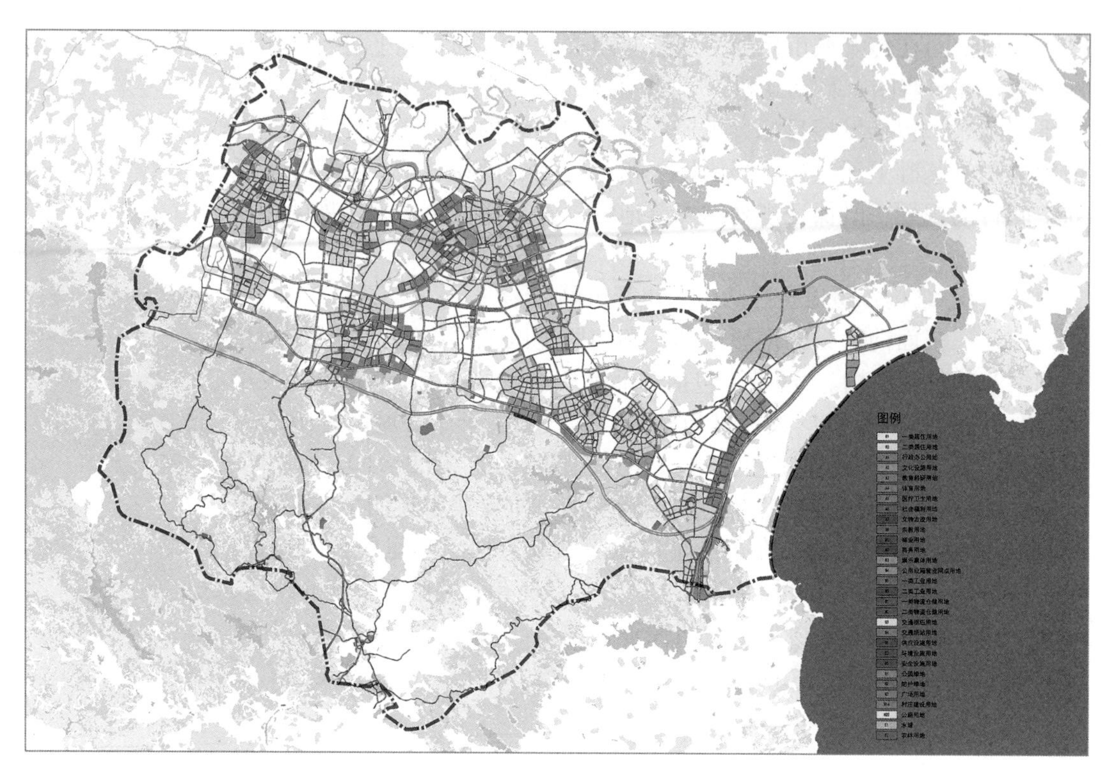

图 2-41　全区空间利用规划研究

祥路两侧服务空间的改造，北环大道配套服务店增设，雍景北侧“三旧”改造、商品房新建、新五星级酒店增设、游客服务中心增设等；第四，工业园区配套服务补缺完善，包括峡山科技园配套服务、北新工业园配套服务等。

② 精明的全区交通体系

全区快速交通体系将由“四横两纵四联络”的全区一级公路网络构成。其中“四横”为 324 国道、汕南大道、陈沙公路、井田公路；“两纵”为司神公路、237 省道；“四联络”为陈店西环线、峡山—谷饶高铁连接线、峡新公路、新 337 省道。

精明规划的城市道路交通将在全区形成全域覆盖。在中心城区、组团之间及内部，通过不同等级城镇道路实现核心地区之间的高效衔接，将静态交通设施作为提高核心地区的交通服务配套。结合城市更新，充分挖掘现有道路改造利用潜力，完善道路微循环系统。对现有更新难度较大的道路留足弹性空间，以预控方式逐步强化管理，对道路红线的宽度实行近远期控制，使其各项发展逐步达到规范要求。

③ 根植性的全区产业体系

构建本地优势制造业为基础、现代服务业为引领、现代都市农业为特色，三次产业有机融合的现代产业体系。

传统制造业转型发展。引导地区成品制造企业拓展产业门类，向家居纺织用品、产业用纺织用品等方向拓展；地方文化提升传统制造业的“潮南个性”，借潮南文化提高产品附加值和美誉度；增强自主创新能力；引导制造业从生产加工向设计、研发、品牌、销售等产业链高端环节延伸，提高产业竞争力，增强自主创新能力。

现代服务业品牌化、特色化发展。以“平台建设、品牌建设、园区建设”为引导，向研发设计、市场营销、售后服务等产业链高端环节不断拓展；以政府为主导，建立“政府 + 民间组织 + 民营企业”三位一体模式的潮南全产业链合作平台、潮南电子商务平台，打造“新潮南特色商务模式”。

最终在空间上形成现代都市农业、提升型制造业、现代服务业三大类战略性地区（图 2–42）。

④ 农业景观框架下的全区绿地系统

尊重潮南现状生态肌理，辨识练江平原地区、大南山山地地区和东部滨海地区各自的核心特征，构建与全区空间结构相吻合的生态格局，保持并优化潮南区山、水、城、田、林、海的整体生态格局，构建“两带一片”的区域生态结构，打造包括区域性生态绿地、城镇绿地、农业绿地在内的全区“泛绿地系统”（图 2–43）。区域性生态绿地包括区域性

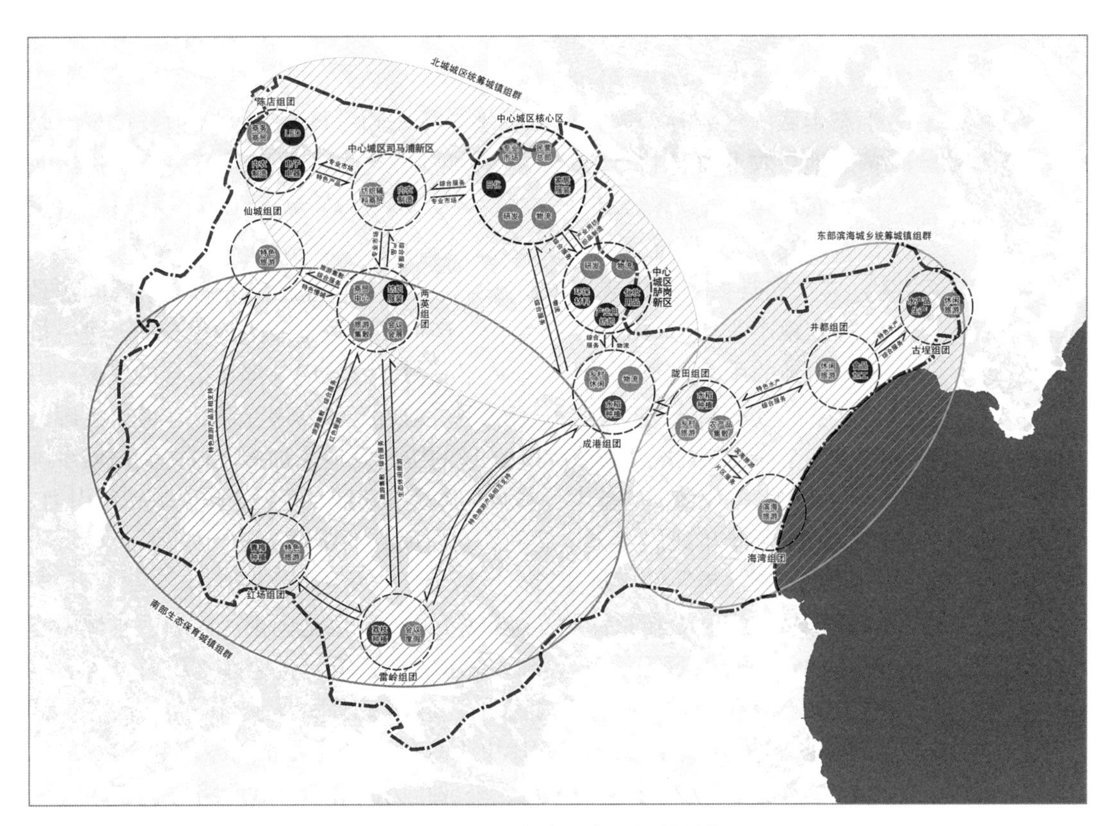

图 2–42　潮南产业布局规划研究

注：LED 即 Light-Emitting Diode，表示发光二极管。

图 2–43　全区绿地系统规划研究

生态走廊、区域性公园，城镇绿地包括城市公园、街头绿地及广场、防护绿地，农业绿地包括农村地区林地、都市农业以及城镇内部及边缘保留的农地等。

4）“灯下黑”地区的城乡规划方法[13]

《文安县城乡总体规划（2013—2030 年）》要解决的一个重要问题是如何实现产业与空间统筹。通过城乡产业职能分工及集约化布局，进一步提升土地的用地效率、增强文安内生动力，形成内外部相结合的发展，引导文安的发展模式向全系统统筹转型。通过产业发展互动、区域生态廊道建设、交通对接等全面融入周边区域的协调发展来加强区域协调与城乡统筹建设。以覆盖城乡的基本公共服务建设推动城乡统筹，提升城市吸引力。

（1）传统单线思维下发展的文安所面临的难题

① “灯下黑”的区域尴尬

虽然文安县处在京津冀“地理中心”，但也是国家、区域、省域中心城市的经济辐射盲区，其经济发展速度落后于周边地区。放眼全省，尽管文安县处于河北各县中上游水平，但其实际发展水平仍处于低水平县市范畴，与其他地区的县市相比更不具备明显的发展优势。

② 产业发展内生动力不足，外部拉力缺失，缺乏经济黏性

文安产业内部在当时面临的主要问题是资源依赖性突出，链条短小，附加值低。产业与产业之间缺乏联动，关联性小，没有形成发展合力。

区域与区域之间的产业联系薄弱，同质竞争严重。

基于配第—克拉克定理、库兹涅茨法则、霍夫曼定理、钱纳里标准等，从产业产值结构、产业就业结构、工业内部结构、经济发展水平和区域城市化率五个方面进行文安县工业化发展阶段的测度（表 2–9）。

根据分析得出文安县正处于工业化中期的前期阶段，工业化进程仍需加快。产业发展模式主要以技术升级、结构调整为主，产业主要以投资为导向（表 2–10）。现阶段主要以第二产业占主导地位，第三产业高速发展，在国民经济中的比重甚至超过第一产业。同时，现阶段也是加速城镇化阶段，城镇化质量逐步提高。

③ 城乡发展割裂，资源碎片化分布特征明显，利用效率低下

从就业结构偏离度来看，除第二产业保持对人口的持续吸引力，第一产业、第三产业都逐渐呈现对劳动力的排斥作用，对劳动力的吸引力

表 2–9　文安县工业化发展阶段判定

基本指标	产业产值结构	产业就业结构	经济发展水平（人均 GDP）/ 美元	工业内部结构	区域城市化率 /%
文安县	7.9：67.4：24.7	29.1：38.6：32.3	4 733.2	0.038	54
工业化初级阶段参考值	Ⅰ>20% 且Ⅰ<Ⅱ	Ⅰ<46.1% Ⅱ>26.8% Ⅲ>27.1%	1 631—3 262	1.6—3.5	10—30
工业化中级阶段参考值	Ⅰ<20% 且Ⅱ>Ⅲ	Ⅰ<31.4% Ⅱ>36.0% Ⅲ>32.6%	3 263—6 524	0.5—1.5	31—70
工业化后期阶段参考值	Ⅰ<10% 且Ⅱ>Ⅲ	Ⅰ<24.2% Ⅱ>40.8% Ⅲ>35.0%	6 525—12 244	<1.0	71—80

注：Ⅰ表示第一产业；Ⅱ表示第二产业；Ⅲ表示第三产业。

表 2–10　文安县与周边县区主导产业对比

城市	主导产业
文安县	钢铁压延、木板产业、塑料化工、电线电缆
霸州市	金属压延、金属玻璃家具、塑料加工、机械加工、林木加工、食品加工、线缆制造、乐器制造
大城县	精细化工、保温建材、古典家居、食品加工
雄县	塑料包装、电器电缆、乳胶气球、人造革
静海区	再生资源、优质钢材、装备制造、轻工和以现代医药及生物技术为代表的高新技术
任丘市	石油化工、铝型材、摩托车、石油钻采及石化装备制造、铁路机车及电器配件制造

呈下降趋势。人口流失较多，且对外来人口的吸纳能力不足。

从生态资源来看，文安县生态本底不差，但多样化的空间基底没有形成发展合力，来实现从资源优势向生产力优势转化。县区内水系与建设空间缺乏联系，城镇建设背离水系，水网空间肌理难以被感知。

从土地结构来看，土地资源没有得到有效的整合，利用效率低下。城乡用地多呈带状沿路分布，布局分散。文安县主要园区的地均产值小于周边县市，园区竞争力不足。

从城镇体系来看，城镇体系不完善，中心城区辐射带动作用小。文安县整体经济实力有限，再加上区域交通网络不健全等，中心城区对周边乡镇、园区的辐射带动十分有限。以镇为主体的行政单元，形成了"基层村—镇（管区、农场）—中心城区"自下而上特征明显的城镇体系，对县域资源利用是基于各乡镇行政管辖范围内的个体利益，造成了一系列束缚。区域发展处在区域城镇体系末梢，外部拉动有限。

④ 基础设施供给不足、发展不平衡的矛盾突出

公共服务设施分布不均衡，城区集中、外围缺失，人均水平低。城市交通基础设施在东西方向上的联系弱，县域城乡间的通道联系少，县域交通网络不健全，城乡间的通道联系少。

（2）城乡发展策略

① 生态田园发展策略

以生态田园城市为目标打造文安特色，引导生态建设与城市发展互相促进。以文安县生态本底资源为基础，以尊重资源环境承载能力和保障区域生态安全为发展前提，对县域内的水系、坑塘、农田、林地、湿地等生态资源进行统筹规划，形成覆盖城乡的绿色生态基础设施。依托县域内核心水网构建生态廊道框架，在城区、乡镇外围以田园基质有机渗透，在城镇、乡村内部进一步结合特色水系形成田园化的生态环境，从而在县域整体生态环境提升的同时，有效控制城镇的无序蔓延，实现生态与城市进步的统筹。

② 产业绿色发展策略

转变产业发展模式。对文安传统污染产业进行全面转型提升，积极壮大新兴产业，构建生态绿色增长创新型产业体系。

转变产业组织模式。以产业园区为平台，强调园区内产业协调联动，强化中小企业入园发展。以混合发展单元为组织模式。构建生产空间、生活空间与生态空间紧密结合，三次产业相互关联的产业统筹发展模式。

③ 城乡协调发展策略

坚持城乡资源的县域全系统统筹。城区与郊区一体化规划，强调城乡土地的集约高效利用，突出县域城镇与乡村的产业分工统筹，突出县域城乡基础设施布局的统筹，突出城乡民生设施保障统筹。

④ 基础设施均等化发展策略

坚持落实新型城镇化要求，把保障和改善民生作为发展的第一要义。

加强中心城区的基础设施服务水平，同时通过各项基本公共服务向镇、乡村地区延伸，体现城市对乡村民生设施建设的支持力度，强化小城镇对乡村的综合服务功能建设。

⑤ 区域联动互补发展策略

创新区域合作模式推动区域统筹。以产业融合错位互补、交通对接、生态互动等方式，将文安县与周边霸州、大城、任丘等临近县市，北京、天津等大城市，形成优势互补，建立产业关联；通过廊坊区域交通的系统化和网络化建设，实现区域间的便捷互动；以文安的生态田园发展为契机，推动并充分融入廊坊南部地区森林湿地生态走廊建设。

（3）产业发展目标

基于文安县产业发展制定产业发展规划，促进产城融合，规划要坚持奋起争先、跨越发展；坚持整体优化、融合发展；坚持优化布局、集约发展；坚持开放合作、高效发展；坚持政企协同、合力发展；坚持生态环保、绿色发展。

（4）产业发展规划

① 产业体系构建

全县构建“246”绿色增长创新型产业体系。形成以三次产业联动为核心的绿色创新型产业体系，做大做强木板产业、装备制造两大主导产业；培育发展四大战略引擎产业，包括环保产业、新能源产业为主的新兴产业，以及现代农业、文化旅游业；配套发展中介服务、电子商务、现代物流、科技孵化、金融服务、现代商贸等现代服务业。

② 产业空间布局

产业发展结合混合发展单元进行空间布局，以城区为区域生产服务核心，六大产业园区为用地集聚平台，与农业及生态特色地区互为嵌套，形成三产相互关联的空间布局。在混合发展单元指引下，重点形成“一心两极两区六园”的城乡产业空间布局结构（图 2-44）。

“一心”指县城综合服务中心。

“两极”指以左各庄产业转型发展极和新镇五金加工为核心的新镇产业转型发展极。

“两区”指以文安鲁能生态区及马武营水库湿地保护区为核心的生态旅游发展区。

“六园”指在文安县域内以省级、市级为主形成的六大集中式特色产业园区，包括文安经济开发区、文安工业园区、文安新桥经济开发区、文安工业新区、文安东都环保产业园、文安现代农业园区。

（5）城乡空间规划

① 空间发展战略

城乡总体规划从更高效统筹空间资源的角度出发，为最终实现县域战略中所提出的“生态田园、产业绿色、城乡协调、基础设施均等化、区域联动互补”五大统筹战略，在空间发展上提出了以空间发展的组团化、城

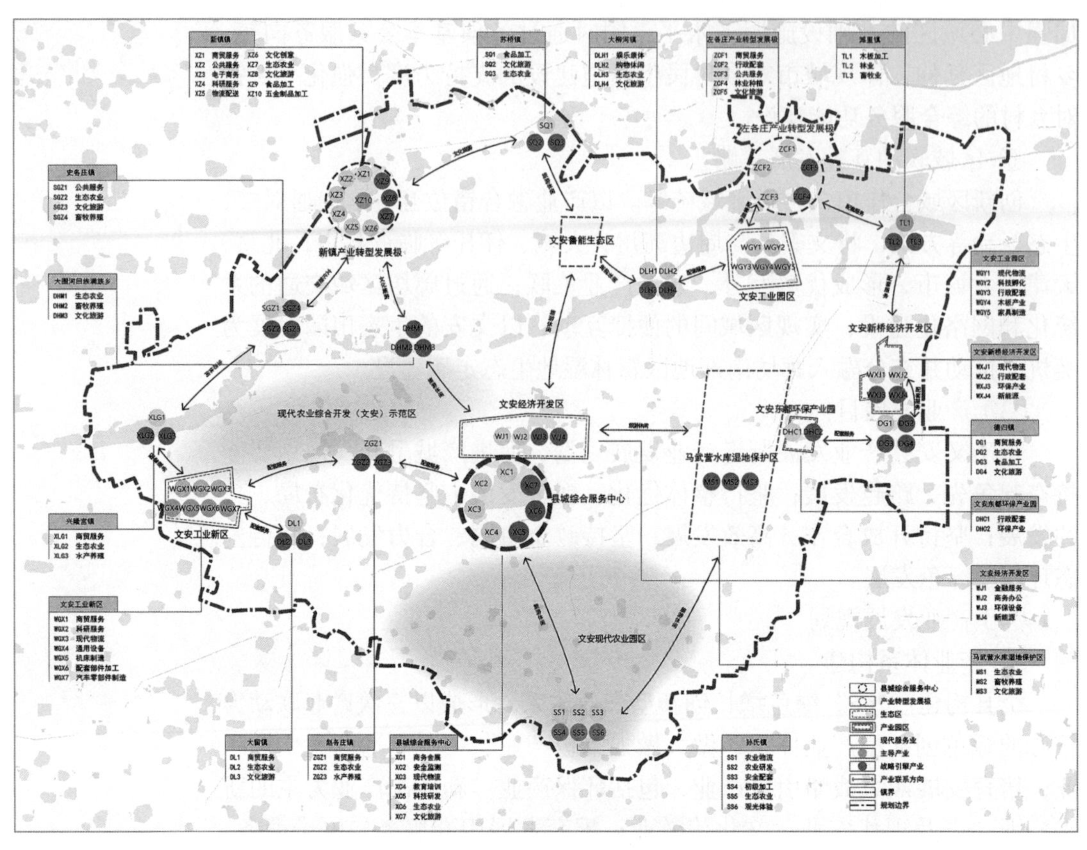

图 2-44　文安县产业空间布局思考

乡空间的等值化、城乡空间发展时序化、城乡空间发展特色化作为四大空间路径。

② 空间规划原则

规划遵循城乡全覆盖，规划一张图；大结构统领，区域与本地空间协同；扁平化的区域空间发展模式；突出抓手与发展重点的区域空间带动的原则。

③ 空间规划结构

规划遵循生态优先原则，形成“一心两带三片、八个混合发展单元”的总体空间结构（图 2-45）。

“一心”为县域生态保育绿心。对县城以北、赵王新河以南的农业地带进行生态涵养与示范性开发，打造文安县域的生态绿心。

“两带”为两条水长城发展带。“两带”分别依托北部的赵王新河和南部的任文干渠形成。充分发挥赵王新河宽阔的水面及两岸丰富的农田、林地等生态基底，成为文安水文化的重要载体；同时以县域南部的任文干渠作为南部及东部水网支流的主干生态廊道，凸显县域南部的水生态特征。两条水长城发展带是县域生态骨架廊道。

“三片”是三个生态发展片区。根据产业发展特征及空间资源分布，

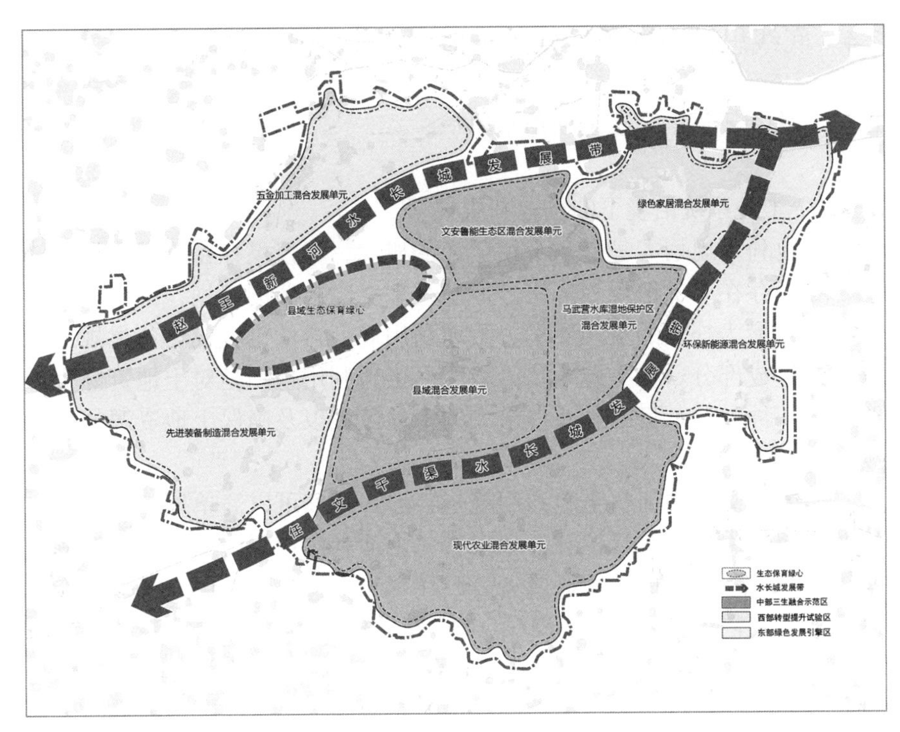

图 2-45　文安县空间结构规划研究

将“三片”划分为中部三生融合示范区、西部转型提升试验区、东部绿色发展引擎区。中部三生融合示范区包括文安镇、大围河回族满族乡、苏桥镇赵王新河以南地区、大柳河镇西部、赵各庄镇南部任文干渠以南地区、孙氏镇、德归镇任文干渠以南地区。该区以品质生活、环保型生产、多样化生态为特征，实现生产、生活、生态的全面融合。西部转型提升试验区包括新镇镇、苏桥镇赵王新河以北地区、史各庄镇、大留镇镇、兴隆宫镇及赵各庄镇。该区将成为对地区现有产业全面转型升级的重点地区，是文安县五金加工及装备制造转型的试验区。东部绿色发展引擎区包括左各庄镇、滩里镇及德归镇任文干渠以东地区。该区将以绿色家居和环保新能源为特点，形成文安绿色发展为特征的引擎示范。

“八个混合发展单元”包括县域混合发展单元、绿色家居混合发展单元、五金加工混合发展单元、环保新能源混合发展单元、先进装备制造混合发展单元、现代农业混合发展单元、文安鲁能生态区混合发展单元、马武营水库湿地保护区混合发展单元。

（6）小结

文安县城乡总体规划通过对产业布局的调整，制定产业绿色发展策略，针对现状问题提出解决思路，并提出对应策略，帮助文安内部产业提升生产动力、外部增加区域联动性，统筹空间发展，改善土地利用效率低下等问题，集约城乡发展。

2.4 底线思维与资源管控的土地利用规划方法创新

2.4.1 大有不同的“土地利用规划”

1）土地系统语境下的土地利用规划 ②

土地利用规划本身是一个很广义的概念，不仅仅存在于城乡规划体系，更是存在于土地规划体系。但凡是和空间相关的规划，都很难回避土地这个最为朴素的空间要素。土地利用规划自然也就成为各类规划中重要的组成部分。在土地系统语境中，土地利用规划是对土地资源合理配置的一种方法，目的是获得最大的土地效益以及确保土地资源的可持续利用[76]。

如果狭义地去理解土地利用规划，那么我们可以简单地认为它是一种对土地使用过程的管控及计划安排。土地利用规划历来也被看作解决具体问题的一门应用性学科或者一门技术工作，是土地用途的空间安排以及一套使它实现的行动建议[77]。当然，土地利用规划在理论和方法研究中与区域规划、城市规划相比相对弱一些[78]。土地利用规划具有综合性和空间性的特点。综合性强调区域空间政治、经济、自然环境与土地利用空间互相配合的综合，容易受到各种主流的经济学、哲学等学科思潮的影响，具有与社会经济同步演化的特点。空间性强调不同层级的土地利用规划有不同的目标、内容、方法和保障手段[78]。

就发展过程来说，我国的土地利用规划经历了不断地更新与完善。例如，1986 年成立的国家土地管理局负责全国土地的管理工作，并颁布实施《中华人民共和国土地管理法》，切实保护耕地的基本国策[79]。在此之后，我国的土地利用规划主要经历了三轮规划：第一轮开始于 1987 年，国家土地管理局首次编制土地利用规划，确立了我国现代统一的土地利用规划体系，它可以算作我国土地利用规划的雏形；第二轮规划开始于 1997 年，建立了我国土地利用规划的制度基础，包括从上而下逐级控制的规划编制体系；在 1998 年国家土地管理局、地质矿产部、国家海洋局和国家测绘局合并成立了国土资源部后，2005 年国土资源部开始了第三轮土地利用规划，目的是更好地适应国土开发格局与经济社会发展的深刻变化[80]。在大部制改革的背景下，自然资源部成立，国土空间规划登上历史舞台，原国土资源部主导下的土地利用规划也开始逐步淡出。

2）土地系统的空间规划创新探索——国土规划 ⑭

隔行如隔山，规划专业也存在类似的问题。相信对于很多从事城乡规划和发展规划的同人而言，土地规划、国土规划似乎是类似的概念，其实不然，二者存在着很大的概念差异。1981 年，中共中央书记处第 97 次会议提出“要把我们的国土整治好好管起来”，并指出要“搞立法，搞规划”，国土规划被正式提到国家议事日程并由当时的国家基本建设委员会组织落实。1982 年 3 月，国家基本建设委员会启动了国土规划试点工作。1982 年 4 月，国家机构改革，国土规划工作划归国家计划委员会主管。当时的国际经验表明，对于正处于工业化和城市化加速阶段的国家和地区，为解决工业过度集中、人口持续增长、土地供应越来越紧张、空气水体等环境卫生严重恶化等问题，需要对经济社会的地域结构进行重整。区域规划被认为是解决这些问题的重要前提与手段，因此区域规划在不少国家和地区得到了广泛的推行。

在这样的大背景下，我国最初的国土规划，更准确地说是国土开发整治规划，具有浓厚的区域规划色彩。1987 年 8 月 4 日，国家计划委员会印发的《国土规划编制办法》中的第一条就很好地印证了这一点。该办法开宗明义：国土规划是根据国家社会经济发展总的战略方向和目标以及规划区的自然、经济、社会、科学技术等条件，按规定程序制定的全国的或一定地区范围内的国土开发整治方案。国土规划是国民经济和社会发展计划体系的重要组成部分，是资源综合开发，建设总体布局、环境综合整治的指导性计划，是编制中长期计划的重要依据[15]。

1982—1984 年，中国在京津唐、湖北宜昌等 10 余个地区开展地区性国土规划试点。1985—1990 年，我国参照国外经验，组织编制了《全国国土总体规划纲要（草案）》。该纲要明确了国土开发的地域总体布局，并在全国范围内选择了 19 个地区作为近期我国国土综合开发的重点地区，确定了农业、能源等基础产业布局，勾画了我国主要交通运输通道，并阐述了耕地保护、承载力等国土综合开发的几个重大问题。由于各种原因，这个规划未得到批准实施，但规划中许多国土空间开发的战略思想对后来的国土开发利用具有较为深远的影响。

与此同时，各地相继开展本行政区国土规划编制工作。在 20 世纪 90 年代中期，全国已有 30 个省、223 个地市、640 个县开展了国土规划编制工作。这轮声势浩大的国土规划编制活动一直持续到 1998 年机构改革。

1998 年，国土资源部成立，编制国土规划的职能相应被划入国土资源部。适时，我国正面临耕地被建设大量占用的严峻局面，而 1997 年刚批准实施的《全国土地利用总体规划纲要（1996—2010 年）》并没有真正起到引导、约束和控制作用。国土资源部规划部门的工作重心在于如何强化土地利用总体规划的科学性和约束性，以及研究启动第三轮土地利用总体规划修编工作，国土规划编制工作进度放缓。

当第三轮土地利用总体规划修编工作基本告一段落，国土资源部再次部署了国土规划的前期研究与试点工作，并于 2010 年经国务院批准正式启动了《全国国土规划纲要（2016—2030 年）》的编制工作。这轮国土规划的编制，由国土资源部与国家发展和改革委员会联合牵头，财政部、环境保护部、住房和城乡建设部等 28 家部门和单位共同参与。2013 年 3 月，《全国国土规划纲要（2016—2030 年）》送审稿完成。2017 年 1 月 3 日，国务院批复印发了《全国国土规划纲要（2016—2030 年）》。

从内容来看，《全国国土规划纲要（2016—2030 年）》部署了集聚开发、分类保护、综合整治、联动发展和支撑保障体系建设等重点任务，设置了“生存线”“生态线”“保障线”和耕地保有量、用水总量、国土开发强度、重点流域水质优良比例等 11 个约束性或预期性指标。与 20 世纪 80 年代的草案相比，《全国国土规划纲要（2016—2030 年）》以大力推进生态文明建设为根本目标，明确将集聚开发作为国土开发的主要方式，进一步优化了国土空间开发格局的战略构想，并更注重城乡统筹和区域协调、差别化保护。可以说，这是我国首个经国务院批准的全国性国土开发与保护的战略性、综合性、基础性规划。

在编制全国国土规划纲要的同时，主体功能区规划、国土规划、土地利用总体规划、城乡规划等各类空间规划犬牙交错的关系已经成为各界探讨的焦点，由此引发的空间治理效率低下问题也引起了高层的关注。2014 年 8 月，《国家发展改革委　国土资源部　环境保护部　住房城乡建设部关于开展市县“多规合一”试点工作的通知》（发改规划〔2014〕1971 号）发布，正式启动 28 个市（县）试点工作；2016 年 12 月，中共中央办公厅、国务院办公厅印发《省级空间规划试点方案》，在 9 个省份开展试点。

2018 年，国务院机构改革，新组建的自然资源部被赋予了统一行使所有国土空间用途管制和生态保护修复职责。《中共中央　国务院关于建立国土空间规划体系并监督实施的若干意见》（中发〔2019〕18 号）提出，建立国土空间规划体系并监督实施，将主体功能区规划、土地利用规划、城乡规划等空间规划融合为统一的国土空间规划，实现“多规合一”。自此，国土规划的使命告一段落，国土空间规划开始新的征程。

3）小结：从土地利用规划、国土规划到空间规划

土地利用规划是对全区域内土地资源在未来时空的分配与组织，旨在促进战略性发展目标的实现；概念源于日本的国土规划则是相对高层级的，对整个国家所管辖的国土这一包含自然与人文要素的地域空间进行综合性、战略性的规划，目的是实现整体的协调发展；空间规划的概念起源于欧洲，是政府对空间进行管制的方法，是政治、经济、文化、社会等各项政策在各个尺度空间的地理表达，广义上空间规划包含一切具有空间性质的规划，如土地利用规划、城乡规划、国土规划等等，也可以称之为空间规划体系。在我国，土地利用规划、国土规划经历了萌芽与发展，但是这些空间性的规划之间存在着内容重叠、职责交叉等问题。直至 2018 年，“五级三类”的国土空间规划体系建立，实现了空间规划体系内各级各类规划功能的明确。

2.4.2 国土资源管控中的底线思维方法[16]

如果说“增长”是快速城市化阶段诸多规划的编制目的，那么底线管控思维则是土地系统规划中最为重要的规划理念之一。从政策文件的表述与内容阐述中不难发现，土地系统的空间规划方法强调的重点是基

于生态底线思维下的空间管控。底线思维的理念可以说渗透到了后期规划改革过程中的方方面面。

首先，随着空间规划理念的不断深化，空间规划中有关生态底线保护的底线思维愈加明晰。2016年，中共中央办公厅与国务院办公厅印发《省级空间规划试点方案》，延续了《生态文明体制改革总体方案》中节约优先、保护优先、恢复自然的总体指导方针，亦将国家经济安全、粮食安全、生态环境安全等放在优先位置，要求明确并坚守永久基本农田、各类自然保护地、重点生态功能区、生态环境敏感区与脆弱区保护等生态底线，将各类保护性要素相叠加，在保护生态安全与构建生态屏障最大化的基础上合理划定农业空间，管控城镇空间。这些思想与土地部门的底线思维不谋而合（专栏2-2）。

其次，从“空间规划”在各类文件中的表述不难发现，“空间规划”总是与“生态文明”同时出现。空间规划的提出可以说是在生态文明国家战略框架下的一个具体政策工具（表2-11）。

专栏2-2　关于生态文明方面的国家政策

——在《中共中央关于全面深化改革若干重大问题的决定》中，“空间规划”位于“十四、加快生态文明制度建设”中的“（51）健全自然资源资产产权制度和用途管制制度”二级目录下；

——在《生态文明体制改革总体方案》中，“空间规划”位于“一、生态文明体制改革的总体要求”中的“（四）生态文明体制改革的目标”二级目录下；

——在《中华人民共和国国民经济和社会发展第十三个五年规划纲要》中，“空间规划”位于“第十篇　加快改善生态环境”中的“第四十二章　加快建设主体功能区”中的“第三节　建立空间治理体系”三级目录下。

表2-11　我国重大会议及重要文件中有关空间规划的内容一览表

时间	重大会议	重要文件	准确内容	内容坐标
2013年11月	中共十八届三中全会	《中共中央关于全面深化改革若干重大问题的决定》	建立空间规划体系，划定生产、生活、生态空间开发管制界限，落实用途管制	十四、加快生态文明制度建设（51）健全自然资源资产产权制度和用途管制制度
2013年12月	中央城镇化工作会议	《习近平在中央城镇化工作会议上发表重要讲话》	建立空间规划体系，推进规划体制改革，加快规划立法工作	第六，加强对城镇化的管理

续表 2-11

时间	重大会议	重要文件	准确内容	内容坐标
2014 年 3 月	—	《国家新型城镇化规划（2014—2020 年）》	加强城市规划与经济社会发展、主体功能区建设、国土资源利用、生态环境保护、基础设施建设等规划的相互衔接。推动有条件地区的经济社会发展总体规划、城市规划、土地利用规划等“多规合一”	第五篇　提高城市可持续发展能力 第十七章　提高城市规划建设水平 第二节　完善规划程序
2015 年 9 月	—	《生态文明体制改革总体方案》	构建以空间规划为基础、以用途管制为主要手段的国土空间开发保护制度，着力解决因无序开发、过度开发、分散开发导致的优质耕地和生态空间占用过多、生态破坏、环境污染等问题 构建以空间治理和空间结构优化为主要内容，全国统一、相互衔接、分级管理的空间规划体系，着力解决空间性规划重叠冲突、部门职责交叉重复、地方规划朝令夕改等问题	一、生态文明体制改革的总体要求 （四）生态文明体制改革的目标
			整合目前各部门分头编制的各类空间性规划，编制统一的空间规划，实现规划全覆盖 空间规划是国家空间发展的指南、可持续发展的空间蓝图，是各类开发建设活动的基本依据 空间规划分为国家、省、市县（设区的市空间规划范围为市辖区）三级 研究建立统一规范的空间规划编制机制 鼓励开展升级空间规划试点 编制京津冀空间规划	四、建立空间规划体系 （十四）编制空间规划
			支持市县推进“多规合一”，统一编制市县空间规划，逐步形成一个市县一个规划、一张蓝图 市县空间规划要统一土地分类标准 研究制定市县空间规划编制指引和技术规范	四、建立空间规划体系 （十五）推进市县“多规合一”
2015 年 12 月	中央城市工作会议	《中央城市工作会议习近平李克强重要讲话》	要推进规划、建设、管理、户籍等方面的改革，以主体功能区规划为基础统筹各类空间性规划，推进“多规合一”	第四，统筹改革、科技、文化三大动力，提高城市发展持续性
2016 年 2 月	—	《中共中央　国务院关于进一步加强城市规划建设管理工作的若干意见》	加强空间开发管制，划定城市开发边界，根据资源禀赋和环境承载能力，引导调控城市规模，优化城市空间布局和形态功能，确定城市建设约束性指标 改革完善城市规划管理体制，加强城市总体规划和土地利用总体规划的衔接，推进两图合一	二、强化城市规划工作 （四）依法制定城市规划
2016 年 3 月	中共十八届五中全会	《中华人民共和国国民经济和社会发展第十三个五年规划纲要》	以市县级行政区为单元，建立由空间规划、用途管制、差异化绩效考核等构成的空间治理体系 建立国家空间规划体系，以主体功能区规划为基础统筹各类空间性规划，推进“多规合一”	第十篇　加快改善生态环境 第四十二章　加快建设主体功能区 第三节　建立空间治理体系

最后，在各类文件具体的内容阐述中，“加强空间开发管制”“制定城市开发边界”等“管控性”内容被一再强调（专栏 2-3）。无论是开发管制，还是划定红线，空间规划充分体现了底线管控的思路。

专栏 2-3　关于开发边界方面的国家政策

——《中共中央关于全面深化改革若干重大问题的决定》强调“划定生产、生活、生态空间开发管制界限，落实用途管制”；

——《生态文明体制改革总体方案》强调“构建以空间规划为基础、以用途管制为主要手段的国土空间开发保护制度”；

——《中共中央　国务院关于进一步加强城市规划建设管理工作的若干意见》强调“加强空间开发管制，划定城市开发边界”；

——《中华人民共和国国民经济和社会发展第十三个五年规划纲要》再次强调“以市县级行政区为单元，建立由空间规划、用途管制、差异化绩效考核等构成的空间治理体系”。

发达国家空间规划强调战略思维下“保护 + 发展”并重的空间整体协调。从我国目前空间规划的演变来看，我国当前构建空间规划体系的目标主要侧重底线管控与生态保护，这与发达国家空间规划战略性的空间发展全局协调管理目标有所不同。然而，我国仍处于新型城镇化快速发展阶段，仅有保护生态空间的底线思维远远不够，生态文明是重要目标，但不是唯一目标。未来空间规划指导下的区域与城市发展应保护与发展并重，同时兼顾生态文明建设与近期和长远的新型城镇化建设[81]。

综上所述，中国特色的空间规划不仅要具备“保护性要素”叠加的底线思维，而且要增强空间规划的整体性战略思维。“底线思维 + 战略思维”双管齐下，统筹我国空间发展战略规划。双重思维引领下的空间规划应将国土空间视为我国重要的“资产”并将其充分盘活利用，在严守生态底线实现保护最大化的同时，放大可利用的国土空间价值，以“资产”的发展与管理理念引导国土空间资源的优化配置，促进新型城镇化发展。

2.4.3　陆海统筹规划中的 E 立方规划方法⑰

陆海统筹是空间规划中很热点的研究领域，也是一个很有新意的研究课题。早在国家“十二五”时期就明确提出要坚持陆海统筹，推动海洋经济发展。直至 2012 年下半年，中央政府决定在部分省份开展陆海统筹发展试点，把陆海统筹推到了一个新的高度。浙江省舟山市、山东省威海市、江苏省南通市等都在争取设立陆海统筹试验区。

陆海统筹在当时既是一个全新课题，也是一个新的挑战。从议题提出的时代背景来看，海洋的价值越来越被人类所重视，然而，传统经济发展方式导致陆海矛盾日渐突出，不同角度对海洋的开发利用已经日益影响到沿海地区的健康持续发展。陆海统筹规划已经成为当时刻不容缓要解决的问题，可是破题思路是难点。作为一种特殊类型的空间地域，土地系统规划在这个领域的尝试具有前瞻性。

1）陆海统筹规划需要解决的不统筹问题

（1）经济效益与生态、社会效益的不统筹

保护和发展之间的平衡是规划长期需要面对的问题，也是一个老生常谈的问题。虽然可持续发展、保护性开发已经成为我们当前共同的意识，但是在地方经济要保持快速发展的惯性思维下，要真正做到经济效益、生态与社会效益的真正平衡还是需要有一个过程。再加之早期的粗放方式发展、单纯追求 GDP 和强调地区经济发展为第一要务的历史原因，仍然导致了近海岸的海洋生态环境呈不断恶化之势。

（2）海洋、沿海（港口）地区与内陆地区发展的不统筹

海洋、沿海（港口）地区与内陆地区同步联动发展是世界发达沿海城市存在的共性特征。目前，我国沿海（港口）的整体发展还处在较为初期的阶段。港城之间的联动关系就较为薄弱，以港区为龙头的交通、经济、功能辐射体系没有建立。这样一方面导致相应的临海产业体系没有构建起来，另一方面港城联动体系就更无从谈起。作为海陆关系中最重要的港城关系薄弱，自然就让陆海之间产业、社会、空间等要素的联动发展相对滞后。

（3）陆海管理机制的不统筹

陆海管理对象既有海域又有陆域，在管理机制方面仍然存在着脱节的现象。虽然二者均属于国土部门管理范畴，但是由于历史原因，海洋与土地（陆域）系统仍然有很多管理割裂的问题。而且，陆海管理内容涉及资源开发、环境保护、海上执法等多个方面，“多方治海”现象很普遍。职能交叉、职责不清以及相关部门的利益驱动，导致各自为政的问题突出，条块分割矛盾突出。除此之外，陆海管理还存在很多盲区，尤其在岸线开发、滩涂围垦、港口建设、污染防治、基础设施建设等方面无论是政策、规划还是具体实施还有很多不足之处。

（4）小结：归根结底是缺乏综合性的陆海顶层设计创新

当前的陆海发展在空间布局上彼此交叉，甚至会出现相互冲突、争抢岸线、浅海滩涂和近岸海域空间的情况；在产业布局上，同构现象严重，长期发展不利于陆海资源的有序开发；在环境保护上，不同利益部门间的多头管理造成了环境保护缺项、漏洞太多。每一个维度的问题都纠结在一起，互相牵扯、互相干扰。简而言之，陆海统筹一方面面临的是不断多元化与多层次的新问题，另一方面是根深蒂固的传统思路、管

理方式。要解决这一矛盾，必然要对陆海统筹的规划编制方法进行创新。

2）国内有关陆海统筹的相关研究与实践

（1）浙江舟山：缺乏整体性的统筹尝试

舟山的陆海统筹管理、海洋经济发展与本地特色紧密结合，以民营经济为主体，鼓励民营企业和民间资本投资，以多重配套制度设计来保障本地民营经济的发展壮大。在舟山陆海统筹的实践中，地方发展也遇到了一些问题。

首先，临港地区以货主、企业主导开发模式为主，开发缺乏可控性、有序性和整体性，不能实现资源的集约化、规模化利用；其次，陆海生态环境保护面临多重挑战，因此，建立以海洋开发利用与资源环境承载能力相适应的、可持续发展的综合开发管理体系对于舟山新区的建设和发展非常紧迫；再次，以港口功能为代表的岸线资源利用方式与舟山本地城市功能、经济产业的联系较弱，陆海产业关联度不高；最后，海域管理体制机制尚不适应，在处理一些职能交叉的问题时往往难以形成合力。

（2）广东湛江：过度开发下的统筹实践

在广东海洋经济综合试验区上升为国家战略的大背景下，《广东海洋经济综合试验区发展规划》对广东全省的海洋经济确定了综合性的发展框架，包括湛江在内的各市和地区的陆海统筹工作也基本在这一规划的指导下进行。此外，新一轮的城市总体规划中明确提出，将陆海统筹战略作为城市发展的三大战略之一，包括推进海洋开发、统筹港城关系、积极发展面向港口经济的城市生产性服务职能，形成“港城互动”格局。

在湛江的陆海统筹实践过程中，对海洋生态保护的重视程度不够。过度开发岸线资源，导致生态环境保护形势严峻。海洋产业区域同构现象严重，本地海洋产业特色不突出，削弱了竞争力。陆海联动的交通基础设施建设滞后，管理体制存在矛盾，对地区发展形成严重制约。

（3）小结：国内陆海统筹发展仍处在传统思路下的规划尝试

虽然国内的陆海统筹规划和实践都强调了对生态的保护和管理，但不论是规划本身还是地方政府执行层面，更多的还是强调地区经济的发展。经济增长仍是陆海统筹的第一目的，本质上陆海统筹规划还是在强调发展。在这样的核心价值框架下，以增长为出发点的统筹必然会演变为要素路径依赖型的发展模式。更有甚者，地方对海域的开发成为规避土地指标的一条捷径。

在配套政策扶持方面，土地、财税、资金、项目等多方面的配套政策支持是地方陆海统筹的主要诉求，这些政策赋予了这些地区明显优于其他城市和地区的权限或利好。在当前对地方政府的考评仍然是经济发展占主导的大环境下，地方政府往往更加关注如何利用配套优惠政策来促进本地的经济发展，而生态保护、社区建设等国外实践更为重视的发展目标往往得不到相应的重视，也就很难真正实现陆海统筹综合性发展的初始目的。

在经济发展仍然占主导的现状下，沿海地区城市产业同构现象严重。

国内沿江、沿海地区大部分城市在全面提升石化、造船、重型机械等支柱产业，然而，重化工导向的港口建设大多与腹地地区的支柱产业联系薄弱，难以为地方特色产业发展形成支撑。与这些大项目相对的是，对海陆环境影响较小的滨海旅游则无法吸引地方的兴趣。陆海空间资源的利用被高能耗的产业占据，生态空间、滨海旅游空间被一再挤压，空间绩效自然也就非常低了。

在现有的诸多领域，部门分割、多头管理所导致的部门间的沟通协调力度不足是当前国内规划实践面临的共性问题。各地区和部门出于自身利益、管理权限的考虑，在实际工作中很难自发地从全局高度进行协调，地区间、部门间打架或责任推诿的情况仍然存在。而传统的自上而下的规划模式不考虑实施层面的治理特点，造成了规划编制并未落地，没有为规划管理找到一条"精明"的路径。

3）欧洲陆海统筹如何解决不统筹的问题[82-84]

欧洲的陆海发展规划思路与《欧洲空间发展展望》（ESDP）一致，强调基于空间层面的多维度综合统筹。欧洲各国的空间规划体系对海陆空间的发展也是秉承自上而下的纵向分解模式，然后在地方层面实行多部门协调规划原则。

除了大尺度的空间统筹以外，欧洲的陆海统筹还非常强调港城的空间统筹、空间一体化。以德国为例，汉堡港推动港产联动是以港口经济来吸引产业，以产业发展助推这个国际港口城市的发展。通过交通基础设施建设，加强港口周边地区的联动。通过港区滨水区的综合开发，将服务于陆海的生产、生活、生态方面的设施"植入"原本单一的"港口"功能中。这样就促使了汉堡港地区的企业、市民均享有良好的生产、生活服务品质，促进港区的稳定、繁荣发展。

随着不断地发展，尤其是生态可持续观念成为共识，原来纷繁复杂的陆海统筹变得目的性、指向性非常清晰，同时非常强调不同维度的统筹协调规划。主要来说，欧美的陆海统筹可以带给我们以下启示：一是核心价值观，即生态保护作为陆海发展的首要任务。二是空间统筹，即以空间为框架的综合规划体系。三是区域统筹，即从更大区域范围来考虑陆海地区的发展。四是要素统筹，即将生态、生产、生活等要素一体化考虑。五是管理统筹，即实施为导向的管理协调。

4）基于空间规划的陆海统筹方法重构

（1）将空间规划理念导入陆海统筹

空间规划的基本目标是经济和社会凝聚力、可持续发展和区域的竞争力[85]。空间规划被视为协调、整合土地，影响地方开发性质的政策工具[86-87]。此外，空间规划也被视为一个管理过程，是市场、政府和其他行动者的互动发展。这个过程从正式的规划政策机构，到更广泛的政策网络和利益相关者都参与在塑造空间变化的行动中[88-89]。

空间规划方法在欧洲各国有不同的定义，但是一个成功的综合空间规划一般包括了如下几方面的要点：第一，理解空间发展的核心趋势、问题与动力；第二，基于现状、地区特征、高效参与和咨询的未来发展愿景；第三，关键发展目标的界定；第四，通过战略评估与战略环境评估来实现目标与计划；第五，通过政策、优先权、计划和土地分配，连同公共领域资源有效执行；第六,一个面向私人投资，推动经济、环境、社会复兴的发展框架；第七，协调并实现愿景中的公共领域要素、其他机构与流程要素部分；第八，及时组织规划编制并定期审视与检查。

陆海统筹规划中导入空间规划理念是一次土地规划系统的创新尝试，它也为规划改革过程中构建我国的空间规划体系提供了很好的支撑。陆海资源统筹可能是当时条块分割管理下最为突出的问题之一，空间规划基于“统筹发展”和“多规融合”的理念，从生态、经济、社会等角度，通过全系统、区域性、战略性于一体的资源统筹，对“区域”发展资源进行重新梳理，并本着“精明增长”“效率利用”“有序开发”的原则落实区域发展的重大限制问题，从而实现“区域空间”城乡一个体系、自然要素与人文要素一个体系、人类的活动与生态环境一个体系发展，达到区域资源物尽其用和空间精明增长（图 2–46）。

（2）E 立方：陆海统筹规划方法创新

在陆海统筹规划方法创新中，笔者基于空间规划的理论框架提出了“E 立方”（生态、经济和文化）的核心规划理念。E 立方中所涉及的生态、经济、文化实际上就反映了生态、生产和生活三大空间（当然，此时所提出的“三生空间”还是一个非常初步的构想，与后来的“三生空间”还存在一定的差异）。通过 E 立方和三生空间的高度统筹来进一步实现区域空间资源的最大化利用和空间的精明增长。

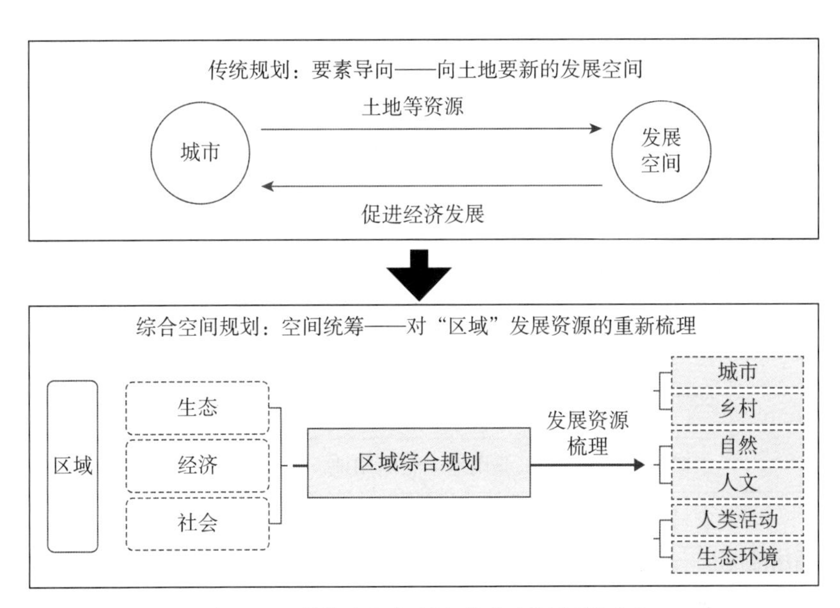

图 2–46　传统空间规划和综合空间规划对比

在具体的陆海统筹规划实践中，生态空间是以发挥生态功能或生态效应为主的土地利用类型，以发挥生态服务功能为第一要务。生产空间是以获得经济产出为第一要务，包括农业生产空间和工业生产空间等。生活空间以满足居民生活为主要功能，包括农村生活空间和城镇生活空间。

考虑到空间规划的实用性和可操作性，在充分借鉴已有的研究基础上[90-95]，突出土地利用功能的主体性，结合国家《土地利用现状分类标准》(GB/T 50137—2011）和《城市用地分类与规划建设用地标准》(GB 50137—2011)，按照国家“多规融合”的要求，把“三生空间”按表2-12进行划分。

空间规划方法作为目前解决传统规划问题的一种新的方法，能有效保护区域的耕地资源和防止城市建设用地的无序蔓延，从而对区域空间资源起到统筹作用。但为了保证综合空间规划方法的科学性、可操作性及可实施性，必须进一步关注以下几个方面：

“三生空间”对应的用地分类是基于每类用地功能的主体性进行划分的，但实际上每种用地分类都有多种属性，即功能的兼容性。因此，为了保证用地空间效益的最大化，应该对用地的兼容性进行进一步的分析和探讨。

目前，区域生态保护红线、永久基本农田保护红线和城镇开发边界

表2-12 “三生空间”分类标准

一级类	二级类	三级类
生态用地	林地	林地、灌溉林地、其他林地
	草地	天然牧草地、人工牧草地、其他草地
	水域用地	河流水面、湖泊水面、水库水面、坑塘水面
	自然保留地	冰川及永久积雪、盐碱地、沼泽地、沙地、裸地
	风景名胜用地	自然保护区等
生产用地	耕地	水田、水浇地、旱地
	园地	果园、茶园、其他园地
	其他农用地	设施农用地、田坎
	交通运输用地	铁路用地、公路用地、机场用地、港口码头用地、管道运输用地
	工矿仓储用地	工业用地、仓储用地、采矿用地
生活用地	农村生活用地	农村居民点用地
	城镇生活用地	城市用地（扣掉工矿仓储用地、交通运输用地）、建制镇用地（扣掉工矿仓储用地、交通运输用地）

“三线”的划定人为因素相对较大，如何制定出更科学化的“三线”划定指标体系也应该进一步探讨。

空间规划的实施需要统一的管理部门，即将空间规划职能统一到一个主管部门之下，即实现“大部制”管理，但基于目前中国特色的体制机制，部门分割仍将持续一段时间，因此近期需要对国土、住建、发改系统等各部门的相应事权范围进行明确。

2.4.4 国土空间整治中的空间规划方法[14]

如前文所言，国土规划带有浓厚的区域规划色彩，早期的国土规划实际上主要实现的是国土空间整治目的。因此，国土空间整治所采用的空间方法，主要以点—轴系统、人地关系地域系统等理论为工具，在规划区域范围内通过优化发展轴带、重点发展区域等来优化基本空间发展格局。《全国国土规划纲要（2016—2030 年）》中集聚开发格局的确定，也延续了区域规划的基本理论方法。

这版国土规划纲要还有个显著的特点，是更加注重国土开发与资源环境承载能力相匹配的理念，开展了资源环境承载能力评估，并按照评估后的资源环境限制性，明确了不同区域的保护主题，进一步确定了我国的分类保护和综合整治格局。

当然，由于理论储备、技术力量、数据获取等多种原因，当时的资源环境承载能力评估，更准确地说，是资源环境问题的全面“体检”，其作用主要体现在保护和整治格局的安排。而在《广西西江经济带国土规划（2014—2030 年）》中，资源环境综合承载能力评价工作更为深入，并支撑了整个空间格局的安排。

作为国土规划试点之一，广西西江经济带国土规划团队探索以土地资源、水资源、大气环境和水环境等资源环境为本底，选取由资源支撑、环境容量、生态支撑三个指数层和可开发建设土地面积、可利用水资源量、人均可开发建设用地、人均可利用水资源量等 10 个指标因子构建的资源环境综合承载能力评价指标体系，对西江经济带各区域进行资源环境承载能力分级分区评价（图 2–47）。在资源环境承载能力分级分区评价的基础上，进一步对国土开发建设空间、国土保护空间进行了分级评价，并明确了十大国土综合整治区。其中，主要采用 GIS 多因子加权叠加分析法，对区域可开发建设土地进行适宜性分级综合评价，从而形成了国土开发建设分级图；将重要生态功能保护区、优质耕地、重要河流水库等水域作为刚性保护，列为生态保护空间极度限制区，其余部分区域作为生态保护空间一般限制区，形成国土保护空间分级图；根据区域大气环境整治、水环境整治、土壤污染治理、水土流失等 11 个国土整治要素空间分布，采用 GIS 空间叠置方法，结合国土资源地域分异与区域特征，突出主导作用因素，综合划定十大国土综合整治区。

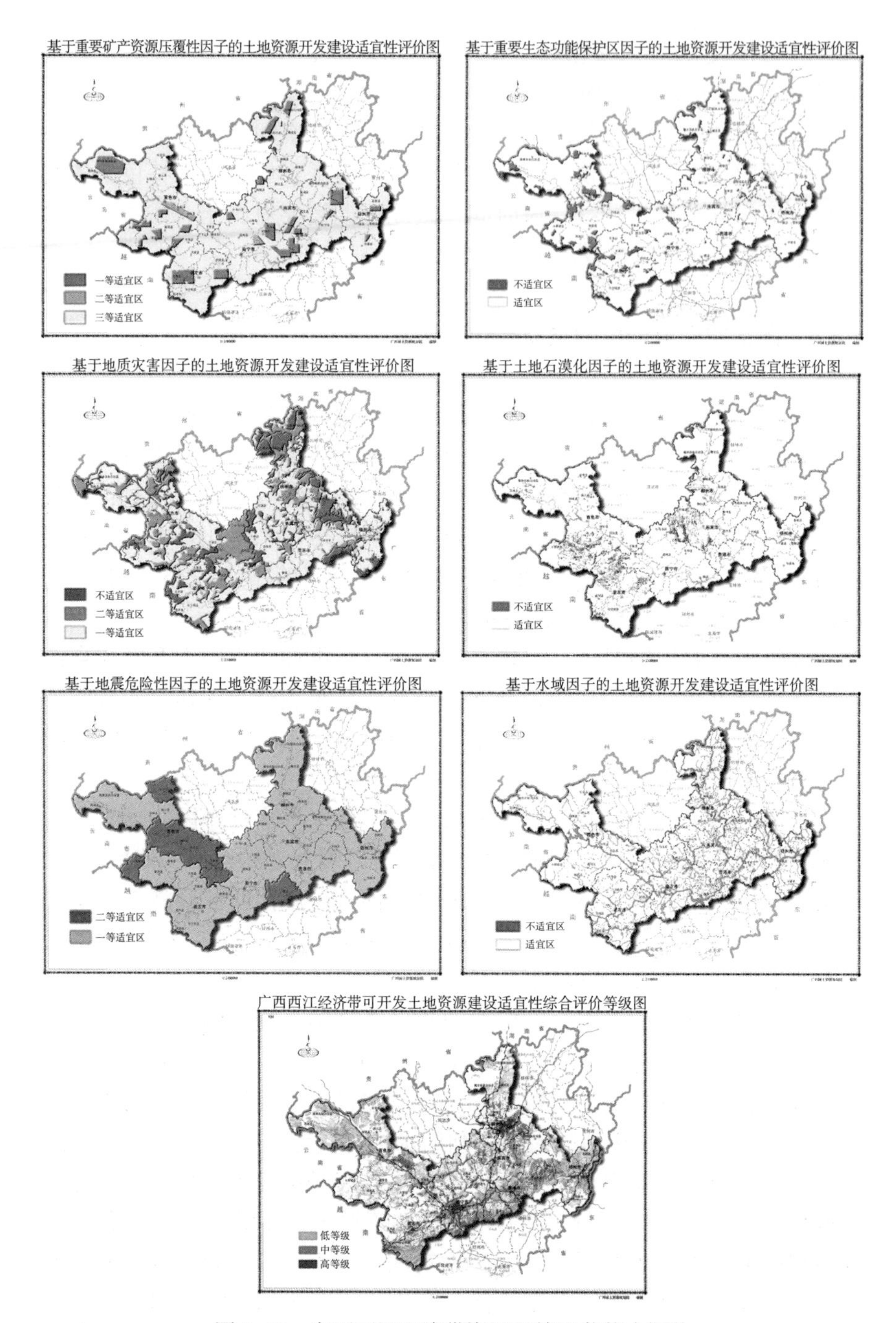

图 2-47　广西西江经济带资源环境承载能力评价

而在京津冀协同发展土地利用专项规划编制时，资源环境承载能力评价的应用得到了进一步拓展，不仅仅是简单的建设空间适宜性分级，而是将承载能力评价过程与社会、人口和经济等因子结合，从国土空间开发利用现状、资源环境承载本底、社会经济发展潜力三个维度综合考虑，确定京津冀区域空间开发总体格局以及相应的空间政策。

如在国土空间开发利用现状中，综合考虑了开发强度、建设用地总规模、存量建设用地情况、耕地保有量、集约水平状况等因素；资源环境承载本底考虑了区域生态环境状况、水资源状况、未来适宜开发的空间等要素；社会经济发展潜力则考虑了社会经济发展水平、城镇化水平、基础设施状况、离区域核心城市的距离、京津冀协同发展规划的战略重点（包括北京非首都核心功能的疏散区域、承接京津产业转移的重点区域、京津冀产业发展重点布局等），通过 GIS 的空间综合分析，确定了京津冀区域的减量优化区、存量挖潜区、增量控制区和适度发展区。

应该说，近年来国土规划也好，土地利用总体规划也好，在空间规划方法的探索上，主要还是聚焦于资源环境承载能力评价及其应用上。一方面是由于进入生态文明时期，人与自然和谐共生、人口资源环境相均衡的理念越来越深入人心，规划必须以资源环境承载能力为基础；另一方面是由于土地部门自身的特点以及无可比拟的土地利用调查基础，开展资源环境承载能力评价有强大的优势。从各地开展资源环境承载能力评价的实践来看，如何将评价工作从专题研究真正成为规划方案的支撑甚至方案本身，还是一个值得深化的命题。笔者认为京津冀区域协同发展土地利用专项规划是个很好的案例，真正在规划方案阶段将本底评价、现状评价与潜力评价做了很好的结合。

2.4.5 规划实践：土地规划创新中的点滴思考

1）陆海统筹配置空间资源的方法研究[17]

南通陆海统筹规划应该是国内最早的陆海统筹规划实践之一。在中国土地勘测规划院的牵头下，笔者团队有幸作为骨干技术力量参与了规划编制。在这个规划中，笔者团队大胆地将空间规划理念引入具体方案中，为陆海统筹规划打开了研究思路。

南通位于江苏省苏中地区、长三角北翼。作为东部沿海重要的城市，实施陆海统筹已经成为南通新时期实现跨越式发展的关键一环。南通陆海统筹规划的背景主要包括以下三个方面：

第一，用统筹的方法梳理南通可利用的土地空间资源。借助陆海统筹、城乡建设用地增减挂钩、土地综合整治、万顷良田建设工程等平台，梳理南通市可以挖潜的内部建设用地空间，明确南通可以利用的海域建设用地空间，通过海域使用证和土地使用证的转化，确保南通市经济社会发展对建设用地指标的需求。

第二，用统筹的方法确定南通未来对国土空间的需求。充分考虑居民对生活、生态空间的需求，通盘考虑南通陆海资源的互补和产业互动建立起的陆海产业循环经济体系对生产空间的需求，用统筹的方法确定南通未来生产、生活和生态空间的需求。

第三，用统筹的方法科学配置南通国土空间资源。充分考虑沿江、沿海、中心城区的资源、交通等优势，科学、合理地配置国土空间资源。坚持优江拓海、以海换地，通过海洋建设用地的置换，首先满足中心城区、重点建制镇的建设用地需求，做强城市中心。

（1）规划编制中的关键问题

① 农业用地方面存在的问题

首先，现状耕地资源被大量建设占用，耕地总量有所减少，保护难度增加，耕地生产效率和质量仍处于较低水平。其次，空间布局上较为分散，集中连片的耕地较少，基本农田保护压力大。最后，以沿海滩涂为主的后备耕地资源较为丰富，但以农业生产为目的的围垦用地的数量被日益挤压。

② 建设用地方面存在的问题

在南通的建设用地中，产业园区已成为地区经济发展的主要载体，但用地效率较为低下，节约集约利用提升潜力大。从空间布局来看，工业仍高度集聚于沿江地区，沿海工业发展相对滞后。从空间发展模式来看，陆海统筹不足，尤其是“港—产—城”的联动发展缓慢。此外，城镇生活用地扩张明显。农村居民点布局分散，人均面积大，且处于不断增加态势。

（2）规划得到的主要结论

规划基于 E 立方的发展理念，坚持生态、生产和生活空间协调可持续发展的原则，紧抓“陆海资源互补、产业互动、布局互联”的发展思路，通过加快海洋产业与陆域产业的互通互补和联动对接，衔接好城市总体规划、土地利用总体规划、基本农田保护规划和土地整治规划。

首先，通过分析南通的“三生空间”结构（图 2–48）和土地开发强度，我们不难发现南通在规划期内仍可以适当增加土地开发强度。当然，增加土地开发强度的同时要进一步加快空间集约节约利用。总体而言，南通目前存在“港—产—城”联动发展缓慢、“三生空间”用地效率低下、城乡一体化发展滞后、环境保护压力大及人地关系日趋紧张四大问题。

其次，要解决好这四大问题，则需要在 E 立方发展理念的指引下和南通建设成为长三角北翼海洋经济发展的先导区、中国陆海统筹空间优化示范区等目标的框架下实施四个有针对性的发展战略，即生态优先，田园发展；优江拓海，陆海联动；交通引导，效率为本；城乡协调，服务均好。

最后，平衡好保护与发展的双重需求。一方面满足生态优先的底线管控诉求，另一方面满足未来经济社会发展对生产、生活用地的需求。确定规划期末南通土地的开发强度，划定南通耕地保护红线、生态保护红线和城市增长边界，提出南通总体空间结构。

2）控制城市蔓延的方法研究[18]

2013 年，城市增长边界（Urban Growth Boundary，UGB）研究在国内还属于非常前沿的领域。尽管之前学界已经有了城市增长边界研究，然而在国内涉及较少，更何况这个研究还直接指向了当时的一个热点方

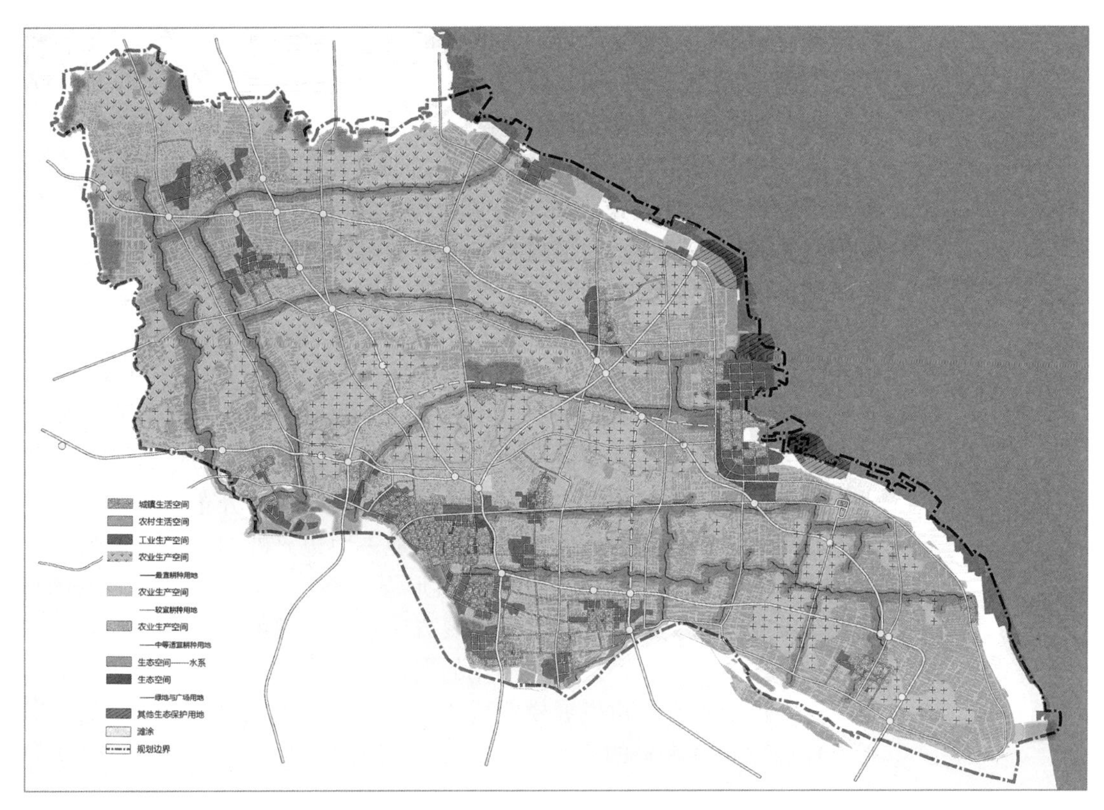

图 2-48　市域“三生空间”规划研究

向——城市开发边界。

城市增长边界是西方国家应对城市蔓延过程提出的一种技术解决措施和空间政策响应，是欧美国家控制城市蔓延、实现精明增长的技术手段和管理政策之一[96]。近年来，各个城市积极探索生态与经济融合发展的路径。通过管制界定生产、生活、生态空间，在“生态文明建设”的发展目标下，大胆尝试生态产业、绿色产业，建立生态和谐发展城市。城市增长边界的管制界定不仅可以摆脱依赖城市外延拓展促进经济快速发展的模式，实现土地资源的节约集约利用，而且可以有效促进经济建设与生态、资源的可持续共生发展。

美国是研究城市增长边界的主要国家和实践地点。美国提出的“新城市主义”与“精明增长”都在显示城市增长边界在美国的实践性。“新城市主义”是针对因郊区无序蔓延而引起的城市问题提出的城市规划理论。城市增长边界是用来控制郊区无序蔓延、保护郊区用地的一种举措[97]。精明增长至今没有明确的定义，美国规划协会指出“精明增长”模式的主要目标在于帮助政府把那些影响规划和管理的变动的法规条例更加现代化，在立法方面协助和支持政府的工作[98]。

波特兰地处美国俄勒冈州北部，20 世纪中期以来一直面临着城市蔓延的困扰。在短短 40 年间，该州人口增加将近一倍，且多集中在威拉米特河谷。为了缓解威拉米特河谷的人口激增导致的农田丧失以及社会和环境问题的压力，1973 年州议会制定了《奥勒冈土地利用法》，规定每个市或大都市都划分城市增长边界（UGB）以区分城市和乡村土地。

波特兰大都市区（Metro）政府通过研究预测设定城市发展目标后倒推城市发展的合理模式，再结合城市发展限制因素确定城市增长边界。城市将通过周边蔓延、内部填充、走廊加组团三种发展模式的更迭与配合而综合优化完成城市的精明增长发展。规划计划扩张当时城市面积的 7% 为波兰特地区未来 50 年的城市增长边界，保护城市外围 137.6 km^2 的林地和耕地。

综合城市的土地集约度、空气质量、交通拥堵情况、通勤时间等空间发展因素来评价不同发展模式，以期确定达到城市发展目标的发展模式与路径，具体要求如下：新增用地尽量沿交通线路分布，并分布在商业中心周边，以提高利用效率；尽量少地占用边界外的水源保护区、森林、优质农田等生态开敞空间；城市形态适用包含轨道交通、公交车、私家车等复合的交通系统；城市发展方向与周边城市相协调，避免连绵发展；为区域内的居民提供多样化的居住环境，并结合定性的城市发展要求等。评价确定城市发展模式后，通过城市发展现状和交通走廊、生态与环境限制等因素的叠加修正确定城市增长边界（UGB）（图 2–49 至图 2–51）。

国内学界从不同的专业角度介入研究城市增长边界，对其概念的定义及理论解释不尽相同（表 2–13）。

综合研究文献发现，虽然学者对城市增长边界的定义有所不同，但是在引导城市理性发展、保护耕地及生态环境的同时提高城市发展效率等问题层面达成共识。他们认为城市增长边界是保护城市自然资源（包括土地资源）、引导城市空间高效有序发展的一种技术手段和政策措施，是指导

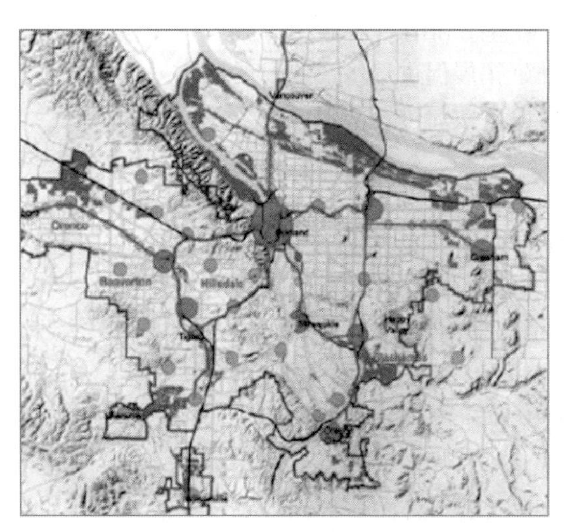

图 2–49　都市区中心地区中心和交通走廊位置

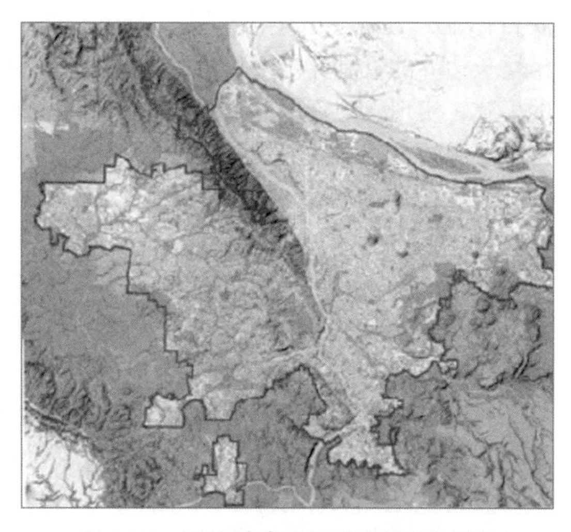
图 2–50　环境敏感区和不适宜开发用地

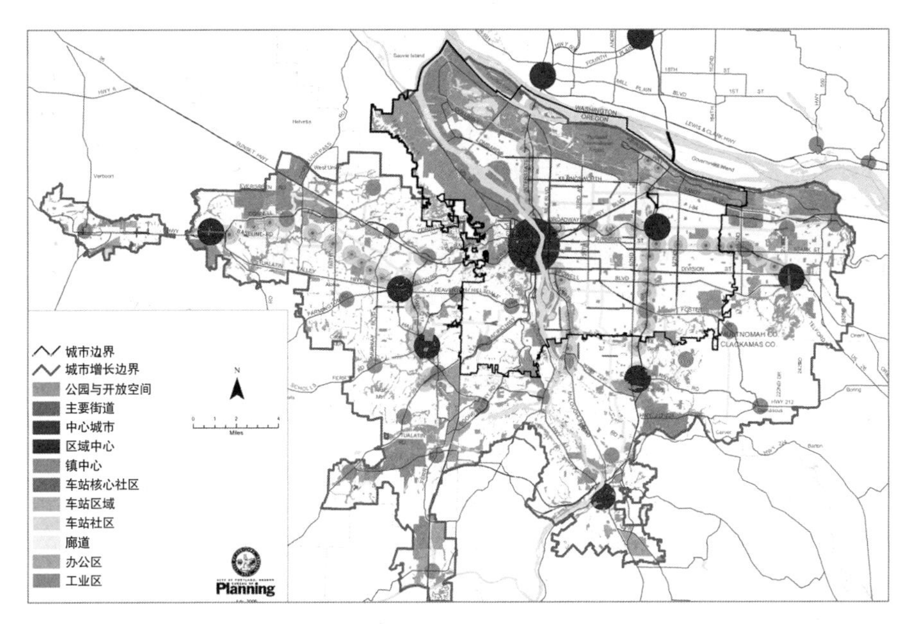

图 2-51　波特兰大都市区城市增长边界（2040 年）

表 2-13　国内关于城市增长边界的概念

年份	学者	定义及内涵
2007	黄慧明	从城市发展需求出发，提出城市增长边界是为满足未来城市空间扩展需求而预留的土地，即一定时间内城市空间扩展的预期边界
2008	黄明华 田晓晴	城市增长边界从本质上分为“刚性”边界和“弹性”边界，其中“刚性”边界是针对城市非建设用地的“生态安全底线”，“弹性”边界则随城市增长进行适当调整
2009	龙瀛	国内目前的禁止建设区、限制建设区和城镇建设用地边界可以从广义上统称为中国的城市增长边界；规划城镇建设用地边界被称为狭义的城市增长边界
2010	吕斌 徐勤政	城市增长边界所代表的是城市功能区（Urban Functional Area）和生态功能区（Ecological Functional Area，EFA）、农业功能区（Agricultural Functional Area，AFA）之间空间作用力相互平衡的等值线，是“增长与约束、需求与供给、动力与阻力”之间的平衡，从外在表征上看是建设空间与非建设空间之间的界线
2010	张振龙	城市增长边界是起到限制增长范围的界线，在建成区周边依法划定，其作用介于城市服务边界（Urban Service Boundary）和绿带（Green Belt）之间；其界线内是未来城市建设用地，界线外是仅限于发展农业及生态保留开敞空间，不能用于城市建设

城市如何合理发展并塑造城市内外部空间的一种方法。随着研究的不断深入，定义也越来越完善，他们基本认同城市增长边界既包括以保护生态和耕地底线为主的刚性边界，也包括一定城市发展规划期内控制城市蔓延发展的弹性增长边界。

针对不同的理论解释，国内学界对城市增长边界（UGB）的划定方法也有所不同，主要有静态划定和动态空间增长模拟两大类方法，不同的方法各有其特点：静态划定法主要被应用于刚性边界的划定；动态空间增长模拟法主要被应用于弹性边界的划定。静态划定法主要以生态或用地适宜性评价法为主，动态空间增长模拟法以约束性元胞自动机法为主，还有综合方法如绿色基础设施评价（Green Infrastructure Assessment，GIA）模块划定法。国内的城市规划实践并没有完全引入城市增长边界（UGB）的概念，不过许多城市进行了一些类似的尝试（表 2–14）。

北京市、深圳市、武汉市、杭州市、防城港市的相关规划，均明确提出划定城市增长刚性边界，强调限制城市无序蔓延的建设，保护自然生态和人文环境，在不同程度上禁止在生态保护范围内的建设活动，为快速城镇化时期的城市空间发展提供合理的规划与决策依据。其中北京市、杭州市和防城港市增加补充弹性边界的划定和管理，目的是提高城市建设用地的科学合理性，保障规划期内城市建设的有序发展。可见，无论是刚性边界还是弹性边界，通过不同的方式参与城市综合管理。刚性边界在自然生态及其人文环境方面的保护作用更为显著，控制城市长期发展的土地利用总量，既涉及城市发展也涉及农村发展；弹性边界主

表 2–14　国内城市增长边界的相关尝试

城市	方式	内容
北京	城市总体规划中限制建设区的划定	通过河湖湿地、水源保护、地下水超采、洪水风险、绿化保护、城镇绿化隔离、农地保护、文物保护、地质遗迹保护、平原区工程条件、地震风险、水土流失与地质灾害防治、污染物集中处理防护、电磁辐射防护、市政通道防护、噪声污染 16 类、110 项指标，划定控制严格程度各异的绝对禁止建设区、相对禁止建设区、严格限制建设区、一般限制建设区、适度建设区、适宜建设区
杭州	城市总体规划中的生态带控制	通过生态敏感性分析方法，构建景观生态安全格局，形成“六条生态带”，防止城市向外无序蔓延和扩张，严格保护和合理利用城市自然资源，是城市或是一定区域的远景生态控制底线
成都、厦门、深圳、武汉	城市总体规划专题研究或专项规划	非建设用地研究，深圳、武汉等提出基本生态控制线
合肥、济南、南京	城市总体规划中的空间管制	《合肥市城市总体规划（2006—2020 年）》《济南市城市总体规划（2006—2020 年）》《南京市城市总体规划（2007—2030）年》，从各自的地域生态特征出发进行了空间管制规划
广州	城市增长边界划定与管理指引	系统地提出了城市增长边界的工作方案、空间范围划定方法、管控政策措施等

要针对城市空间发展，宏观调控城市建设用地供应，关注用地功能对城市产业和城市生活的影响。

综合国内外理论和各城市的实践经验可以看出，国内与国外城市增长边界的划定实践从背景到划定方法再到管理实施的各个环节都存在诸多差异。虽然美国城市增长边界（UGB）理论相对较为成熟，实践时间较长，经验积累丰富。比较中美两国差异发现，我国不可套搬美国对城市增长边界的划定方法和管理措施。在研究过程中不仅要根据中国国情探索合适的城市增长边界（UGB）划定方法，更要因地制宜地寻找城市增长边界（UGB）管理的科学合理路径，城市增长边界（UGB）理论研究及应用如何中国化是至关重要的议题。我国科学合理的城市增长边界研究应当着重通过以下方面构建理论来探索划定方法、指导规划及制定管理机制（表 2–15）：

（1）因地制宜选取发展模式

合理划定城市增长边界的前提是明确城市的发展方向，城市增长边界与城市发展方向的选择有着极其密切的关系，也就是所谓的因城而定。例

表 2–15　国内外差异比较

内容	美国（以波特兰为例）	中国
土地制度	土地私有制，限制了土地保护	土地公有制，易于统一管理
参与主体	跨区域的都市区政府，且参与主体多元化，选民具有参与权	本地政府是唯一的编制主体，倾向于土地出让费用的最大化
划定	清晰稳定的边界，公众能够意识到这种政策，增强了政策影响的可预测性，保证了公民对实施的监督	粗糙、模糊，详细程度与公开程度不够，使政策实施充满了不确定性，阻碍了公众的理解与重视
规划范围	可在大都市区范围内对若干行政主体进行统一协调规划	多以单一城市为主
规划支持	并不是一项孤立的规划，同时还通过制定区域规划来规范与协调各地方的土地规划，辅以中心城区再开发、综合性交通政策、精明的财政政策等策略支持	主要是总体规划的专项规划，缺少区域指导性和规范性
部门整合	由强有力的综合规划管理部门统一协调，并有功能划分清晰、衔接顺畅的管理系统	通常在总体规划中划定，与土地利用规划等技术标准、规划期限和实施时序并不对接，多种规划难以协调
增长管理目标	关注环境保护、自然资源、基础设施开发、住房、经济发展和长期规划等综合内容[99]	多从生态角度出发，目标较为单一
政策配套	包括住房、财政、金融、交通等相关手段，以达到精明增长目的	大部分城市未出台相关政策配套

如，美国早期进行城市增长边界划定的城市——波特兰大都市区，在其城市增长边界划定的实践中首先提出了不同的城市增长可能，即出于有效控制城市蔓延的目的自主生长、强化边界控制和疏散城市、发展卫星城等不同的模式，通过对比分析，选择用强化边界控制的增长模式来划定波特兰大都市区的增长边界，以达到预期的规划控制效果。

（2）促进增长管理目标多元化

城市增长边界是精明增长的手段之一，它的提出就是要解决复杂城市系统中的多元化问题。城市增长边界虽然是单一的，但是需要实现的管理目标是多样的。在具体实践中我们不难发现增长边界的作用仅是限定城市发展空间范围。然而，城市要达到经济、社会、生态等各方面的内生协调发展，就需要城市空间之外的更多空间管理目标的配合，如乡村、林地等等。城市在健康、合理的发展过程中应综合考虑城市与农村发展的环境、资源、经济、人口、空间等要素，促进管理目标的多元化。

（3）完善各部门间的协调衔接

城市增长边界多在总体规划层次的规划中体现。针对我国规划类型众多、管理头绪众多的情况，仅城市总体规划和土地利用总体规划之间就普遍存在内容重叠、协调不周、管理分割、指导混乱等问题，这类情况会导致边界的实施最终得不到保障。因此，整合发改、国土、规划等多部门的政策发展目标，推动多规融合，使增长边界的划定更具合理性与可操作性也就成为科学划定城市增长边界的先决条件。

（4）寻求科学合理的划定方法

城市增长边界的划定不是孤立的，需要考虑生态红线、耕地红线等生态与资源的限制，同时也应当符合城市发展的内生需要，满足城市化、工业化不可预期的空间需求。应综合考虑城市发展限制因素和城市发展驱动因素的需求，分别选取静态与动态的方式来预测生态保护刚性边界与内生增长弹性边界。在学界、业界，城市增长边界（以及后来的“三线”划定）成为规划改革中无法回避的前置研究问题。

（5）加强政策配套和区域性实施监督

一方面，城市增长边界在控制城市蔓延、保护生态环境、引导城市有序发展；另一方面，城市增长边界实际上也是在管控边界外的地区开发。可以说一条线划分了两大类不同的政策管控区域。基于不同的政策管控区域，城市可根据实际情况在生态补偿、市政设施配套、公共设施与服务、财政与金融扶持等方面出台配套政策。城市增长边界的管理和城市发展目标的实现在很大程度上依赖这些政策设计。

3）国土空间管控综合方法研究[⑲]

2015年，笔者与中国土地勘测规划院共同参与编制的《神农架林区国土空间管控综合规划》在规划中引入了创新理念，将“保护”与“发展”两种思维运用到高管控要求的生态型地区——神农架林区。神农架林区位于湖北省西部，是我国唯一以“林区”命名的省直管行政区，生态保育是神农架林区的首要责任。然而，在肩负保护生态资源的同时，也面临提高本地居民生产、生活水平的需要。笔者也在思考如何解决生态保护与地区发展之间的矛盾。

神农架林区规划采用“多规合一”的国土空间管控综合规划的方法，突出生态保护、农业生产和城镇发展的空间布局、范围和管控边界，提出基于“三线”划定基础上的空间管控政策，以及规划实施保障措施，创建可持续发展的总体空间格局与政策管控体系。神农架林区发展目标的确定依据体现绿色发展理念、国土空间综合规划特点以及宏观和战略要求，指标体系的构建遵循了宏观性、系统性、适应性、针对性、简明性、有效性原则，根据依据和原则再结合神农架林区的实际情况，形成国土空间综合规划的指标体系。

（1）国土空间现状和特点

神农架林区多部门规划的管控区区域存在空间范围的交叉，同时，各部门均有各自的空间管制要求，造成空间管控无法全域协调，重叠和空白共存。其中以生态保护空间多样且相互有重叠、基本农田与生态保护空间交叠、城乡规划与土地规划冲突等问题最为突出。同时，当时现有的土地利用总体规划、城乡总体规划在编制期限、用地规模、空间布局方面冲突较大，需要形成“一张管控图”，以减少或避免冲突。部门规划之间缺乏衔接，不同部门规划对同一空间给出了不同的保护与开发利用方案，造成了空间规划功能的错位和缺失，限制了国土空间的合理开发利用。

适宜开发建设的国土空间较为有限。受地形地貌和生态等因素的限制，神农架林区适宜开发建设的国土空间十分有限。同时，随着神农架林区旅游业的大发展，建设联系各乡镇和主要旅游景区快速通道的需求十分迫切，对交通等区域性重大基础设施的用地有较强的需求。

长期面对保护与发展的两难命题。神农架林区特殊的地势因素导致生态系统一旦被破坏就较难修复，因此需要对林区生态环境进行严格保护。但是过于强调保护反而限制了地区的经济发展。迫切需要统筹保护与发展，探索在保护优先的背景下合理发展的新路径。

国土空间配置的合理性有待提高。一方面，区域国土空间的供需不匹配。松柏镇和木鱼镇近年来经济发展、旅游发展迅速，但适宜建设的国土空间十分有限；下谷乡有较为充足的可开发建设的国土空间，但经济和旅游发展的动力不足。另一方面，城镇建设空间内部配置失衡，居住空间等占比过大，教育、医疗、文化、体育等公共服务空间严重缺乏。

交通设施滞后对地区发展形成较大制约。神农架林区已初步形成公路为主、航空为补充的综合交通格局，但设施建设仍有待进一步提升。

（2）资源环境承载能力分析

① 开发限制性

综合林区国土开发限制性影响因素分析，神农架林区空间开发主要受生态功能、水土资源、地质环境、地形地貌四类因素影响。神农架林区重要生态功能区域和生态脆弱区域在林区比重高、分布广，国土开发布局必须避让重要生态功能区域和生态脆弱区域。

② 开发适宜性

基于交通可达性的技术思路，以神农架林区 8 个镇区及 5 个旅游景区为增长极，结合各乡镇总人口、城镇化水平、人均招商引资额、主要景区游客量等各类要素，综合确定国土空间开发的适宜性。

③ 开发综合评价

以在保护的基础上适当发展为指导理念，将神农架林区划分为适宜、基本适宜和不适宜三类国土空间。

（3）主要任务

围绕国家公园建设，全面落实主体功能区战略，构筑清晰、完善的生态保护格局。以国家公园建设为统领，落实国家主体功能区战略及湖北省“四屏两带一区”战略，以森林、湿地和水体等重要生态要素为核心，明确生态功能分区，构建网络化、系统化的生态保护格局。通过探索国家公园体制建设，理顺神农架国家级自然保护区、神农架国家级森林公园等机构的管理与经营体制，创新生态保护机制，优化保护与发展方式，提升全域生态保护工作科学化、规范化、法治化和国际化水平（图 2–52）。

围绕世界级生态旅游目的地建设，推进景城协作，构建全域旅游开发格局。以全域旅游为支撑，整合林区生态资源、文化资源，提升全域旅游环境、融合全域产业要素、统筹全域空间开发；以品质提升为核

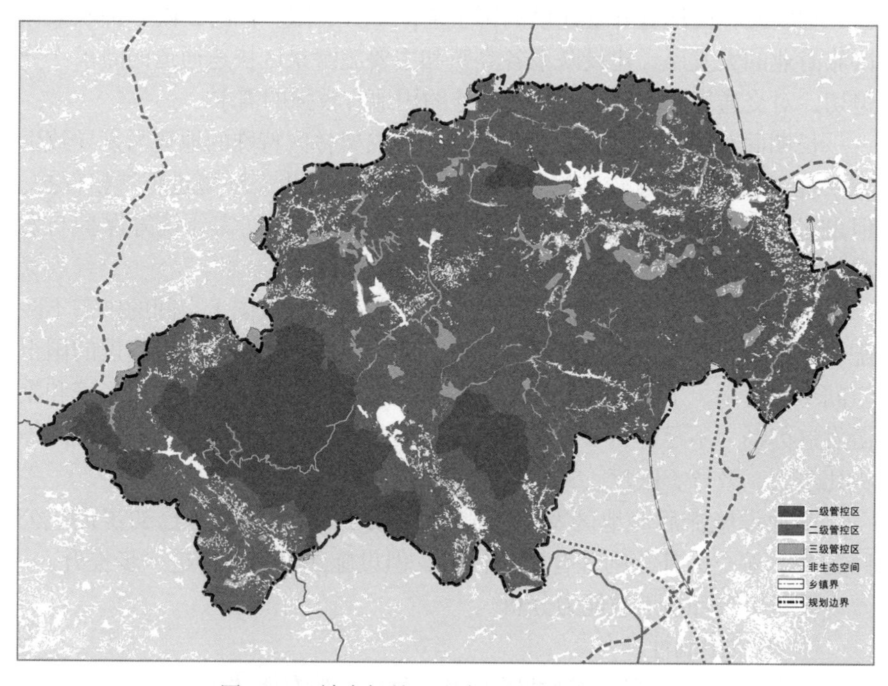

图 2–52　神农架林区生态空间分级保护研究

心，打造精品景区、推进旅游名镇建设、开发特色乡村旅游、加强旅游基础设施建设，系统完善和提升旅游发展空间；以国际化为目标，推进品牌、管理、产品、技术和服务国际化。通过基础设施和公共服务设施一体化来协调景区与城镇、乡村的空间布局，大力推进“旅农林”产业链延伸，促进旅游对产业、乡镇建设的带动，形成全域大旅游保护与开发格局（图 2–53）。

围绕国家生态文明先行示范区建设，推动生态保护和资源节约集约利用，促进城镇、乡村生态文明共建。促进生态保护和经济发展方式转型，变资源环境约束为先行发展优势；有效保护森林、草原、湖泊、湿地、生物物种，控制和减少水土流失和石漠化土地面积；稳步提高耕地质量，有效落实最严格的耕地保护制度、水资源管理制度和环境保护制度；努力推动制度创新，建立健全生态补偿、区域协作等体制机制。

（4）规划实施与政策保障措施

神农架国家公园体制建设，一方面有利于理顺现有的自然保护管理体制，构建神农架林区更加科学的保护体系，以最小的行政成本实现最有效的资源保护和管理；另一方面有利于充分发挥神农架林区的自然禀赋和生态优势，缓解区域保护与发展之间的矛盾，加快以生态旅游业为龙头的第三产业发展，实现神农架林区生态保护和经济发展的有效结合。

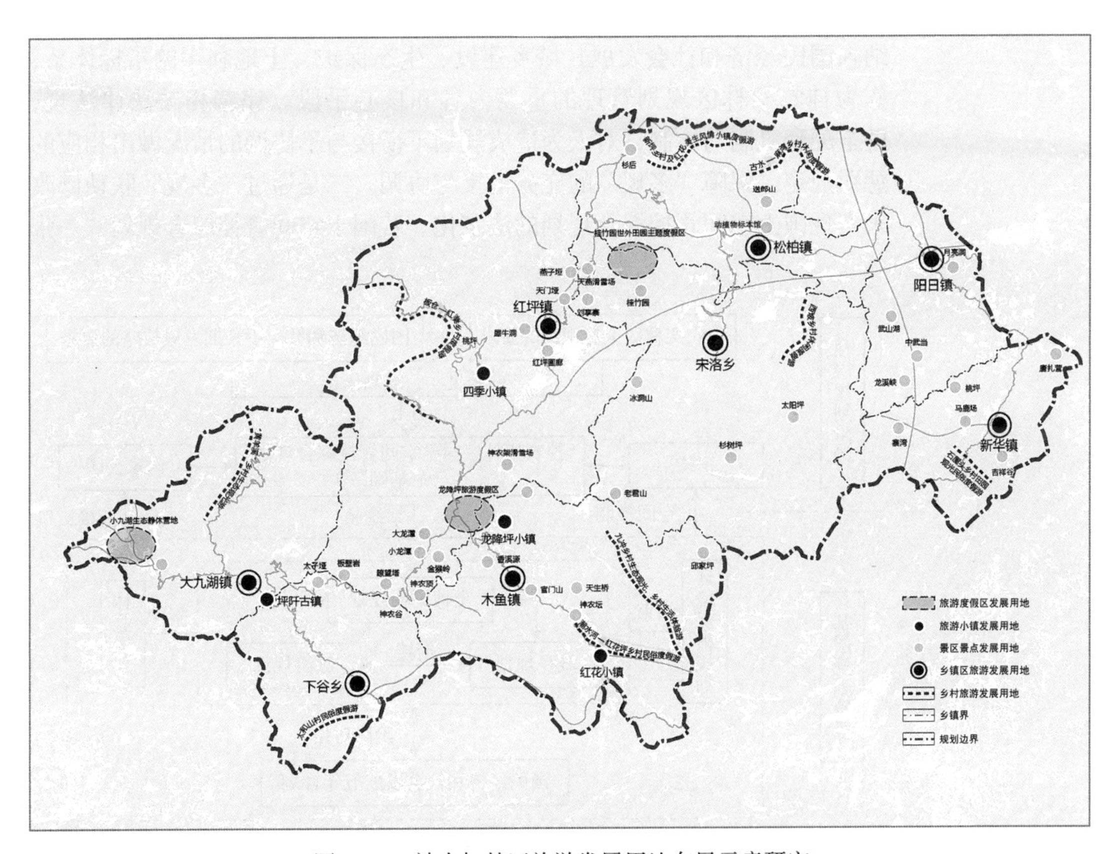

图 2–53　神农架林区旅游发展用地布局示意研究

① 规划实施

建立统一的管理机构。整合神农架林区的管理机构，成立统一的神农架国家公园管理局，下设管理、科研、发展等部门，加强对教育科研功能的重视程度，在强化各管理部门职能的同时注重多方参与，促进国家公园各项活动健康发展。

实现管理者和经营者的分离。以政府投入为主，实行管理和经营分离，避免因经济利益驱使危及生态保护，发挥国家公园的公益性特性。通过完善国家公园的资金投入机制、生态补偿机制、特许经营机制、多方参与机制等一系列的运行机制，实现“管经分离，特许经营”。

建立以国土空间管控综合规划为统领的国土空间规划体系（图 2–54）。形成以神农架林区资源环境综合承载能力为基础，神农架林区上位规划、国民经济和社会中长期发展战略为依据，以国土空间管控综合规划为统领，在环境保护规划、林业规划的约束下，土地利用规划、城乡规划、旅游规划相互衔接，并与国民经济和社会发展五年规划进行 5 年阶段对接，加强落实各级各类专项规划的国土空间规划体系。

设计两条路径来确立国土空间管控综合规划的法定地位，明确衔接关系。一是通过立法来实现国土空间管控综合规划的法定化。国土空间管控综合规划法定化是奠定国土空间规划体系规范化的基础。依据规划管理行政程序，将国土空间管控综合规划所确定的空间管控目标和指标纳入国民经济和社会发展、城乡建设、生态保护、土地利用的指标体系，作为神农架林区规划管理的重要内容和核心手段。完善相关法律法规，健全配套机制与体制，对人为造成规划不衔接与不协调的情况做出相应的惩罚规定，保障“多规”的充分衔接与协调。二是通过“多规”联动修改来实现国土空间管控综合规划的法定化。若国土空间管控综合规划“一张

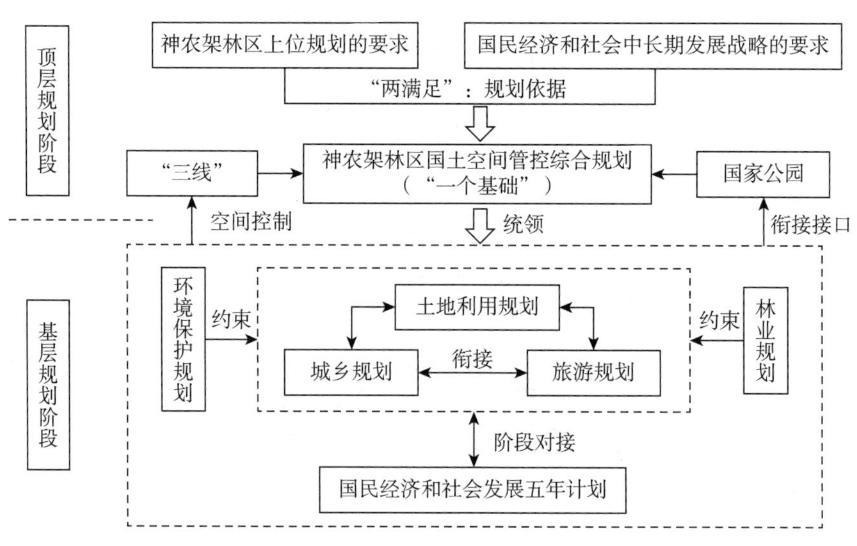

图 2–54　国土空间规划体系示意

图”难以在短时间内实现法定化，相关部门可以根据修改程序，联动修改实施“一张图”。如土地利用规划、城乡规划、国民经济和社会发展规划等，在法定规划联动修改完成后，与之内容一致的才具备法定效力。

强化空间统一管控管理，实现“多规”协调。以“一张图”统筹整合城乡空间布局，以永久基本农田保护红线、生态保护红线、城镇开发边界三条红线对城乡空间资源进行管控，在国土空间规划体系框架下，明确各类规划在城乡空间上的重点任务。

统一用地分类标准、基础数据和坐标体系，统一数据库平台和规划编制审批管理平台。建立统一或可衔接的用地分类标准，开展统一的空间规划编制工作，指导和协调各部门规划的编制；建立统一或可衔接的基础数据系统，基础数据主要包括空间数据以及与其对应的属性数据两类；建立统一或可衔接的坐标体系，我国常用的大地基准坐标系主要有四种。各部门在编制相关空间规划时，应通过地理信息系统软件（ArcGIS）将不同坐标系进行统一转换。

② 政策保障

充分利用和推进区域优势互补政策。一是争取外部财政转移支付，包括湖北省、国家专项补贴、对口支援等多种形式的补贴，重点争取生态环境受益地区的对口生态补偿。二是加强林区内特定地区、特定产业的扶持，扶持的对象应符合以下条件：位于神农架林区发展相对落后的地区；符合生态环保的要求；同本地其他产业的关联度较大，能够带动相关产业发展。

完善生态保护政策。一是科学制定生态保护标准。在三条红线、三类空间划定的基础上，明确各类空间的生态保护标准和要求，并形成法律法规，使生态环境管控制度化、法治化。二是积极探索生态补偿机制。完善自然保护区、森林保护和生态旅游开发等的生态补偿方案，提出生态补偿的政策建议，推进神农架林区碳汇交易[100]。

合理制定人口政策。一是制定符合限制开发区要求的人口迁移政策。实施积极的人口退出政策，切实加强义务教育、职业教育与职业技能培训，增强劳动力跨区域转移就业的能力，鼓励人口到重点开发区域就业并定居；同时，引导区域内人口向中心镇和重点开发区域集聚[20]。二是探索完善户籍管理制度。逐步统一城乡户口登记管理制度，按照“属地化管理、市民化服务”的原则，鼓励城镇化地区将流动人口纳入居住地教育、就业、医疗、社会保障、住房保障等体系，保障流动人口与本地人口享有均等的权益[20]。三是建立人口评估机制。构建经济社会政策与人口发展政策之间的衔接协调机制，重大建设项目的布局应充分结合人口布局和人口结构特点等。

③ 行动计划

推进生态保护修复和土地综合整治。一是加强生态保护和修复工程建设。推进天然林保护、长江防护林建设、湿地保护与恢复、野生动植物保护和自然生态保护区建设，增加陆地生态系统的固碳能力；大力发展循环经济，积极发展环保、安全无污染的新型能源，保护生态环境。二是整治农村建设用地，推进土地节约集约利用。规范推进农村建设用地整治，统筹城乡发展，加强基础设施与公共服务设施配套建设，促进城乡一体化发展。

探索生态补偿机制。抓住湖北省政府实施生态补偿试点的机遇，探索建立健全生态补偿机制。一是积极争取生态补偿政策。争取国家生态补偿对神农架林区南水北调工程及丹江口库区的支持力度，推动神农架林区被纳入三峡库区后续扶持范围，争取国家对限制开发区和禁止开发区等主体功能区的政策；争取省级生态补偿试点提标扩面，争取省级补偿救助政策。二是推进神农架林区碳汇交易平台建设，促进神农架林区在林业、湿地和清洁能源利用等方面的碳汇优势价值化。

推进生态移民和生态退耕。对生态保护重点地区实施移民搬迁，并加大补偿力度，适当提高生态移民补助标准，延长补助年限。同时，按照农民自愿、政府引导、因地制宜、稳步推进的原则有序开展生态退耕，在解决好农民生计的基础上，逐步对符合退耕条件的耕地实施还林还草。

4）小结：规划实践中的方法创新思考③

从南通陆海统筹规划、神农架林区空间规划等多个相关规划和课题研究中，我们可以初步归纳出以下几个方面的创新点：

（1）以明确事权为核心，基于现有行政治理体系构造规划体系

按照国家《生态文明体制改革总体方案》等明确提出的要求，我国未来的空间规划体系将由“全国—省—市—县—乡镇”五级组成。纵观欧美国家的空间规划体系，同样无一例外都实行了分级管理，并在分级管理的基础上明确各级政府事权，形成了上下衔接、事权明确的多级空间规划体系。笔者团队完成的《吉林省空间规划方法研究》明确提出，在省级层面构建统一协调、层级清晰、分工明确的省级—市县级两级空间规划体系，以打破现行规划体系“纵向到底、横向分离”的现状[16]。

（2）以可落地可实施为目标，实现“定空间”与“定政策”高度整合

这一特征在英国的空间规划中体现得最为显著。英国的空间规划强调“发展规划应超越传统的土地利用规划，核心问题是构建未来发展的（空间发展）形态并引导未来的发展模式，整合与土地利用和开发直接或间接相关的政策、项目与投资决策，以及所有影响地区性质和功能的政策、项目与投资决策等”[25]。南通陆海统筹规划编制过程在基于用地适宜性评价基础上划定“生态、生产、生活”三类空间后，规划给出了三类空间明确的行动指引，将国土保护和开发在“三生空间”内进行了统筹协调。

（3）以聚焦核心议题为重点，关注本区域突出问题以实现战略突破

空间规划必须在整体考虑空间的基础之上关注当前、当地核心的战略议题，如荷兰几轮空间规划核心议题的不断变迁，最新一轮战略着重构建城市网络，关注基础设施和水系治理议题；日本的每一轮国土规划

同样都是有针对性地解决当时经济社会背景下日本国土空间发展的关键问题。在南通陆海统筹规划的编制研究中，项目组围绕南通“陆海统筹”的核心议题，提出了“坚持空间联动，加快陆海土地置换，通过海洋建设用地置换，推动中心城区快速发展”等针对性发展战略。在神农架林区空间规划项目中，针对神农架林区生态保护方面的重要性和特殊性，规划始终围绕分类分级严格保护生态空间、以区域大旅游同时解决地区经济发展和环境保护之间的矛盾等问题进行。

（4）以要素精准供给为导向，统筹全域空间，合理利用国土空间

《美国2050空间战略规划》通过一套科学的量化指标，较为精确地确定了一系列“巨型都市区域”和“发展相对滞后地区”[101]。这些指标和标准对我国空间规划中相似类型区的划定有一定借鉴意义。在神农架林区空间规划的编制研究中，项目组通过一系列空间指标的确立，通过将用地适宜性评价和发展潜力评价相结合，确定了优势农业空间、城镇集聚带等不同类型的区域。并在此基础上，划定了更加科学的配套政策区，以确保相应配套政策的空间供给更加精准。

（5）以公众参与为路径，推动多元化公共主体参与编制

荷兰、英国和日本在空间规划体系的发展演变中，都经历了规划编制和实施部门机构的调整，地方政府自主权的增加、区域政府规划职能的整合和多元化主体参与空间规划的编制实施成为共同趋势。神农架林区空间规划的项目组提出借神农架国家公园试点建立的契机，尝试建立包括各级政府、国内外机构、社区、志愿者等在内的社会各界参与国家公园的保护、管理与开发建设的机制，鼓励和引导多种有利因素参与国家公园的建设与发展，实现保护与开发双赢。

（6）以治理能力提升为目标，推动空间规划立法体系的建立

综合运用立法、财政等多种管理手段减少空间规划实施的制度障碍，保障规划顺利实施。在立法管理方面，借鉴荷兰、英国等发达国家的空间规划管理经验，针对环境保护、城乡统筹、交通等不同议题，由省级相关职能部门制定一系列文件来切实保障空间规划的贯彻实施。在财政管理方面，建议设立专项扶持资金，以财政途径对规划实施进行管控，如设立生态保护专项资金、城市更新投资资金、乡村地区投资资金等。这一点在《吉林省空间规划方法研究》中就得到了充分的体现。

2.5 主体功能区规划，发改系统规划方法创新

可能很多规划同行都听过这样一句话：“发展规划定目标、土地规划定指标、城乡规划定坐标。”这句话在一定程度上也反映了大家对发改系统规划的一种刻板认识，认为发展规划仅仅关注社会经济发展方向和发展目标。实际上，发展规划的内涵也在一直发生变化，主体功能区规划就是发改系统规划创新的一个很好例证。早在2006年，中央经济工作会

议就做出了关于“分层次推进主体功能区规划工作，为促进区域协调发展提供科学依据”的要求。在2007年，国务院出台了《国务院关于编制全国主体功能区规划的意见》(国发〔2007〕21号)。文件中指出，为落实《中华人民共和国国民经济和社会发展第十一个五年规划纲要》，启动编制全国主体功能区规划。规划要明确主体功能区的范围、功能定位、发展方向和区域政策等任务。回顾这段历史，可以说主体功能区规划是发改系统在空间规划领域的一次非常重要的尝试。

2.5.1 主体功能区规划与空间规划[21]

20世纪90年代，曾经有一本很有名的书——《谁来养活中国》，其中就提出了对我国粮食安全问题的担忧。在这样的大背景下，建设用地的扩张和农业用地保护之间的矛盾几乎是不可调和的。那么就带来了一个很大的问题，如何协调两者之间的矛盾，如哪些地方可以开发？哪些地方应该保护？建设规模和边界如何确定？建设规模和边界与资源环境承载能力是否相容？针对以上这几个方面的问题，有专家提出，应该有新的规划来解决以上的问题。据说这个关于“新的规划”的提议也促成了后来“主体功能区规划”的提出。

“主体功能区”概念的提出，是2005年通过的《中共中央关于制定国民经济和社会发展第十一个五年规划的建议》和2006年通过的《中华人民共和国国民经济和社会发展第十一个五年规划纲要》中的突出创新点。《中共中央关于制定国民经济和社会发展第十一个五年规划的建议》和《中华人民共和国国民经济和社会发展第十一个五年规划纲要》均提出“根据资源环境承载能力、现有开发密度和发展潜力，统筹考虑未来我国人口分布、经济布局、国土利用和城镇化格局，将国土空间划分为优化开发、重点开发、限制开发和禁止开发四类主体功能区，按照主体功能定位调整完善区域政策和绩效评价，规范空间开发秩序，形成合力的空间开发结构”。

主体功能区规划提出后，在规划界引起了非常大的反响。究其原因，主要有以下几个方面：首先，对于当时的中国规划界而言，主体功能区规划无论是其定义、定位、内容、内涵都是全新的，甚至可以说是一次横空出世的变革；其次，主体功能区规划是政府调控与市场配置资源开始出现转变的一个具体标志；再次，主体功能区规划是贯彻科学发展观的一个重要举措；最后，主体功能区的提出是因为各个地区的核心功能区不同，区域类型差异，具有战略性以及强操作性[102]。

至今，主体功能区规划从正式出台已经过去了10余年的时间。尽管如此，主体功能区规划在我国规划体系中还是一种非常“年轻”的规划类型。在国家规划体制改革之后，主体功能区规划也将融合到目前的国土空间规划当中。这一非常“年轻”的规划类型在其发展过程中有许多经验值得我们回顾和总结。

2.5.2 主体功能区规划的地方实践[21]

编制实施主体功能区规划，是深入贯彻落实科学发展观的重要举措。对于推进形成人口、经济和资源环境相协调的国土空间开发格局，加快转变经济发展方式，促进经济长期平稳较快发展与社会和谐稳定，实现全面建成小康社会目标都具有重要战略意义[20]。

在2002年，主体功能区的构想就已经被提出，其主要目的不仅是总结新中国成立以来特别是改革开放以来规划体制改革的经验与其存在的主要问题，而且更重要的是提出了规划应遵循的主要原则，增强了规划的空间指标和约束功能。故在此之后，国家发展和改革委员会在上报国务院的“十一五”规划思路时便提出了主体功能区的基本思想。但在当时的规划思路中，主要强调的是主体功能区的划分，但整个规划并不覆盖全国的国土全域[103]。在《中华人民共和国国民经济和社会发展第十一个五年规划纲要》中，主体功能区的思路正式确立。而后经过不断的讨论与征求意见，进行修改直至推出的阶段。2010年年底，国务院印发了《全国主体功能区规划》(国发〔2010〕46号)。之后各省（区、市）政府按照统一部署，陆续出台了省级主体功能区规划。

根据国家统一部署，主体功能区分为国家层面和省级层面，市县层面的功能区划分取决于上级层面对市县的主体功能定位。国家层面的主体功能区规划以战略引导为主，以县级行政为基本单元，划定优化开发区域、重点开发区域、限制开发区域和禁止开发区域。省级层面的主体功能区扮演着“中介”的角色，不仅需要落实上级层面传导的要求，在此基础上还对划定区以外的国土空间进行规划，起到承上启下的作用，最终覆盖全部国土[104]。

1）国家主体功能区规划

《全国主体功能区规划》(国发〔2010〕46号）从我国的基本国情特点出发，在确定战略目标、任务和开发原则的基础上，在国家层面划定优化开发区域、重点开发区域和限制开发区域（农产品主产区、重点生态功能区），明确了各类主体功能区的功能定位、规划目标和近期任务；制定了能源、主要矿产资源和水资源、交通以及其他矿产资源的开发利用格局；提出了涉及国土空间开发的各级政策及制度安排基础平台的建设要求；为保障规划的实施，还明确了各级政府和有关部门的职责，制定了检测评估考核的办法。

有了这样的要素评价后，再进一步对地区进行分类，并将国土空间分为优化开发区域、重点开发区域、限制开发区域和禁止开发区域。禁止开发区域不以县为单位，而是点状的。目前禁止开发区域范围与生态环境的生保护红线基本一致。以县为单位确定的主体功能分为三类：优化、重点、限制。将重点开发区域和优化开发区域进行整合，得出21个城市群的概念。也就是说，国家级的重点开发区域和优化开发区域基本都被涵盖在这21个城市群范围内。这项工作对于引导空间开发和保护格局，落实新发展理念和生态文明思想，都起到了非常重要的作用。

2）省级主体功能区规划

各省（区、市）政府根据《国务院关于编制全国主体功能区规划的意见》（国发〔2007〕21号）、《全国主体功能区规划》（国发〔2010〕46号）和当地关于开展主体功能区规划的意见或通知，结合“十二五”规划和与当地相关的区域性规划和专项规划，开展了各自的主体功能区规划。各省（区、市）的主体功能区规划，作为《全国主体功能区规划》（国发〔2010〕46号）的组成部分，深化、落实了全国主体功能区规划。作为顶层设计，主体功能区规划起到了战略性、指导性的作用，对空间性规划和专项规划起到了基础性作用。

通过省级主体功能区规划的实践，我们可以获取不少很有价值的经验。例如，针对不同的主体功能区定位，进行资源环境承载能力和国土空间开发适宜性评价的工作，以此为基础绘制国土空间规划的“一张底图”，这也是以自上而下的方式对主体功能区规划进行了精准的落地。又如，在资源环境承载能力和国土空间开发适宜性评价的基础上科学划定生态空间、农业空间、城镇空间、生态保护红线、永久基本农田保护红线和城镇开发边界，形成国土空间总体格局，在三类空间和三条控制线的基础上，进一步确定区域的开发强度，制定相应的管控措施，并叠加其他各类空间规划要素，形成空间规划总图。最终，形成了国土空间“一张蓝图”，确保了主体功能区定位在市县级层面的精准落地。

国家与省级主体功能区规划是发改系统应对空间规划改革的重要规划理念创新。在国家、省主体功能区规划编制之后，国家发展和改革委员会针对部分重点生态功能区又进一步开展了生态主体功能区实施方案的编制试点工作。实际上，随着新兴城镇化战略的提出，同时又恰逢“十三五”规划纲要开始启动编制，部分省市已经开始着手探索如何进行市县规划改革。规划界对有关“多规合一”（“两规合一”“三规合一”）的呼声也越来越高。只是这个时候大家对规划改革的方向和路径还没有一个较为清晰的认知。甚至，很多人还没有真正意识到一个影响整个规划行业的变革即将到来。

2.5.3 规划实践：发改系统规划创新中的点滴思考

1）县级国家主体功能区规划的思考[22]

2006年，《国务院办公厅关于开展全国主体功能区划规划编制工作的通知》（国办发〔2006〕85号）发布，对全国主体功能区规划编制提出规划意见。结合2006年中央经济工作会议关于“分层次推进主体功能区规划工作”的要求，全国主体功能区规划编制工作将按国家和省级两个层级展开[23]。国家发展和改革委员会规划司在全国范围内针对生态主体功能区选取了若干试点地区进行进一步的规划实施方案编制工作。其中，吉林省白山市、通榆县就在国家试点示范名单之中。

寻求阶跃式发展的吉林地区要求通榆必须正确处理生态环境保护与经济快速发展的协调平衡。2014年南京大学城市规划设计研究院北京分院通过通榆县发展和改革局承接《通榆国家主体功能区建设试点示范方案》编制工作。通榆地处松辽平原西部，是科尔沁草原生态功能区中的11个县之一，处在多个国家级自然保护区与生态区的包围之中。根据《全国主体功能区规划》(国发〔2010〕46号)，通榆是限制开发区域（重点生态功能区），即限制进行大规模高强度工业化、城镇化的重点生态功能区。

为了给通榆创造一个更加合理的区域功能与空间组织关系，平衡保护环境和发展两个需求，达成环绕社会经济和谐发展的目的，本次规划采用综合空间规划方法，以区域视角为新立足点，深化统筹协调“人的发展”与“环境的保护”之间的关系，促进通榆未来可持续发展。

（1）总体空间结构

辨析通榆的空间结构，必须将其放到更大的区域中去研究。通榆的东部和南部与松原市相连，北部与洮南市为邻，西部与科尔沁右翼中旗毗邻，西南部与科尔沁左翼中旗相接，位于科尔沁生态功能区与东部重点开发区域的衔接处，是东北与华北地区生态屏障的重要组成部分，具有维护区域生态格局、为东部城市带的发展提供生态支撑的重大作用。

通榆主体功能区规划通过把生态保护空间、农业生产空间和城市发展空间叠加，最后形成全域三大空间一张图。

在空间开发管制边界的基础上，按照“点上开发、面上保护”的要求，依托霍林河、文牛格尺河等生态廊道和五右高速、双嫩高速、科铁线、平齐线等交通廊道，结合区域资源环境承载能力、经济基础和发展优势，构建通榆“一心多点，三廊七组团”的空间总体格局（图2-55）。

①“一心多点”：扁平化聚落体系

“一心”指中心城区，为全县政治经济文化中心。应进一步加强经济开发区的道路、市政等各项基础设施建设，加快风电产业、生物质能的招商引资，推进为居民生产、生活配套所需的商贸、金融、物流、电子商务等生活性服务业和生产性服务业的快速发展，做大做强中心城区，使其成为县域经济发展的重要增长极。

“多点”指除开通镇以外的15个乡镇，其中瞻榆镇、兴隆山镇、向海蒙古族乡为重点发展片区。通过镇区污水处理、道路等基础设施建设，教育、医疗等公共服务设施完善和餐饮、商贸、专业市场等生活配套设施建设，提高居民生活水平，并适当建设农畜产品加工交易园、木材深加工园区等，促进就地城镇化。

②“三廊”：生态化发展廊道

“三廊”指依托霍林河、文牛格尺河构建两条水体生态廊道，沿科铁

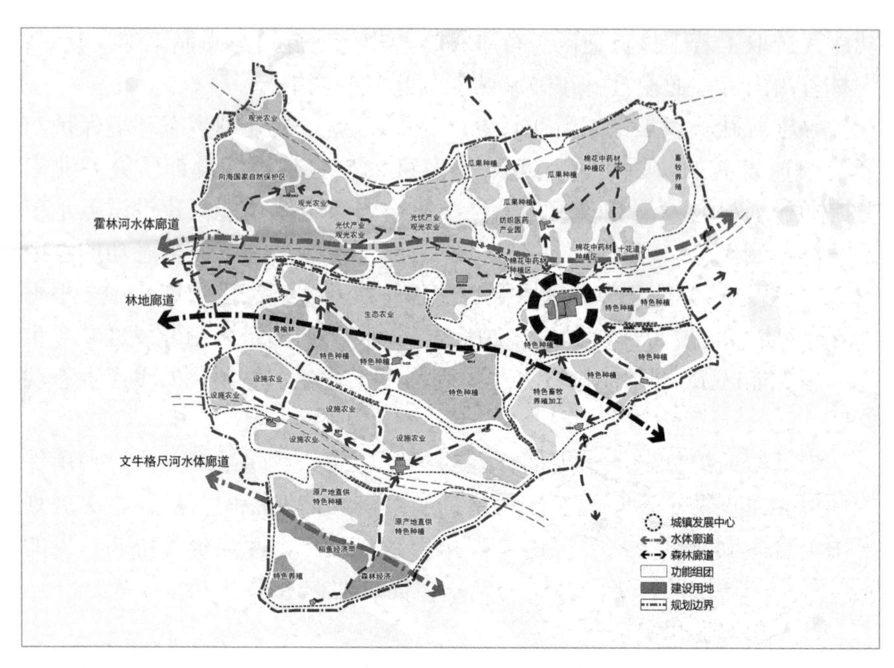

图 2–55　通榆县总体空间格局研究

线构建森林生态廊道。以三条生态廊道形成全区生态格局的骨架。

③“七组团”：复合化生态组团

“七组团”包括向海旅游综合发展组团、县域东北棉花和中药材发展组团、环中心城区发展组团、县城西南“森林产业”发展组团、县域东南特色养殖发展组团、瞻（榆）团（结）新（华）综合发展组团、文牛格尺河沿岸发展组团。

（2）县域城乡空间统筹

基于通榆“三线”和三大空间划定，坚持弹性布局的原则，转变传统大项目、大跨越式的规划模式，结合生态、生产、生活三类重点项目，确定近期建设规划，同时考虑到未来发展的多种可能进行弹性预留，明确通榆土地利用布局，确保通榆发展一张蓝图到底（图 2–56）。

（3）总体生态系统架构

构建“三廊三片，多斑共生”的生态系统架构（图 2–57）。“三廊”指北部霍林河水体廊道、中部科铁沿线林地廊道以及南部文牛格尺河水体廊道。“三片”指西部向海自然保护片区、南部包拉温都自然保护片区以及东部三家子、什花道草原保护片区，以此构成通榆生态系统中的三大生态基底。以三条生态廊道将县域内多个生态斑块与三大生态基底进行串联，构建通榆县生态安全格局，共同对通榆生态系统的稳定性发挥重要作用。

（4）产业体系空间布局

加快通榆绿色农产品种植基地、绿色畜禽及水产品养殖基地、农畜

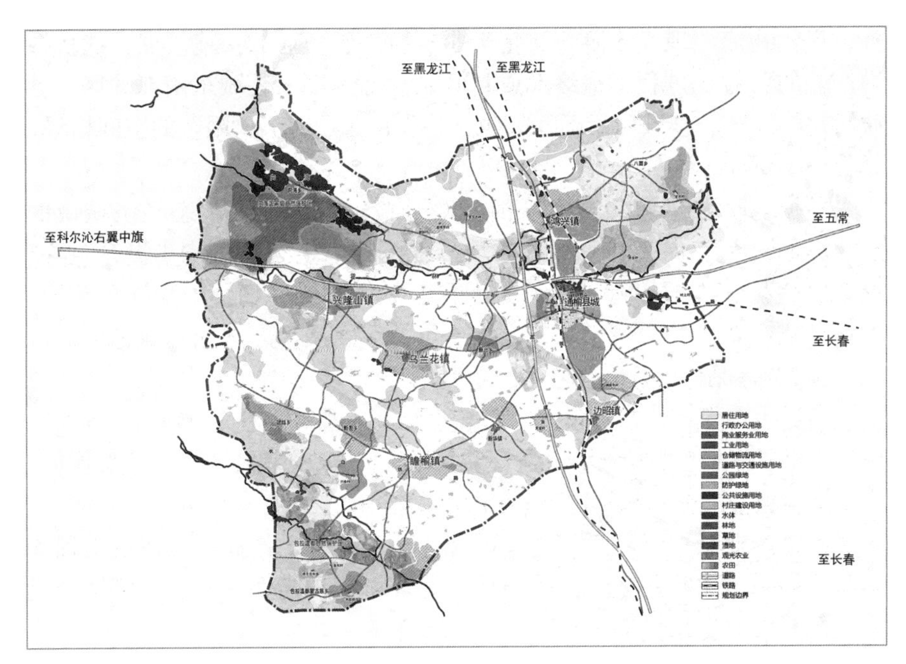

图 2-56　通榆县总体空间利用模式研究

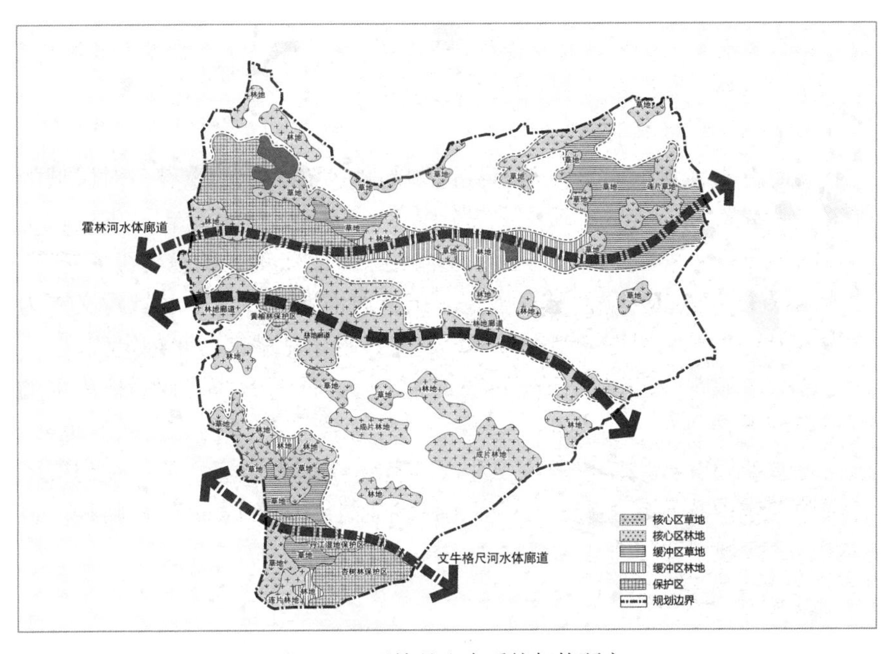

图 2-57　通榆县生态系统架构研究

产品加工及交易基地建设，通过产业载体打造和农业设施完善推进农业产业化；积极推进通榆绿色工业发展和低碳工业园区建设，以通榆经济开发区为引擎，通过“一纵四横”五大工业走廊的打造，大力推进清洁能源、林木深加工、食品医药、高新科技产业的快速发展；鼓励电子商务、现代物流、现代旅游、文化产业等新兴服务业的快速发展，加快推进产业的服务化进程，最终形成县城东北部片区、县城东南部片区、县城西北部片区、县城西南部片区四大发展片区类似“象限”的空间格局。

（5）行动计划

根据通榆县国家级生态功能区的县情定位和建设生态经济城市的要求，通过生态保育修复综合整治工程、特色生态经济稳步提升工程、社会民生扩容提质改善工程三大工程的具体实施，加快推动项目落地，促进经济产业、社会民生的低碳绿色可持续发展，实现通榆绿色振兴。

① 生态保育修复综合整治工程

通过生态保育涵养工程、生态修复治理工程和生态资源利用工程的实施，确保通榆生态服务功能增强、生态环境质量改善和生态产品供给增加。

② 特色生态经济稳步提升工程

通过产业结构优化工程、园区载体建设工程、产业平台建设工程和清洁能源示范工程的实施，把通榆生态环境保护与发展生态经济结合起来，创新特色生态经济的发展模式与路径。

③ 社会民生扩容提质改善工程

通过公共服务完善工程、基础设施提质工程、城乡绿化美化工程、数字通榆建设工程、资源综合利用工程的实施，着力提高人民群众的基本公共服务水平，创新在生态保护和发展中改善民生的具体路径和举措。

（6）通榆主体功能区规划方法中的创新

① 区域视角的创新

长期以来，人们对区域与行政区划的理解有一定的重叠，对区域的理解常常局限在一定的行政区划范围内。一方面，通榆是吉林省白城市南部的重要行政区域；另一方面，通榆更是科尔沁地区的重要组成部分。作为国家主体功能区建设试点示范城市，通榆作为后者的区域意义更为重要。因此，本次规划编制非常重视通榆在科尔沁地区的角色定位。

这一区域视角的确立使规划编制除了努力探究如何建设通榆内部的生态经济城市，如何成为以生态保育、绿色产业为特色的发展典范外，还在思索如何在科尔沁国家重点生态功能区竖起新节点；如何在类似生态保护区域内找到新突破；如何在国家贫困县中找到发展的新路径。也只有这样，规划才能真正体现试点与示范作用。

② 统筹维度的创新

统筹，毫无疑问是当下重要的规划思路之一。对于通榆而言，最重要的统筹问题是如何协调“人的发展”与“环境的保护”之间的关系。正如《国家发展改革委　环境保护部关于做好国家主体功能区建设试点示范工作的通知》（发改规划〔2014〕538号）所说，保护好生态的同时，还要提高生态产品供给、发展地方经济、实现成果共享。

面对这一挑战，规划提出以空间作为统筹载体。借鉴英国空间规划理念，将生态问题、发展问题、民生问题等要素统筹到空间上，让空间真正转化为生态、生产、生活的复合式空间。虽然有边界，但更加综合、集约；再通过政策创新，使得规划能够进一步弥合生态、生产、生活之间的关联关系。

③ 绿色增长的创新

绿色发展是通榆规划的先导性理念。面对生态系统，我们有多种选择。我们可以选择单一维度的保护，即将禁止建设、控制开发、多留绿地作为通榆生态发展的路径；也可以选择低碳、持续、友好的方式，真正做到维护和发展“可以称之为家园”的通榆生态系统。通榆的本质应该是一个富有旺盛生命力的生态系统，是一个位于科尔沁地区的魅力家园，而不是脱离了土壤的花瓶。

因此，绿色增长是对保护与发展理念的一次创新。我们倡导的是基于通榆绿色基底的可持续发展。在这一理念下，绿色不仅仅是通榆地区的“底色”，更是通榆地区未来发展的“方式”和“框架”。在这一框架下，生态、生产、生活终将通过“绿色”融为一体。

④ 产业发展的创新

生态保护离不开发展，没有发展，片面的保护也是无从谈起的。在当下的转型时期，规划编制需要树立新的产业发展价值观。尤其在生态重点功能区，产业发展的目标应该不是靠量取胜，而是靠质、靠效益取胜。产业发展的目的应该不是单纯追求 GDP（当然 GDP 也不应该成为此类地区的考核目标），而是更好地保护生态、更好地回馈民众。

通榆作为生态大县、农业大县，应该立足生态产品供给，结合网络时代创新性的产业发展路径，形成资源、产品、商品的转化机制。让产业发展更加精明、更加绿色、更加持续。

⑤ 社会发展的创新

在生态、持续而富有活力的通榆，民众不仅仅可以享受到生态所带来的优质环境，还可以享受到发展所带来的高品质生活。在通榆，人口并不是不断无序增长，而是适度保持稳定，甚至缩减。民众充分享有迁移的自由和条件；教育、文化、医疗等公共设施网络体系完备，并拥有一定数量的高水平教育、文化、医疗、养生机构。在生态保护、经济发展的同时，民众成为这一过程的最终受益者，能够分享到生态发展所带来的成果。

⑥ 空间组织的创新

通榆拥有极富诗意的绿色基底，县域空间的发展自然与其他传统城市化区域有着非常大的差别。在新的空间格局中，应该依托草原、牧场、林地、耕地、水域等自然要素，形成一个生态基础设施支撑下的绿色框架。这一框架应该延续科尔沁草原的生态格局。在这个空间逻辑下，通榆的城市、城镇、乡村都是一个个镶嵌在绿色“基质”上的美丽单元，成为富有科尔沁图底的最美城市、最美小镇与最美乡村。这一创新性的空间模式，让通榆真正实现城乡融合、人地融合。

⑦ 制度政策的创新

政策制度的创新包括了两层含义：第一层含义是对既有政策的整合；第二层含义是对新政策的建议。国家、省级层面针对国家生态主体功能区建设相继出台了一系列政策。同时，与之相关的部门政策也非常多。对这些政策进行梳理、整合、完善，以实施为导向，用好这些既有政策，可以对通榆的发展起到事半功倍的效用。

除此之外，根据现行政策在通榆实施过程中所遇到的问题、困难，实事求是地提出完善、更新建议。从政策制定、政策建议的角度，为通榆的政策制度创新提出新的思路。

⑧ 规划实施的创新

传统的规划编制是一种理想蓝图式规划。虽然目前逐步重视了近期的实施规划编制，但是仍然没有有效确立规划实施重点，没有有效形成总体愿景与行动计划的呼应。因此，在编制通榆县域规划的同时，通过预控和分步实施，逐步实施规划；通过战略性项目、近期实施项目的分步提出，实现对规划核心结构的夯实；通过对现有思路、做法、诉求的共鸣性阐述，用理性达成共识、凝聚共识；通过有效确立规划实施重点，实现长远蓝图和近期现实之间的平衡发展；通过必要的政策和机制创新，使政府更加有效地与市场结合等。

2）市县规划改革的思考[24]

外部环境的深刻转变导致现有发展规划的全面失灵，以及现行五年发展规划从内容组织到编制手段、技术方法已然全面落后甚至僵化，同时在相对固化乃至僵化的发展规划编制体系下，吉林各市县不同主体功能地区的实际发展诉求差异较大，市县层面真正关切的核心问题往往难以真正得到解决。因此，在政府职能转变、经济发展进入“新常态”，经济社会全面转型发展的大背景下，吉林省发展规划从发展理念到编制内容、组织形式的全面改革和创新已是刻不容缓。

《吉林省市县发展规划方法创新研究》是当时指导吉林省各市县编制“十三五”发展规划的方法论，是“规划的规划”。该研究试图从造成当时发展规划尴尬局面的关键——规划指导理念入手，以问题导向为核心，结合吉林省省情以及吉林省市县层面发展中的主要问题，围绕“为什么创新—如何创新—创新的具体实施路径”三大核心问题，借鉴国际先进案例，通过“转变政府治理理念，促进政府职能转变”“强化空间统筹与落位，推动‘多规融合’”“探索体制机制改革，强化实施保障”三大方面的深度落实，真正实现吉林省市县层面发展规划方法的创新研究。

（1）转变政府治理理念，促进政府职能转变

长期以来，为与外部增长型的政策体制相适应，各市县发展规划都将加快本地区经济发展作为唯一的出发点。无论是从规划篇幅还是规划深度来看，发展规划都强调以人为本和可持续发展的理念，但 GDP 导向和城市增长主义导向仍然突出，与本地区情结合度不高，对全面发展、

可持续发展、协调发展的重视不足。

基于当时吉林省发展背景，在全面发展、可持续发展等发展诉求达成共识的大环境下，发展规划作为政府治理的重要手段，需要从政府职能转变的要求出发进行改革。政府亟须由管理型政府向治理型政府转变。并实现由一元化政府主导体制向“政府—企业—社会”三元主体合作体制转型，以适应全新时代的发展诉求。

城市政体理论起源于美国，在全球范围内得到发展且日渐成熟。在城市政体理论中，政府不再是城市公共管理的唯一主体或权力中心，企业、社会组织甚至是公民个人都可以参与城市治理的过程中。在城市综合发展中，以城市政府为主导、主要依靠强制力和权威、采用自上而下方式的“政府主导—政府操作”型开始转变为“由城市政府、非政府组织、社会组织等多元互动协作”的“政府引导—市场主导”型组织模式[105]。

在共同治理过程中，政府逐渐退出市场竞争领域，在城市问题比较集中、矛盾比较突出的城市安全、就业保障、弱势群体需求、社会公平等方面进行重点改善，集中负责关键性公共产品与公共服务，监督与指导非关键性公共产品与公共服务的产出效率。城市在不同的发展阶段，政府、市场和社会三种力量共同构成城市发展活动的决策系统，运用各自领域资源数据建立横向合作关系，共同推进城市活力发展（图 2-58）。

城市政体由三种主要利益集团构成，分别为政府代表的政治利益集团、企业代表的经济利益集团和社团代表的社会利益集团，他们共同构成了城市决策系统。政府、企业、社团分别掌握城市发展所需的不同资源，三者相互依赖、相互制约（图 2-59）。在美国，政治利益集团包括市政府、市议会、政党等，但主要的讨论焦点是市政府。市政府是由市民选举产生的，规划重点放在社会管理和公共服务领域。经济利益集团主要指城市里拥有资本和土地资源的企业、金融机构、土地所有者、地产商等，他们共同的特点是追求利润最大化。社会利益集团主要包括社区自治联盟、社区邻里组织、消费者联盟、工会、各种中介机构和其他市民组合等，其主要特点是非营利性和自我管理。

政体理论的基本假设是美国的分散性资源和选举性政治，与中国国情有所不同，将其引入国内的应用过程中会受到一定的局限性。但是，随着中国市场经济发展的不断深入，公民意识的逐渐提高，政体理论的研究方法和内容值得我们深思。处理好政府、市场以及社会组织的关系，各方资源才能够发挥极致，推动社会进步、推进城镇化发展、促进城市进步是至关重要的[106]。

（2）强化空间统筹与落位，推动“多规融合”

理论上，土地利用规划和城市规划应该受五年发展规划的指导和统领。但实际上，随着宏观发展背景的变迁，市县层次五年发展规划的地位趋于尴尬，土地利用规划和城市规划等往往影响更大、作用更实。五

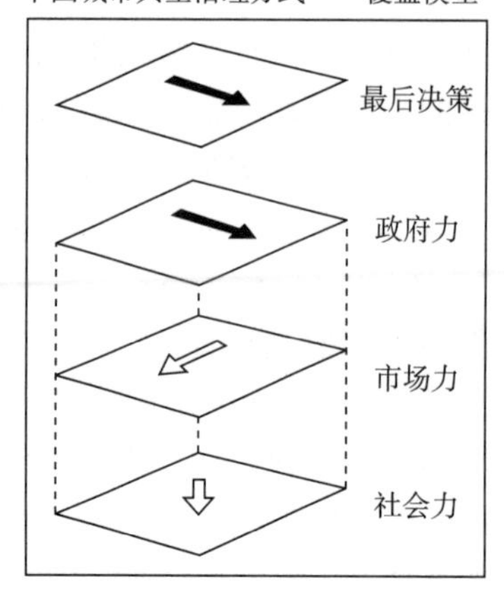

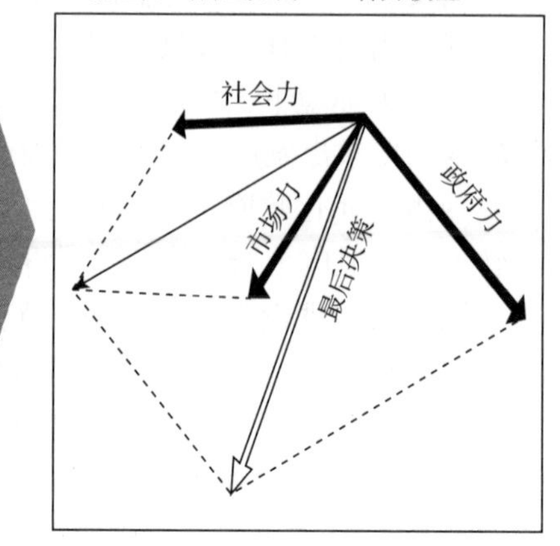

图 2-58　多元参与主体转变

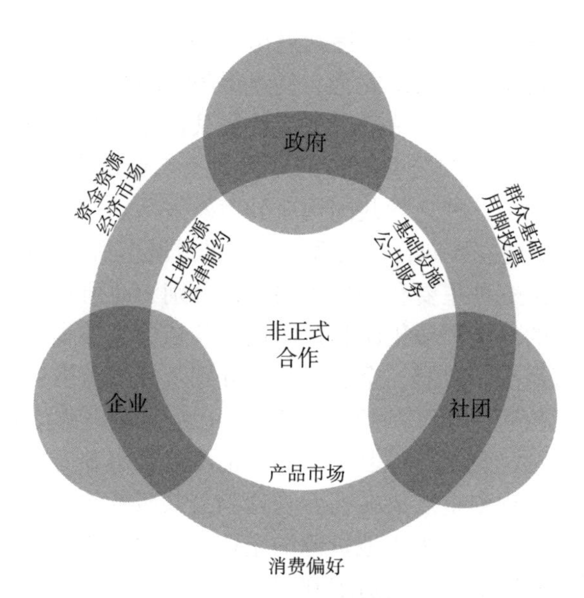

图 2-59　三元政体间的关系

年发展规划确定的战略重点和目标任务往往得不到土地利用总体规划和城乡总体规划的有效体现和支撑。

现行市县发展规划从目标定位来看，"越位"和"缺位"并存。一方面，现行市县发展规划在对地区经济发展的引导上普遍存在"越位"，无论是重点开发区域的市县还是重点生态功能区的市县，都将产业发展、经济发展等作为重点，导致各市、各县在发展目标上都要大力发展经济，并且规划的深度常常涉及本应由市场发挥主导作用的领域；另一方面，又同时存在规划的"缺位"，如交通、水利等基础设施建设，人口、就业等一些确属本级政府履行社会管理职责的公共事业领域，以及需要政府扶持、调控和引导的领域，然而在发展规划中不被作为重点。

从发展规划的内容来看，主要问题为涉及领域过多，且内容较为空洞。市县发展规划涉及的领域过多、规划内容“大而广”的同时，空间内容存在缺失，空间引导和约束功能薄弱。缺失空间的考虑，即缺乏资源评价、资源环境承载能力和发展条件分析。因此，为强化空间统筹与落位，推动“多规融合”，围绕“规划理念转变—规划内容转变—规划实施转变”的全系统转变，提出了“一个目标体系、一张发展蓝图、一套政策体系、一组行动计划”的“四个一”发展规划编制思路（图 2–60），实现各部分内容从目标定位、策略体系到空间落位，再到具体实施的全系统编制。

例如，英国发展规划的地方发展框架是指导城市开发建设过程中唯一具备法定地位的框架，成为协调各种其他部门的战略文件的一个法定工具，在社会、经济、环境各方面都发挥着重要作用，但不会对任何事务规定强制执行内容，充分尊重地方根据自身情况制定发展规划，给予地方灵活的发展空间[25]。此外，英国发展规划的管理方式及严格程度按照对象的不同而有所不同。反观我国的广义规划体系（包括发展规划、城乡规划、土地规划等），城乡规划、土地规划强调对土地利用方式的控制，发展规划强调地区发展的描述性远景目标和项目体系，但总体来讲都属于确定的蓝图式规划，缺乏一定的灵活性。

同时，英国发展规划十分强调空间规划特征，强调以明确的空间图纸落实发展战略与政策体系。基本上所有的政策都是在其总体空间结构的基础上制定的。在我国，市县层面的发展规划与城乡总体规划、土地利用规划、环境保护规划等其他战略性文件间的关系不够明确，实践过程中也缺乏足够的协调，这也导致了发展规划与其他战略性文件会产生诸多矛盾，降低了发展规划本身的科学性与城市发展管理的效率[25]。

英国空间规划政策覆盖领域广，同城市或地区的主体内容有较大差别，总的原则是集中体现地区特色，切实解决本地区发展中的关键问题。相较之下，我国的市县发展规划虽然涉及的内容也较为广泛，包括地区经济、社会、基础设施等众多方面，但是规划内容所涉及的方面过于大而全，难以体现本地区发展中迫切需要解决的个性问题。另外，目前我

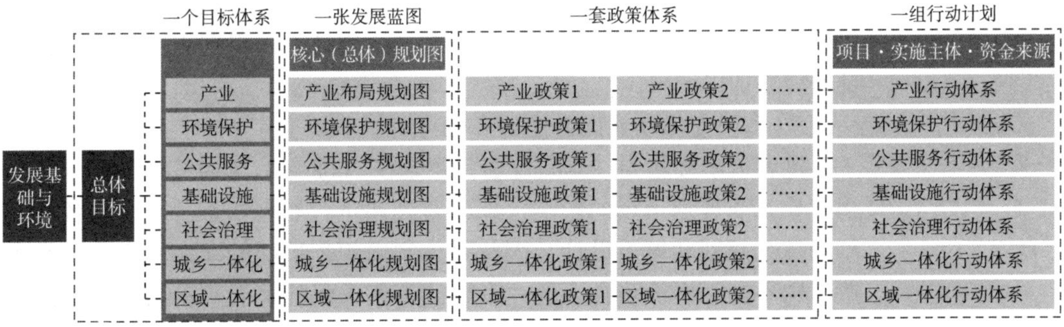

图 2–60　规划编制思路

国规划的出发点仍未摆脱计划经济时代对生产资料空间进行分配的传统思维，导致规划主体内容还是围绕地区经济计划展开。

（3）探索体制机制改革，强化实施保障

具有较强可操作性的规划应该有明确的参与主体、运行协调机制、时间期限、目标和要求，以及完备的实施效果评估机制。但是现行的市县发展规划在这一方面尚存很大空白，规划往往仅以文字概括说明发展目标，辅以相应的指标体系，仅简单对各指标做了规划末期定量化的要求。

规划的有效实施不能靠规划执行阶段孤立解决，而应该渗透在规划研究、编制、执行、评估和监督的各个环节。缺乏立法约束和保障、保障实施的体制机制不完备以及规划中期评估机制的不完善都会导致经济和社会发展规划的多项指标完成效果不好。

不同于中国的近期建设规划（规划实施包含物质空间建设与后续规划管理工作的协调与安排），美国总体规划的行动计划包括开发管理和规划实施监测程序两大部分。其中开发管理的主要内容是对规划政策、措施的实施进行优先顺序排序，对规划实施的具体工作明确责任部门，制定各项工作行动时间表。规划实施监测程序则主要是对规划成果的实施程度、有效性的跟踪及反馈，以便及时调整具体工作和相应的时间表[107]。例如，纽约总体规划的行动计划中明确了包括住房、开发空间、环境质量等在内的96项城市建设计划的工作内容、责任部门、行动时间表以及相应的政策配套及资源、资金支持等。

在政策实施保障方面，美国总体规划是受法律保护的法定文件，规划中目标明确具体、政策精炼明晰。不同于中国规划对于GDP增速、产业产值等经济活动的干预，美国总体规划中的行动计划更多聚焦在公共领域，如环境保护、交通设施等方面，行动内容包括目标构成、责任部门、完成期限、相应政策及资金等的描述。各相关政府执行部门，依据规划的目标任务、权限、期限等，通力协作、合理分工实施执行。

吉林全省发展水平在东北三省中属于发展较快的，但省内地区间发展差异较大，区域发展不平衡问题较为突出。通过规划改革研究，借鉴国内外经验，实现规划本身由调控工具向公共政策过渡，引导政府逐渐减少对资源配置的直接干预，强化资源市场化配置，推动政府治理方式的转变，提升城市治理水平。由于中国与西方政治体制、经济发展阶段等不同，因此在引进时需特别关注理论适用性，需根据中国国情进行实证研究并加以调整。

3）省级主体功能区方法研究的思考③

笔者最早接触到“空间规划”还是在2008年。当时笔者还在外资公司工作，受规划市场的影响，那个时期还正“如火如荼”地参与各种类型的概念规划和城市设计，因此对体制内规划最新的动态并不是非常了解。殊不知，机缘巧合下的一个顾问咨询项目让笔者也参与了规划改革初期的一些辅助工作。

2007 年，根据《中华人民共和国国民经济和社会发展第十一个五年规划纲要》和《国务院关于编制全国主体功能区规划的意见》(国发〔2007〕21 号)，我国正式开始编制全国主体功能区规划。2008 年，省级主体功能区规划也进入了具体编制阶段。对于大部分规划师而言，主体功能区规划无疑是一个非常新颖的规划类型。在国家发展和改革委员会的支持下，很多省份都开展了对外技术合作以开拓规划思路。云南主体功能区规划技术支持项目正是国家发展和改革委员会规划司与英国国际发展署（Department for International Development，DFID）[现在这个部门已被外交、联邦和发展办公室（Foreign，Commonwealth & Development Office，FCDO）所取代] 的合作项目。英国阿特金斯集团作为英国国际发展署的技术顾问服务提供方参与了这个项目中。

云南是主体功能区规划的八个试点省之一，技术顾问由英国环境、食品和农村事务部（Department for Environment Food and Rural Affairs，DEFRA）和英国国际发展署（DFID）资助。技术顾问的主要工作涉及英国空间规划编制方法的介绍、可持续发展评估和地理信息系统三个方面，主要通过考察与其他形式交流完成。技术顾问包括了四个阶段，即前期准备阶段、关键问题研究阶段、规划咨询阶段和咨询成果提交阶段。根据当时的计划，此次技术顾问的成果将在 2008 年南京世界城市论坛中推介。在技术顾问工作中，笔者一直都很好奇为何国家发展和改革委员会规划司与英国国际发展合作署一致将主体功能区的国际案例对标为英国的空间规划。多年之后才知道，原来背后的原因是主体功能区规划思想的提出受到欧洲空间规划理论非常大的启发，以至于我国还专门有专家队伍去欧洲学习空间规划编制的经验，并将其引入中国。因此，技术顾问的主要工作聚焦在英国空间规划编制方法的介绍、可持续发展评估和地理信息系统三个方面也就不无道理了。可以说，在 2008 年很多规划单位对这三个方面并不是很熟悉。

首先，技术顾问工作聚焦在英国与欧洲空间规划编制经验介绍领域。顾问团队和编制团队深入探讨与分享了空间规划编制的历史脉络和主要编制要点，介绍了英国空间规划产生的时代根源。英国的规划如何从结构规划逐步迈向空间规划，并且通过空间规划体现可持续发展、实现府际分权和参与全球竞争。进一步将英国空间规划放在欧洲空间规划的蓝图中发现，《欧洲空间发展展望》(ESDP）所提到的“蓝色香蕉”(Blue Banana）发展带充分展示了英国与欧洲其他各国如何实现跨区域发展的宏伟蓝图。“蓝色香蕉”发展带是一个连接了伯明翰、伦敦、布鲁塞尔、阿姆斯特丹、科隆、法兰克福、巴塞尔、苏黎世和米兰的跨区域发展走廊。《欧洲空间发展展望》(ESDP）的核心政策目标是避免各种社会经济活动的过度集中，实现高效的跨国基础设施建设，推进区域合作与互补。在《欧洲空间发展展望》(ESDP）中，区域基础设施（优先发展项目）、综合交通设施、公共领域改革和治理结构改革等方面都是规划关注的重要方面。

其次，技术顾问就城市的可持续发展做出评估介绍。技术顾问团队就当时气候变化与全球化所带来的影响，以苏格兰为例，介绍了苏格兰的可持续发展规划框架。2001 年，苏格兰总人口超过了 500 万人，总面积为 78 000 km^2，其中只有 2% 的城市土地，26% 为自然遗产，6% 为基本农田用地，海岸线超过 10 000 km，主要发展旅游、金融、电力、威士忌、石油与天然气产业。苏格兰发展主要考虑的战略问题包括：全球化与欧盟的扩大、长期的传统产业滑坡、人口下降与老龄化、内外部之间的联系、自然遗产与文化资源、能源需求与消耗、气候变化。通过自然、经济、产业、气候、文化、交通等方面制定战略规划，达到可持续发展的目的。制定战略规划需要通过地理信息系统来采集数据信息，对人口密度、生活水平、基础设施质量、经济发展水平、自然资源分配等数据进行分析，通过图纸呈现分析结果，配合战略规划的制定。

除此之外，云南技术顾问工作带给笔者的另一个重要启发是规划与政策的关系。在英国空间规划中，大量的规划结论是落脚在公共政策方面的。这与当时规划界较为普遍的认知是不一样的，图纸是同行们普遍认为最“落地”的规划结论。这也导致了笔者后来的很多规划研究都偏向规划政策与规划治理领域。英国空间规划在各个部分的规划论述中都会衍生出对应的政策建议，并且都单独编号。如果将规划文本抽丝剥茧之后，那么我们会看到一个非常系统性的规划政策体系。这个规划方法也被应用到了之后笔者参与的很多区域战略规划中。

第 2 章注释

① 本部分原文作者为陈易。

② 本部分原文作者为陈易、乔硕庆。

③ 本部分原文作者为袁雯、钱慧、陈易，陈易、乔硕庆修改。该章节的部分观点源于已发表的文章《空间规划：从理念重塑到方法重构》。

④ 本部分原文作者为袁雯、钱慧，陈易、乔硕庆修改。该章节的部分观点源于作者在南京大学城市规划设计研究院北京分院公众号发表的文章《空间规划系列之一：国外空间规划的先进方法和经验借鉴》。

⑤ 本部分原文作者为田青，陈易、乔硕庆修改。该章节的部分观点源于作者在南京大学城市规划设计研究院北京分院公众号发表的文章《国外空间规划决策管理体系对我国空间规划改革的启示》。

⑥ 本部分原文作者为袁雯、臧艳绒，陈易修改。该章节的部分观点源于作者在南京大学城市规划设计研究院北京分院公众号发表的文章《空间规划实施“三部曲”：钱从哪儿来、地如何用、产如何投》。

⑦ 本部分原文作者为沈惠伟、臧艳绒，陈易、乔硕庆修改。该章节的部分观点源于作者在南京大学城市规划设计研究院北京分院公众号发表的文章《基于治理能力提升的空间规划法律体系构建：来自发达国家的经验借鉴》。

⑧ 本部分原文作者为沈迟，陈易、乔硕庆修改。

⑨ 本部分原文作者为许清、陈易，陈易、乔硕庆修改。该章节的部分观点源于已发表的文章《共轭生态规划范式下的城乡总体规划探索：以南京市高淳区为例》。

⑩ 本部分原文作者为陈易、袁雯、崔垚，陈易、乔硕庆修改。该章节的部分观点源于已发表的文章《情境规划：市场化背景下的城市规划方法创新——以〈汕头市澄海区发展战略规划〉为例》。

⑪ 本部分原文作者为陈易，陈易、乔硕庆修改。该章节的部分观点源于已发表的文章《Desakota 地区的结构性渐进更新：以汕头市潮南区为例》。

⑫ 本部分原文作者为李晶晶，陈易、乔硕庆修改。该章节的部分观点源于已发表的文章《半城市化地区柔性集聚下的创新空间系统功能结构体系构建：以汕头市澄海区为例》。

⑬ 根据南京大学城市规划设计研究院北京分院《河北省廊坊市文安县城乡总体规划》研究成果、工作总结与心得体会编写，编写人为陈易、乔硕庆。

⑭ 本部分原文作者为徐小黎，陈易、乔硕庆修改。

⑮ 参见 1987 年 8 月 4 日国家计划委员会印发的《国土规划编制办法》。

⑯ 本部分原文作者为袁雯、杨楠，陈易、乔硕庆修改。该章节的部分观点源于作者在南京大学城市规划设计研究院北京分院公众号发表的文章《空间规划应“两种思维”一起抓》。

⑰ 本部分原文作者为陈易、徐小黎、袁雯、张少伟，陈易、乔硕庆修改。该章节的部分观点源于已发表的文章《陆海统筹规划的新问题、新视角、新方法——基于综合空间规划理念》。

⑱ 根据南京大学城市规划设计研究院北京分院《新形势下新一轮土地利用规划编制中城市开发边界划定研究》研究成果、工作总结与心得体会编写，编写人为陈易、乔硕庆。

⑲ 根据南京大学城市规划设计研究院北京分院《神农架林区生态与城镇空间管控策略研究》研究成果、工作总结与心得体会编写，编写人为陈易、乔硕庆。

⑳ 参见 2010 年 12 月 21 日《国务院关于印发全国主体功能区规划的通知》（国发〔2010〕46 号）。

㉑ 本部分原文作者为李萌，陈易、乔硕庆修改。

㉒ 根据南京大学城市规划设计研究院北京分院《通榆生态主体功能区规划实施方案》研究成果、工作总结与心得体会编写，编写人为陈易、乔硕庆。

㉓ 参见 2007 年 3 月 19 日中华人民共和国中央人民政府官网《推进主体功能区规划编制工作》。

㉔ 根据《吉林省市县发展规划方法创新研究》研究成果、工作总结与心得体会编写，编写人为陈易、乔硕庆。

第 2 章参考文献

[1] 张书海，冯长春，刘长青 . 荷兰空间规划体系及其新动向[J]. 国际城市规划，2014，29(5)：89-94.

[2] 胡序威.对如何理顺空间规划的历史回顾[EB/OL].(2019-01-28)[2022-09-20]. https://mp.weixin.qq.com/s/u1Ii46gS6SakX5lX2Rje6g.
[3] 钱慧，罗震东.欧盟“空间规划”的兴起、理念及启示[J].国际城市规划，2011，26(3)：66-71.
[4] 刘小丽.跨界合作下的欧盟空间规划实践经验及对珠三角规划整合的启示[D].广州：华南理工大学，2012.
[5] 徐杰，周洋岑，姚梓阳.英国空间规划体系运行机制及其对中国的启示[C]// 中国城市规划学会.规划60年：成就与挑战：2016中国城市规划年会论文集.北京：中国建筑工业出版社，2016：12.
[6] European Commission. The EU compendium of spatial planning systems and policies, regional development studies 28[R]. Luxembourg: Office for Official Publications of the European Communities, 1997.
[7] 周姝天，翟国方，施益军.英国空间规划经验及其对我国的启示[J].国际城市规划，2017，32(4)：82-89.
[8] 蔡玉梅，陈明，宋海荣.国内外空间规划运行体系研究述评[J].规划师，2014，30(3)：83-87.
[9] 谢敏.德国空间规划体系概述及其对我国国土规划的借鉴[J].国土资源情报，2009(11)：22-26.
[10] MSTOP H J M. Dutch national planning at the turning point: rethink institutional arrangement[M]//ALTERMAN R. National-level planning in democratic countries: an international comparison of city and regional policy-making. Liverpool: Liverpool University Press, 2001.
[11] 周静，胡天新，顾永涛.荷兰国家空间规划体系的构建及横纵协调机制[J].规划师，2017，33(2)：35-41.
[12] 蔡玉梅，高延利，张丽佳.荷兰空间规划体系的演变及启示[J].中国土地，2017(8)：33-35.
[13] 施源.日本国土规划实践及对我国的借鉴意义[J].城市规划汇刊，2003(1)：72-75，96.
[14] 林坚，陈霄，魏筱.我国空间规划协调问题探讨：空间规划的国际经验借鉴与启示[J].现代城市研究，2011，26(12)：15-21.
[15] 翟国方.日本国土规划的演变及启示[J].国际城市规划，2009，24(4)：85-90.
[16] 谢英挺，王伟.从“多规合一”到空间规划体系重构[J].城市规划学刊，2015(3)：15-21.
[17] 郭睿达.德国空间规划体系及对中国的启示[D].武汉：华中师范大学，2017.
[18] 于立.控制型规划和指导型规划及未来规划体系的发展趋势：以荷兰与英国为例[J].国际城市规划，2011，26(6)：56-65.
[19] 蔡玉梅，吕宾，潘书坤，等.主要发达国家空间规划进展及趋势[J].中国国土资源经济，2008，21(6)：30-31，48.
[20] 孙玥.荷兰：第五个空间规划：保持增长与环境的平衡[J].宏观经济管理，2004

(1): 52-55.
[21] 姜涛 . 一种新的生态和管治哲学：荷兰国家空间战略及其对中国战略性规划的意义[J]. 规划师，2009，25(5)：82-87.
[22] 高春茂 . 日本的区域与城市规划体系[J]. 国外城市规划，1994，9(2)：35-41.
[23] 穆占一 . 均衡发展之路：日本国土规划的历程及特点[J]. 中国党政干部论坛，2012(3)：56-57.
[24] 包晓雯 . 英国区域规划的发展及其启示[J]. 上海城市规划，2006(4)：54-58.
[25] 张杰 . 英国 2004 年新体系下发展规划研究[D]. 北京：清华大学，2010.
[26] 陈志敏，王红扬 . 英国区域规划的现行模式及对中国的启示[J]. 地域研究与开发，2006，25(3)：39-45.
[27] 张岩 . 海岛县主体功能区划研究：以玉环县为例[D]. 大连：辽宁师范大学，2009.
[28] 王筱春，张娜 . 德国国土空间规划及其对云南省主体功能区规划的启示[J]. 云南地理环境研究，2013，25(1)：44-52，58.
[29] 张志强，黄代伟 . 构筑层次分明、上下协调的空间规划体系：德国经验对我国规划体制改革的启示[J]. 现代城市研究，2007，22(6)：11-18.
[30] 于立 . 规划督察：英国制度的借鉴[J]. 国际城市规划，2007，22(2)：72-77.
[31] 陈利 . 荷兰国土空间规划及对中国主题功能区规划的启示[J]. 云南地理环境研究，2012，24(2)：90-97.
[32] 高国力 . 新加坡土地管理的特点及借鉴[J]. 宏观经济管理，2015(6)：86-88，92.
[33] 徐颖 . 日本用地分类体系的构成特征及其启示[J]. 国际城市规划，2012，27(6)：22-29.
[34] 潘海霞 . 日本国土规划的发展及借鉴意义[J]. 国外城市规划，2006，21(3)：10-14.
[35] 孙斌栋，殷为华，汪涛 . 德国国家空间规划的最新进展解析与启示[J]. 上海城市规划，2007(3)：54-58.
[36] 蔡玉梅 . 不一样的底色不一样的美：部分国家国土空间规划体系特征[J]. 资源导刊，2014(4)：48-49.
[37] 金家胜，王如松，黄锦楼 . 城市生态的共轭调控方法：以门头沟共轭生态修复为例[C]// 科技部，山东省人民政府，中国可持续发展研究会 .2010 中国可持续发展论坛 2010 年专刊(一). 北京：中国可持续发展研究会，2010：397-401.
[38] 刘婷婷 . 超大城市郊区小城镇发展模式研究：以上海新市镇为例[D]. 上海：上海师范大学，2009.
[39] 刘锐 . 大城市边缘区城乡一体化发展研究：以天津市津南区为例[D]. 天津：天津大学，2014.
[40] 孙娟，郑德高，马璇 . 特大城市近域空间发展特征与模式研究：基于上海、武汉的探讨[J]. 城市规划学刊，2014(6)：68-76.
[41] 杨东峰，殷成志 . 可持续城市理论的概念模型辨析：基于“目标定位—运行机制”的分析框架[J]. 城市规划学刊，2013(2)：39-45.
[42] 马世骏，王如松. 社会—经济—自然复合生态系统[J]. 生态学报，1984，4(1)：1-9.

[43] 郭丕斌 . 新型城市化与工业化道路：生态城市建设与产业转型[M]. 北京：经济管理出版社，2006.
[44] 王如松 . 绿韵红脉的交响曲：城市共轭生态规划方法探讨[J]. 城市规划学刊，2008(1)：8–17.
[45] 阳文锐，何永 . 基于共轭生态理论的低碳城市规划策略[C]// 中国城市科学研究会 . 2010 城市发展与规划国际大会论文集 . 秦皇岛：中国城市科学研究会，2010：278–285.
[46] 李和平，谢正伟 . 山地城市建设与非建设用地共轭机制：以四川广安官盛新区经济技术开发区概念规划为例[J]. 规划师，2014，30(8)：109–114.
[47] 朱霞，张璇. 自然与城市的共融：共轭生态理论视角下的涟源政务中心规划[J]. 华中建筑，2014，32(1)：61–64.
[48] 金涛，林文棋 . 区域共轭生态规划探论：以黄河三角洲生态规划为例[J]. 城市规划，2009，33(7)：59–63.
[49] 史永亮 . 城市用地规划管理的共轭生态方法研究[D]. 北京：中国科学院大学，2007.
[50] 金家胜 . 矿区受损生态系统的共轭生态修复规划方法研究：以北京门头沟区为例[D]. 北京：中国科学院大学，2011.
[51] 陈铭，郭键，伍超 . 国内基于情景规划法的城市规划研究综述[J]. 华中建筑，2013，31(6)：20–22，19.
[52] KAHN H，WIENER A. The year 2000[M].New York：MacMillan，1967.
[53] 吴宝安 . 基于情景规划的扬州港口物流园区发展战略[J]. 城市问题，2009(12)：43–49.
[54] 周杰 . 情景规划思想和 MCDA-GIS 技术在城市规划中的应用[J]. 计算机与信息技术，2012(1)：16–19.
[55] 张立，陈晨，刘振宇 . 情景规划方法在大区域城镇化研究中的应用：基于劳动力供需模型[J]. 城市规划，2013，37(6)：31–36，62.
[56] 俞孔坚，周年兴，李迪华 . 不确定目标的多解规划研究：以北京大环文化产业园的预景规划为例[J]. 城市规划，2004，28(3)：57–61 .
[57] 丁成日，宋彦，张扬 . 北京市总体规划修编的技术支持：方案规划应用实例[J]. 城市发展研究，2006，13(3)：117–126.
[58] 赵珂，赵钢 . 复杂性科学思想与城市总体规划方法探索[J]. 重庆大学学报(社会科学版)，2006，12(4)：12–17.
[59] 于立 . 后现代社会的城市规划：不确定性与多样性[J]. 国外城市规划，2005，20(2)：71–74.
[60] 洪彦 . 基于情景规划分析的城中村发展研究框架构建：以深圳市南山区南头古城研究为例[J]. 内蒙古农业大学学报(社会科学版)，2011，13(4)：209–211.
[61] 刘滨谊，王玲 . 预景规划方法在概念规划中的应用：以马鞍山市江心洲发展概念规划为例[J]. 规划师，2007，23(9)：81–84.
[62] 罗绍荣，甄峰，魏宗财 . 城市发展战略规划中情景分析方法的运用：以临汾市为

例［J］. 城市问题，2008（9）：29–34.
［63］仲量联行 . 社区更新新趋势：“渐进式更新”与“微更新”［J］. 中国房地产，2021（1）：78–79.
［64］徐代明 . 基于产城融合理念的高新区发展思路调整与路径优化［J］. 改革与战略，2013，29（9）：31–34.
［65］李晨，樊华. Desakota 地区城乡空间统筹路径探讨［J］. 规划师，2013，29（9）：134–138.
［66］许学强，李郇. 珠江三角洲城镇化研究三十年［J］. 人文地理，2009，24（1）：1–6.
［67］刘传江 . 中国自下而上城市化发展的制度潜力与创新［J］. 城市问题，1998（3）：11–14.
［68］李孟其，高伟 .Desakota 理论对珠三角城市化进程研究的影响及启示［J］. 南方建筑，2011（4）：94–95.
［69］景普秋，张复明 . 城乡一体化研究的进展与动态［J］. 城市规划，2003，27（6）：30–35.
［70］PORTUGALI J. Self-organization and the city［M］. Berlin：Springer Verlag，1999.
［71］许国志. 系统科学［M］. 上海：上海科技教育出版社，2000.
［72］陈彦光 . 自组织与自组织城市［J］. 城市规划，2003，27（10）：17–22.
［73］郑京淑，刘力，韩凤 . 论“柔性”的内涵及其对经济地理学研究的启迪［J］. 经济地理，2003，25（5）：582–586.
［74］翟俊 . 走向人工自然的新范式：从生态设计到设计生态［J］. 新建筑，2013（4）：16–19.
［75］郑艳婷，刘盛和，陈田 . 试论半城市化现象及其特征：以广东省东莞市为例［J］. 地理研究，2003，22（6）：760–768.
［76］王玉波，唐莹 . 国外土地利用规划发展与借鉴［J］. 人文地理，2010，25（3）：24–28.
［77］梁鹤年 . 简明土地利用规划［M］. 谢俊奇，郑振源，冯文利，等译 . 北京：地质出版社，2003.
［78］蔡玉梅，郑振源，马彦琳 . 中国土地利用规划的理论和方法探讨［J］. 中国土地科学，2005，19（5）：31–35.
［79］陈秀贵 . 耕地变化驱动力及耕地保护对策研究：以钦州市为例［D］. 徐州：中国地质大学，2012.
［80］严金明 . 新形势下土地规划转型发展探讨［J］. 行政管理改革，2016（1）：37–42.
［81］杨保军，张菁，董珂 . 空间规划体系下城市总体规划作用的再认识［J］. 城市规划，2016，40（3）：9–14.
［82］DEBOUDE P，DAUVIN J C，LOZACHMEUR O. Recent developments in coastal zone management in France：the transition towards integrated coastal zone management（1973—2007）［J］. Ocean & coastal management，2008，51（3）：212–228.
［83］阿姆斯特朗，赖纳 . 美国海洋管理［M］. 林法宝，郭家梁，吴润华，译 . 北京：海洋出版社，1986.
［84］约翰・克拉克 . 海岸带管理手册［M］. 吴克勤，杨德全，盖明举，译 . 北京：海洋出版社，2000.

[85] European Communities. European spatial development perspective[Z]. Luxembourg: Office for Official Publications of the European Communities, 1997.
[86] ODPM. Planning policy statement 7: sustainable development in rural areas[Z]. London: ODPM, 2004.
[87] WONG C, QIAN H, ZHOU K. In search of regional planning in China: the case of Jiangsu and the Yangtze Delta[J]. Town planning review, 2008, 79(2-3): 143-176.
[88] FRIEDMANN J. Strategic spatial planning and the longer range[J]. Planning theory & practice, 2004, 5(1): 49-67.
[89] HEALEY P. Urban complexity and spatial strategies: towards a rational planning for our times[M]. London: Routledge, 2007.
[90] 陈婧，史培军．土地利用功能分类探讨[J]．北京师范大学学报（自然科学版），2005，41(5)：536-540.
[91] 岳健，张雪梅．关于我国土地利用分类问题的讨论[J]．干旱区地理，2003，26(1)：78-88.
[92] 周炳中，陈浮，包浩生，等．长江三角洲土地利用分类研究[J]．资源科学，2002，24(2)：88-92.
[93] 周宝同．土地资源可持续利用基本理论探讨[J]．西南师范大学学报（自然科学版），2004，29(2)：310-314.
[94] 邓红兵，陈春娣，刘昕，等．区域生态用地的概念及分类[J]．生态学报，2009，29(3)：1519-1524.
[95] COSTANZA R, D' ARGE R, DE GROOT R, et al. The value of the world' s ecosystem services and natural capital[J].Nature, 1997(387): 253-260.
[96] 吴箐，钟式玉．城市增长边界研究进展及其中国化探析[J]．热带地理，2011，31(4)：409-415.
[97] 孙小群．基于城市增长边界的城市空间管理研究：以重庆市江北新区为例[D]．重庆：西南大学，2010.
[98] 刘志玲，李江风，龚健．城市空间扩展与"精明增长"中国化[J]．城市问题，2006(5)：17-20.
[99] 蒋芳，刘盛和，袁弘．城市增长管理的政策工具及其效果评价[J]．城市规划学刊，2007(1)：33-38.
[100] 王霄．基于MOLA模型的神农架林区国土空间分区优化研究[D]．武汉：华中农业大学，2018.
[101] 刘慧，樊杰，李扬．"美国2050"空间战略规划及启示[J]．地理研究，2013，32(1)：90-98.
[102] 张可云．主体功能区规划的背景与未来区域管理方向[J]．绿叶，2007(10)：24-25.
[103] 杨海霞．解读全国主体功能区规划：专访国家发展改革委秘书长杨伟民[J]．中国投资，2011(4)：16-21.
[104] 马明印，林航．关于吉林省主体功能区规划的思考[J]．经济视角，2007(12)：47-49.

[105] 陶希东. 公私合作伙伴：城市治理的新模式[J]. 城市发展研究，2005，12(5)：82-84，86.

[106] 曹海军，黄徐强. 城市政体论：理论阐释、评价与启示[J]. 学习与探索，2014(5)：41-46.

[107] 张昊哲，宋彦，陈燕萍，等. 城市总体规划的内在有效性评估探讨：兼谈美国城市总体规划的成果表达[J]. 规划师，2010，26(6)：59-64.

第 2 章专栏来源

专栏 2-1 源自：陈志敏，王红扬. 英国区域规划的现行模式及对中国的启示 [J]. 地域研究与开发，2006，25(3)：39-45.

专栏 2-2、专栏 2-3 源自：笔者根据相关资料整理绘制.

第 2 章图表来源

图 2-1 源自：乔硕庆根据徐杰，周洋岑，姚梓阳. 英国空间规划体系运行机制及其对中国的启示[C]// 中国城市规划学会. 规划 60 年：成就与挑战：2016 中国城市规划年会论文集. 北京：中国建筑工业出版社，2016：12 绘制.

图 2-2 源自：乔硕庆根据吴唯佳，郭磊贤，唐婧娴. 德国国家规划体系[J]. 城市与区域规划研究，2019，11(1)：138-155 绘制.

图 2-3 源自：田青在南京大学城市规划设计研究院北京分院公众号发表的文章《国外空间规划决策管理体系对我国空间规划改革的启示》.

图 2-4 源自：乔硕庆根据张书海，冯长春，刘长青. 荷兰空间规划体系及其新动向[J]. 国际城市规划，2014，29(5)：89-94 绘制.

图 2-5 源自：周静，胡天新，顾永涛. 荷兰国家空间规划体系的构建及横纵协调机制[J]. 规划师，2017，33(2)：35-41.

图 2-6 源自：翟国方. 日本国土规划的演变及启示[J]. 国际城市规划，2009，24(4)：85-90.

图 2-7 源自：田青在南京大学城市规划设计研究院北京分院公众号发表的文章《国外空间规划决策管理体系对我国空间规划改革的启示》.

图 2-8 源自：琳达 · J. 卡顿(Linda J. Carton).

图 2-9 源自：田青在南京大学城市规划设计研究院北京分院公众号发表的文章《国外空间规划决策管理体系对我国空间规划改革的启示》.

图 2-10 源自：袁雯、钱慧在南京大学城市规划设计研究院北京分院公众号发表的文章《空间规划系列之一：国外空间规划的先进方法和经验借鉴》.

图 2-11 源自：田青在南京大学城市规划设计研究院北京分院公众号发表的文章《国外空间规划决策管理体系对我国空间规划改革的启示》.

图 2-12 源自：沈惠伟、臧艳绒在南京大学城市规划设计研究院北京分院公众号发表的文章《基于治理能力提升的空间规划法律体系构建：来自发达国家的经验借鉴》.

图 2-13 至图 2-25 源自：南京大学城市规划设计研究院北京分院项目《汕头市澄海区

城市战略发展规划》.

图 2–26 源自：南京大学城市规划设计研究院北京分院《高淳区发展战略规划与总体规划修编》项目组在标准地图[审图号分别为苏 S(2021)024 号、GS(2020)3189 号]基础上绘制.

图 2–27 至图 2–31 源自：南京大学城市规划设计研究院北京分院项目《高淳区发展战略规划与总体规划修编》.

图 2–32 至图 2–39 源自：南京大学城市规划设计研究院北京分院项目《汕头市澄海区城市战略发展规划》.

图 2–40 至图 2–43 源自：南京大学城市规划设计研究院北京分院项目《汕头市潮南区城乡总体规划(2012—2030 年)》.

图 2–44、图 2–45 源自：南京大学城市规划设计研究院北京分院项目《河北省廊坊市文安县城乡总体规划》.

图 2–46 源自：陈易，徐小黎，袁雯，等 . 陆海统筹规划的新问题、新视角、新方法：基于综合空间规划理念[J]国土资源情报，2015(3)：7–13.

图 2–47 源自：徐小黎 .

图 2–48 源自：南京大学城市规划设计研究院北京分院项目《南通市陆海统筹规划国内外案例研究》.

图 2–49、图 2–50 源自：南京大学城市规划设计研究院北京分院项目《新形势下新一轮土地利用规划编制中城市开发边界划定研究》.

图 2–51 源自：2040 年波特兰大都市区城市增长边界(Metro 2040 Growth Concept).

图 2–52 至图 2–54 源自：南京大学城市规划设计研究院北京分院项目《神农架林区生态与城镇空间管控策略研究》.

图 2–55 至图 2–57 源自：南京大学城市规划设计研究院北京分院项目《吉林省通榆县国家主体功能区建设试点示范方案》.

图 2–58 至图 2–60 源自：南京大学城市规划设计研究院北京分院项目《吉林省市县发展规划方法创新研究》.

表 2–1 源自：周姝天，翟国方，施益军 . 英国空间规划经验及其对我国的启示[J]. 国际城市规划，2017，32(4)：82–89.

表 2–2 至表 2–5 源自：田青在南京大学城市规划设计研究院北京分院公众号发表的文章《国外空间规划决策管理体系对我国空间规划改革的启示》.

表 2–6 源自：袁雯、臧艳绒在南京大学城市规划设计研究院北京分院公众号发表的文章《空间规划实施“三部曲”：钱从哪儿来、地如何用、产如何投》.

表 2–7 源自：沈惠伟、臧艳绒在南京大学城市规划设计研究院北京分院公众号发表的文章《基于治理能力提升的空间规划法律体系构建：来自发达国家的经验借鉴》.

表 2–8 源自：陈易，袁雯 . Desakota 地区的结构性渐进更新：以汕头市潮南区为例[J]. 北京规划建设，2014(4)：76–80.

表 2–9、表 2–10 源自：南京大学城市规划设计研究院北京分院项目《河北省廊坊市文安县城乡总体规划》.

表 2–11 源自：袁雯、杨楠在南京大学城市规划设计研究院北京分院公众号发表的文

章《空间规划应“两种思维”一起抓》.

表 2-12 源自：陈易，徐小黎，袁雯，等 . 陆海统筹规划的新问题、新视角、新方法：基于综合空间规划理念［J］. 国土资源情报，2015（3）：7-13.

表 2-13 至表 2-15 源自：南京大学城市规划设计研究院北京分院项目《新形势下新一轮土地利用规划编制中城市开发边界划定研究》.

3 方法实践，不同领域的规划试点

3.1 试点，各领域对空间规划的初探

3.1.1 多元化的规划改革试点模式①

在空间规划体系改革之前，我国空间规划体系中的规划类型繁多、数量庞杂。各类规划编制主体是各行政级别相似的主管部门，一般采取“政府负责、部门落实、独立编制”的垂直管理形式[1]。发改、住建、国土和环境等部门都有法律或法规所赋予的空间规划权力，这些部门主持编制的主体功能区规划、城乡规划、土地利用规划和生态环境保护规划等空间规划均有各自的规划思路、目标、规范标准、内容重点等，甚至规划范围和期限、数据统计口径、位置坐标等也自成系统。与空间发展相关的社会经济发展规划、各类基础设施规划和区划等也各行其是，不仅造成规划工作重复浪费，而且导致规划方案不一致和不协调，增加了审批难度，令规划实施无所适从。为此，必须进行体制改革，建立起层次清晰和功能融合的空间规划体系。也许正是由于曾经的规划类型过于多样化，因此在规划改革试点中也出现了各类的改革方案和模式。试点地区的出现也意味着规划改革从初期的理论与思想探索迈入了规划试点的落地阶段。

在规划试点中，广西壮族自治区属于较早启动的地区。2003 年广西钦州提出过“三规合一”编制规划，国家发展和改革委员会也在同年选取六市（县）启动了“三规合一”试点，尝试通过规划体制改革试点，使原有的经济发展规划向空间规划领域拓展。但是由于空间规划方面的矛盾还不够突出，各方积极性不高，因而没有出现具有影响力的地方实践。

2006 年，浙江省开展“两规”联合编制试点工作；2008 年，上海、武汉分别合并了国土和规划部门，并开展了“两规合一”的实践探索；2010 年，重庆市开展“四规叠合”工作。2012 年，广州市率先在全国特大城市中，在不打破部门行政架构的背景下，开展“三规合一”的探索工作（2015 年 2 月广州正式合并了国土和规划部门）。自此，各地自发的“多规合一”探索已经如火如荼，呈燎原之势。

2013 年中央城镇化工作会议提出推进规划体制改革，建立空间规划体系，推进规划体制改革，加快规划立法工作。城市规划要由扩张性规划逐步转向限定城市边界、优化空间结构的规划。城市规划要保持连续

性，不能政府一换届，规划就换届。

2014年，为强化政府空间管控能力，习近平总书记在中央城镇化工作会议上做出部署，要求市县探索“三规合一”或“多规合一”，“积极推进市、县规划体制改革，探索能够实现‘多规合一’的方式方法，实现一个市县一本规划、一张蓝图”。2014年5月国务院批转国家发展和改革委员会《关于2014年深化经济体制改革重点任务的意见》，该意见提出将开展空间规划改革试点作为和国家新型城镇化综合试点同等重要的改革任务。2014年8月《国家发展改革委 国土资源部 环境保护部 住房城乡建设部关于开展市县“多规合一”试点工作的通知》（发改规划〔2014〕1971号）发布，选取28个城市为“多规合一”试点城市，开展多规合一的实践探索。也有一些未进入试点单位的市县为协调规划冲突、盘活存量土地，相继开展多规融合的实践探索。2015年6月和2016年4月，中央全面深化改革领导小组又先后批准海南省和宁夏回族自治区开展省级“多规合一”试点。

3.1.2 试点过程较集中显现的问题①

由于试点过程中有关规划改革的顶层设计还在探索过程中，因此各地在试点过程中出现了很多专业层面和管理层面的问题。这些技术障碍和制度障碍在以下几个方面较为凸显：

1）“多规合一”（空间规划）改革过程中出现的技术障碍

具体而言，在“三标”（目标、指标和坐标）体系、内容、规划范围、统计口径、规划期限、实施刚性等方面不统一，以致需要较大工作量建立统一的“标准”和“规范”。以下仅以土地利用规划和城乡规划为例，以这两种规划的差异性来分析“多规合一”过程中所出现的种种障碍。这些技术障碍实际上一直都存在，在规划改革真正启动之前就已经成为规划业界不断争论的话题。

（1）规划编制体系不同

土地利用总体规划体系属于自上而下、严格闭环的规划体系，是按照行政区（如国家、省、市、县、乡镇）的层次来划分。上层规划指导下层规划，反映着上层政府的战略意图和调控意志，其核心在于土地利用规划的编制、管理无论在技术接口还是管理接口上都是完全“咬合”的。与之相比，尽管城乡规划的编制体系也是自上而下分为总体规划、分区规划、控制性详细规划、修建性详细规划等不同空间层次，然而在技术、管理接口上仍有很多灰色空间（管理重叠、管理缺位等）。而且两者虽然均为法定规划，但规划编制和管理的出发点不同，在空间资源分配上易各执一词，地方政府往往选择对自身有利的规划加以实施。城乡规划因为更能反映地方在规划编制和实施中的主导地位，而更容易受到地方政府的青睐。

（2）规划编制目的和内容不同

城乡规划是对一定时期内城乡社会和经济发展、土地利用、空间布局以及各项建设的综合部署、具体安排和实施管理②。城乡规划包括城镇体系规划、城市规划、镇规划、乡规划和村庄规划。城市规划又分为总体规划和详细规划。详细规划又可以根据不同的目标、要求等分为控制性详细规划和修建性详细规划。可见，城乡规划涵盖的范围广，涉及的内容多。

土地利用规划的编制重点相对单一，以规划区域全部土地为对象，以保护生态资源、土地资源可持续发展、合理利用土地增加效益为目标，建立用地节约集约利用策略，落实土地使用功能及管控制度。目标主要包括耕地和基本农田保护目标、土地整治补充耕地目标、城乡建设用地控制规模目标、土地节约集约利用目标等[2]。

（3）规划编制的思路不同

土地利用总体规划的编制思路是从总体到局部、由上而下分级开展的方法，通过上一级规划下达的各项控制指标来确定各类用地规模。土地利用主要采用“以供定需”的方法，重在刚性控制，以供给制约和引导需求。假设需要扩张城市建设用地，土地整理开发复垦是挖掘存量土地、集约利用土地、促进土地资源的可持续利用的有效手段。

城市总体规划采用自上而下与自下而上相结合的工作方法，综合分析城市自然科学、人文地理、产业经济等因素，根据分析结果设想未来城市发展的多种可能性，根据《城市用地分类与规划建设用地标准》（GB 50137—2011）预测规划期末人口及城镇化水平所需要的建设用地规模。

“以供定需”和“需求为上”的不同的规模预测方法，使得“两规”在规划结果上迥异。土地利用总体规划刚性更强，确定的建设用地规模指标往往小于城市总体规划确定的建设用地规模[3]。城市规划虽然也具有刚性，但有相对弹性来应对多变的市场，甚至可通过正式修编来调整具有法令性的规划。用地布局的思路有较大冲突。土地利用规划强调指标刚性控制，并强调按照土质情况划分优质耕地，对其加以优先保护。城市规划从优化城市空间结构的角度出发进行用地布局，更倾向于以土地的区位条件来评价和利用土地资源，并以此为基础进行空间规划。

（4）对用地控制的要求不同

土地利用规划更加注重对土地利用的通盘考虑，强调建设用地的规模边界控制，各级建设用地扩展边界不得随意突破和修改。城市规划更加注重建设用地空间结构和各类用地空间布局，对各级建设用地的边界控制没有明确要求。当需要扩大建设用地以满足地方建设项目的用地需求时，可以适当修改[4]。

（5）用地分类和统计口径不同

土地利用规划的用地分类标准据《中华人民共和国土地管理法》和国土资源部办公厅《市县乡级土地利用总体规划编制指导意见》的规定，采用三级分类体系，包括一级类 3 个，二级类 10 个，三级类 17 个。《城市用地分类与规划建设用地标准》(GB 50137—2011)、《镇规划标准》(GB 50188—2007)以及《风景名胜区规划规范》(GB 50298—1999)对城乡规划中的城市建设用地、镇区建设用地、风景区建设用地进行了分类，其中城市用地为10大类、46中类和73小类。土地利用规划和城乡规划的建设用地内涵和界定存在重叠和差异。另外，由于分类用地和统计口径不一，极易出现相互交叉、重叠、名称不易区分的现象。例如，城乡规划中的城市用地分类包括城中村用地、机场港口铁路等交通设施用地，而在土地利用规划中的上述用地分别对应农村居民点、交通水利用地等[4]。

土地利用规划使用数据主要来自土地利用年度变更调查资料，城乡规划使用的是城乡规划口径的调查统计资料。资料来源不一，会导致现状基础数据不一，进而易导致用地空间布局的差异性。编制规划使用的地形图比例尺也有出入，城乡规划使用的是1 ∶ 100 000—1 ∶ 2 000的地形图，而土地利用规划使用的地形图比例为1 ∶ 10 000。图件坐标系统与操作平台不一致。城乡规划和环境保护一般使用地方坐标系，使用的软件操作平台主要是计算机辅助制图软件AutoCAD。土地利用规划使用西安80坐标系，在土地利用规划数据库建库时，一般采用地理信息系统软件ArcGIS、MapGIS等。坐标系统与操作平台的不一致，为多规的图件叠加分析带来难度。

(6)规划范围不同

土地利用规划是完整行政辖区全部土地的规划，而城乡规划是区域内需要发展的区域规划。城乡规划是所在地政府通过评估城市发展要求，预测未来的发展方向并划定规划区范围。从实际情况来看，规划区并没有统一的划定标准，不一定按政区划定。城乡总体规划是在城乡规划划定“规划区”的范围内，对规划区内的各项进行综合考虑，尤其是中心城区发展方向和建设用地的空间分布[3]。

(7)规划期限不同

土地利用规划和城乡规划的规划期限一般为15—20年，但短期规划多为5年，同国民经济和社会发展规划的期限相协调。但是城乡规划侧重远期规划，土地利用规划侧重近期规划，两个规划的重点不一致。另外，规划编制时序不同(这几乎是这个时期每次专业讨论会都会涉及的问题)。土地利用规划由市、县、乡镇自上而下依次编制，规划控制指标也是自上而下逐级下达；城乡规划则没有明显的序次。编制时间、时序和规划期限不同步也是“多规合一”的障碍。这使用地规模等规划内容难以比较，更增添了统计口径、分类标准等方面的问题。

2)“多规合一”(空间规划)改革过程中出现的管理体制障碍

(1)“条块”分离，部门制削弱了地方政府的统筹空间规划能力

在政府管理体制方面，自计划经济时期就存在的“条条”和“块块”分离一直延续至今。虽然在改革开放时期通过向地方行政放权，使横向的“块块”体系得以强化，但“分税制”等改革之后，“条条”体系又因为财力集中而逐渐强化，进而更突出了政府部门的分而治之和不相协调，

各部门以各自的利益为出发点，各自为政、各行一套，各部门之间缺乏沟通和协调，从而使得各部门所制定的各项计划及其具体实施的内容之间出现了矛盾。这不仅导致了地方层面综合统筹能力下降，更导致了空间规划管理出现纵向有序性与横向无序性。

部门体系下的事权具有横向扩张性。如城乡规划从拓展部门事权角度出发，以统筹考虑城镇功能布局为由，将城乡规划的内容从点、线拓展到面，试图以城镇建设模式管控全域国土空间。土地利用规划以城乡建设是破坏基本农田的主要原因为由，做起了新增城市建设用地的预测、统筹和分配。而且通过《中华人民共和国城乡规划法》和《中华人民共和国土地管理法》证明，扩张的部门事权已通过法律实现固化。

（2）规划事权界定不清晰

在既有的空间规划体制中，纵向与横向的政府部门的规划事权内涵界定模糊。规划事权与行政事权不匹配在地级市层级最为明显。统筹全市域的规划事权明显缺乏，市辖县的城乡规划、土地利用规划、环境功能区划等均由各县（市）政府组织编制，省政府直接批准，市级层面仅有对市辖区的规划事权，无法统筹协调全市域空间规划和发展。

（3）审批制度不健全

规划之间的审批周期不协调。城乡规划编制审批周期过长，难以及时出台实施，土地利用规划划定建设边界时只能套用已批的旧版城市规划，与现实情况相去甚远，导致两者在具体边界上的交叉打架。

3.1.3 各地规划试点中的有益经验③

由不同部门主导的“多规合一”以各自既有规划为基础，采取各自的技术路线来编制规划，这就成为各种不同类型试点的显著特点。例如，江西省住房和城乡建设厅在试点过程中就明确要求，“多规合一”规划应当“包含”市域城乡总体规划，而更多住建系统的“多规合一”规划是以城乡总体规划为基础，“包容”其他相关规划编制的。而国土资源部所主导的“多规合一”规划则带有鲜明的底线意识和思维，要先划定基本农田等禁建区，再安排发展空间。国家发展和改革委员会所主导的“多规合一”试点则强调以主体功能区规划为基础，以经济和社会发展规划为依据，统筹各类规划，编制形成了统筹全局、统领多规的总体规划。可以说，几类试点都取得了经验，但毕竟根本的制度问题没有解决，都难以做到根本的统一。

《国家新型城镇化规划（2014—2020年）》指出，“适应新型城镇化发展要求，提高城市规划科学性，加强空间开发管制，健全规划管理体制机制”，并要求“推动有条件地区的经济社会发展总体规划、城市规划、土地利用规划等‘多规合一’”。2014年，《国家发展改革委　国土资源部　环境保护部　住房城乡建设部关于开展市县“多规合一”试点工作的通知》（发改规划〔2014〕1971号）发布，提出在辽宁省大连市旅顺口区、黑龙江省哈尔滨市阿城区、黑龙江省同江市、江苏省淮安市、江苏省句容市、江苏省泰州市姜堰区、浙江省开化县、浙江省嘉兴市、浙江省德清县、安徽省寿县、福建省厦门市、江西省于都县、山东省桓台县、河南省获嘉县、湖北省鄂州市、湖南省临湘市、广东省广州市增城区、广东省四会市、广东省佛山市南海区、广西壮族自治区贺州市、重庆市江津区、四川省宜宾市南溪区、四川省绵竹市、云南省大理市、陕西省富平县、陕西省榆林市、甘肃省敦煌市、甘肃省玉门市这28个市县（区）开展“多规合一”试点工作。“多规合一”试点工作的推进强化了政府空间管控能力，实现了国土空间集约、高效、可持续利用，也是改革政府规划体制，建立统一衔接、功能互补、相互协调的空间规划体系的重要基础④。

从规划实践方面来看，在新型城镇化的新要求指引下，很多省市都做出了改革探索的新目标。2014年4月，广东省住房和城乡建设厅提出城乡规划改革的三大任务：第一，强化城乡总体规划的法律地位。研究制定《广东省新型城镇化规划建设管理办法》，简化审批程序。第二，坚持“一张蓝图干到底”，制定《广东省“三规合一”工作指南》。第三，对接全国新型城镇化规划，编制实施广东省新型城镇化规划。以珠三角为试点，探索推进建设用地混合利用、地上地下空间统筹、空间发展权转移等发展开发建设模式创新⑤。2014年6月，为实现规划管理权力下放、重心下移、关口前移，济南市规划局发布了《全面深化规划管理体制机制改革实施纲要》，提出推动规划工作从重管制向管理与服务并重、从重审批向审批与编制并重、从重规划向规划与实施并重转变。福建省厦门市还将城市设计融入控制性详细规划，统筹地下空间、交通市政规划设计和景观规划设计，形成服务规划建设审批管理的审批管理“一张蓝图”[5]。城乡规划也迎来了从技术导向到行政治理导向转变的新时期。

在众多试点当中，山东省桓台县为后来的国土空间规划工作提供了良好的启发，是立足国土资源进行规划改革的典型代表[6]。桓台县规划改革创新构建了“双层次”空间规划体系，在县域层面以“三线”划定为核心实现全域整体管控，以“先质量后空间”为原则优先划定生态保护红线和永久基本农田保护红线；在县域以下层面依据片区的主导功能划定不同类型的管控单元，明确空间管控指标等要求，真正实现规划落地和空间管治[6]。桓台县规划完整应用平台思维，明确树立底线思维，对后来国土空间规划技术架构思路的形成发挥了直接影响。

3.2 空间规划试点过程中的理论思考

3.2.1 空间规划编制中有关价值观的思考⑥

不少规划同行在编制规划，尤其是在拟定核心技术框架的时候都有一个经验，那就是要明确该规划的核心理念。规划不仅仅在解决一个个具体的实际问题，同时也反映着面对这些问题时规划师所持有的“态度”。尽管每一个规划都有自身较为系统的规划理念，然而这些规划理念都会反映所处特定发展时代的特征。就好像吴缚龙教授在其专著《为了发展而规划：中国城市与区域规划》(*Planning for Growth：Urban and Regional Planning in China*)中提到，中国的城市规划体系是建立在以城市“增长机器”为载体的特殊政治和制度基础之上，中国规划的本质是“服务于增长的规划”[7]。

过去30年服务于“快速增长”的各类规划对于“中国奇迹”而言可以说是功不可没的。然而，这种发展模式也带来了很多社会、生态等方面的隐性危机。在“新常态”的大背景下，国家层面已经提出了要让发展红利更加转向社会、转向环境、转向公平。相应地，当下空间规划也应该回归到专注解决民生问题、增进民生福祉、维护社会公平、改善生活环境的初心中。空间规划作为政府治理的重要政策工具，其背后的价值观需要从“为了(地区)增长而规划”转向“为了(人的)更好的发展而规划”。那么，空间规划怎样才能“为了(人的)更好的发展而规划”(Planning for Growing Better)呢？

1)空间正义：从空间资产公共资源的底线管控到协调不同社会群体的多元需求

在原有空间规划体系下，曾经同属于“大建设系统”的城乡规划、土地利用规划、环境保护相关规划等都是为了支持社会经济的稳步、快速发展。当然，这些不同领域的规划也有各自不同的责任。这种以土地利用规划、环境保护相关规划作为安全底线守门人，城乡规划作为城乡建设空间的原有空间规划体系，与始于20世纪80年代后期作为中国城镇化信用基础的“土地财政”治理思路是基本相匹配的。这样一套空间规划的制度体系，虽然今天看来存在各部门相互掣肘、对国土空间的引导和保护上有不少问题的状况，但不可否认的是原有空间规划体系基本完成了保障永久基本农田、保护重要生态自然资源等战略性国土空间的安全底线，以及直接推动了中国城镇化建设的大规模基础设施建设工作的历史任务。

当“不平衡、不充分”逐步替代原有的“物质生产无法满足群众需求”成为社会主要矛盾时，空间资产、公共资源保有、分配和使用的公平性成为规划关注的重点。随着“土地财政”带来的生态破坏、社会结构失衡等负面效应的不断扩张，以及大规模城市基础设施建设期的结束，中国的城市化由量的扩张转入质的提升的下一程。原有的空间规划体系在这一过程中，也表现出越来越强烈的不适应性。空间规划需要解决的第一个价值观问题就是空间正义的问题，即发展红利需要共享、公共资源需要保障、代际公平需要保证。

除此之外，越来越多样化的社会需求也倒逼了空间规划需要同时兼顾不同社会群体的诉求，规划的治理工具属性更为凸显。南京大学张京祥等早期介入空间治理研究的规划学者也在此之前明确提出，空间规划的核心要回归空间规划的价值本源中去。“从本质上规划被理解为政府、市场、个体等多元主体之间利益谈判后的契约关系，规划更多地被视为一种保障社会公平的基本手段。”[8]

2）高质量发展：从“建设空间”量的增长到“全域空间”质的提升

过去的增长型空间规划的重点是经济的增长，而且在大多数情况下的“增长”是基于要素路径依赖的增长。具体在国土空间的直观表现就是部门、府际不断博弈后，作为“要素”的建设用地在城镇与农业、生态等类型国土空间之间的转换。这也就是为什么大家一直诟病所谓“粗放式”增长的原因之一。简单的要素路径依赖导致的是量的增加，而鲜有“质”的改变[9]。

现阶段的空间规划作为保障社会公平的主要手段，其重点需要从调控不同类型的国土空间，转换到以服务多元利益主体为目标（而不再是单纯服务于所谓的经济增长）。在三类空间底线格局首先管控清晰的基础上，实现生态保护、社会公平、经济发展等多元目标的协同[9]。也就是说，每一类国土空间可以实现的价值也是多元复合的[9]，空间规划需要以更为宏观、战略性更强的空间观，在“保底线”的基础上，通过制度设计发挥出每一类国土空间的多元复合价值。

3）治理水平提升：从空间用途管控的技术工具到“空间 + 政策”的治理工具

无论是国民经济和社会发展规划、土地利用规划还是城乡规划，原有的空间规划体系都在各自不同的主管部门之下自成体系。在近年各类规划的发展中，规划内容方面都趋向于大而全、综合化，规划对象已经渗透到城乡空间的方方面面。可是在规划执行方面，政府与市场的职责边界却愈加模糊，甚至在规划标准方面也形成了壁垒。以国土系统和住建系统为例，在长期的技术积累下各部门形成了一整套的部门技术标准，标准的差异也对规划实施的严肃性和实效性形成了挑战。

在空间规划改革试点过程中，结合全面提高现代治理水平的方针，业界也开始对空间规划的政策属性进行更深一层次的思考。空间规划应开始从原有的工匠思维向政策思维转变。也只有这样，空间规划才能真正发挥其治理工具的特性，才能在全面提高现代治理水平的一盘棋中承担重要的作用。

3.2.2 基于空间资产保护与使用的空间评价⑦

在本书一开始，我们就提出了空间资产的理念。在空间资产的视角下，国土空间规划体系的实质就是要以合理的制度设计，在有效保护的基础上盘活全域空间资产。科学合理地确定国土空间评价单元和评价体系是保护和盘活国土空间资产的基础，也是后续进行国土空间管理、政策实施效果跟踪评价以及后期修改和调整的基本前提。

既然是空间资产，当然就会牵涉这个“资产”应该如何评价。关于空间规划中的空间评价有很多的观点，如“双评价”“三评价”等等。甚至同样是“双评价”，不同的研究中所采取的方法和因子也有很大的不同。有关空间评价的研究很早就已经开始，只是大多将这项研究作为规划分析过程中的一个可选项。也许正是因为这个原因，在很长一段时间内空间评价有诸多不同的方法和思路。在下文中，我们将从划分单元和评价体系两个维度对国土空间的划分方式，即主体功能区规划中的四类主体功能区，空间规划研究中的城镇、农业、生态三类空间，做一个简单比较。同时通过对欧盟、美国、日本空间规划等相关内容的简单述评为空间规划体系空间单元和评价体系的研究提供借鉴。

1）关于四类主体功能区与三类空间的比较

在评价单元上，国家主体功能区规划明确规定：“国家层面的四类主体功能区不覆盖全部国土，优化开发、重点开发和限制开发区域原则上以县级行政区为基本单元，禁止开发区域按照法定范围或自然边界确定。”⑧ 三类空间目前处于探索阶段，现有的空间规划相关政策并未对三类空间的划分单元进行明确说明，在已经推行的各试点区中，较多是以乡镇（街道）级行政区划为基本单元进行空间划定，生态空间按照法定范围或自然边界进行确定。

在评价体系方面，主体功能区包括三个方面：区域的资源环境承载能力、现有开发强度以及未来发展潜力。其中资源环境承载能力指特定区域的资源禀赋和环境容量所能承载的经济规模和人口规模，包括水、土地等自然资源，生物多样性，生态敏感性等；现有开发强度主要指特定区域工业化、城镇化的程度，包括土地资源、水资源开发强度等；未来发展潜力包括经济社会发展基础、科技教育水平、区位条件、历史和民族等地缘因素，以及国家和地区的战略取向等。相比之下，对于空间规划中的空间划分，规划试点时期并未形成统一的标准，提的比较多的是城镇空间、生态空间和农业空间三类空间的划分标准（表 3–1）。

表 3–1　三类空间划定的一般方法

步骤	内容
第一步	单指标评价和开发适宜性综合评价
第二步	按照生态优先原则，结合环境功能区划等规划，将未来不用于城镇开发、农业生产和农村生活的土地优先归入生态空间
第三步	结合土地整治规划、土地利用总体规划等，确定耕地和永久基本农田保护范围、农村居民点范围等，划定农业空间
第四步	采用指标定量评价和战略定性选择相结合的方法划定城镇空间

2）西方国家关于空间类型划分及其评价体系的典型类比

（1）美国的空间划分与评价

《美国 2050 空间战略规划》在县（市）级层面建立了对经济发展相对滞后地区（作为国家政策重点扶持的地区）的统一识别标准，也就是说其基本的评价单元是全国 3 000 多个县（市）（图 3–1）。

在这个空间战略规划中，规划空间评价体系简单而明了，其构建原则是依据统一标准，科学而准确地识别需国家政策重点扶持的问题区域。《美国 2050 区域发展新战略》在县（市）级层面，建立了经济较为发达的巨型都市区域和经济发展相对滞后地区（作为国家政策重点扶持的地区）的统一识别标准（图 3–2、图 3–3）。例如，经济发展相对滞后的问题区域的识别具体包括四类指标：人口变化（1970—2006 年）、就业变化（1970—2006 年）、工资变化（1970—2006 年，扣除通货膨胀因素）、工资平均水平（2006 年）。对于城市地区，则用人均收入替代工资，基年调整为 1980—2007 年。针对三类区域，《美国 2050 空间战略规划》分别提出了不同的发展政策，以因地制宜地实现国家和区域层面政策的精准供给。

（2）三级分类：欧盟空间规划

为了进行欧盟范围内的区域统计分析工作，1988 年欧盟立法者委员会正式启动欧洲标准地区统计单元（Nomenclature of Territorial Units for Statistics，NUTS）的划分工作。NUTS 是欧盟空间规划中区域社会经济状况分析和区域政策制定的基础，是欧盟空间规划的基本地域单元。NUTS 的划分主要采用三级划分体系，所有成员国都被划分为三层 NUTS 区域[10]。其中，一级“NUST1”将各个成员国全部覆盖到，然后在一级“NUST1”的基础上分出二级“NUTS2”，二级再分为三级“NUTS3”。

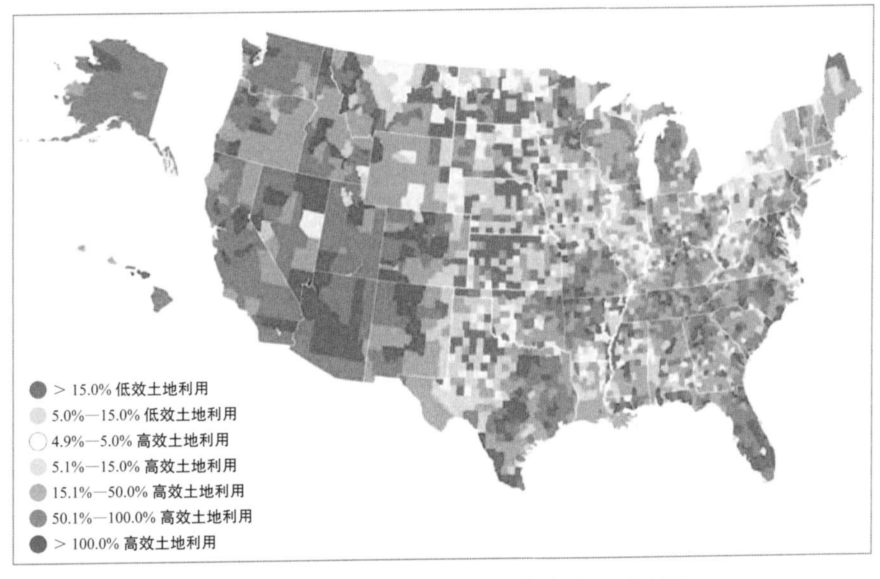

图 3–1 《美国 2050 空间战略规划》之土地利用

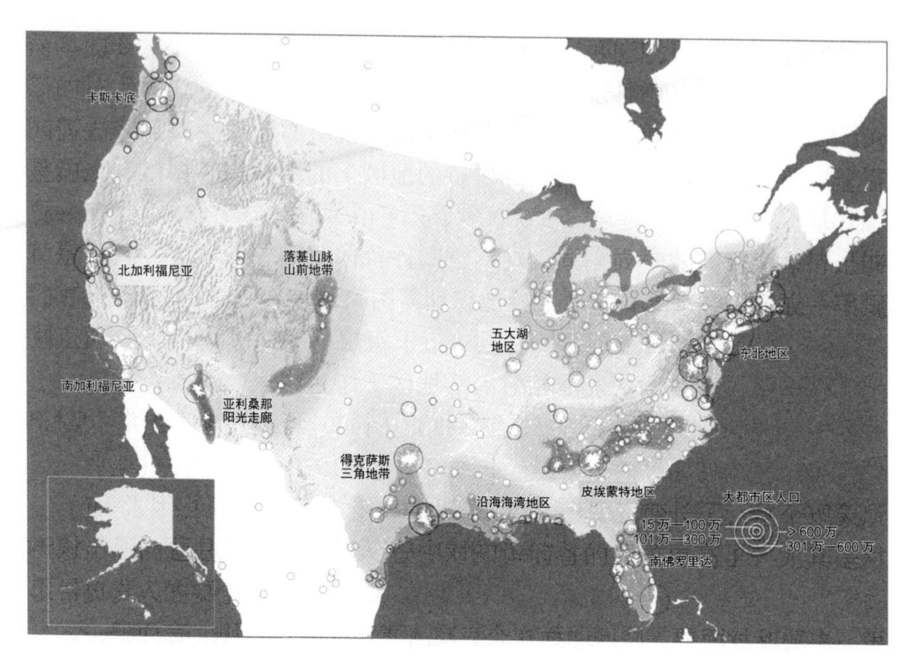

图 3-2　经济较为发达的巨型都市区域

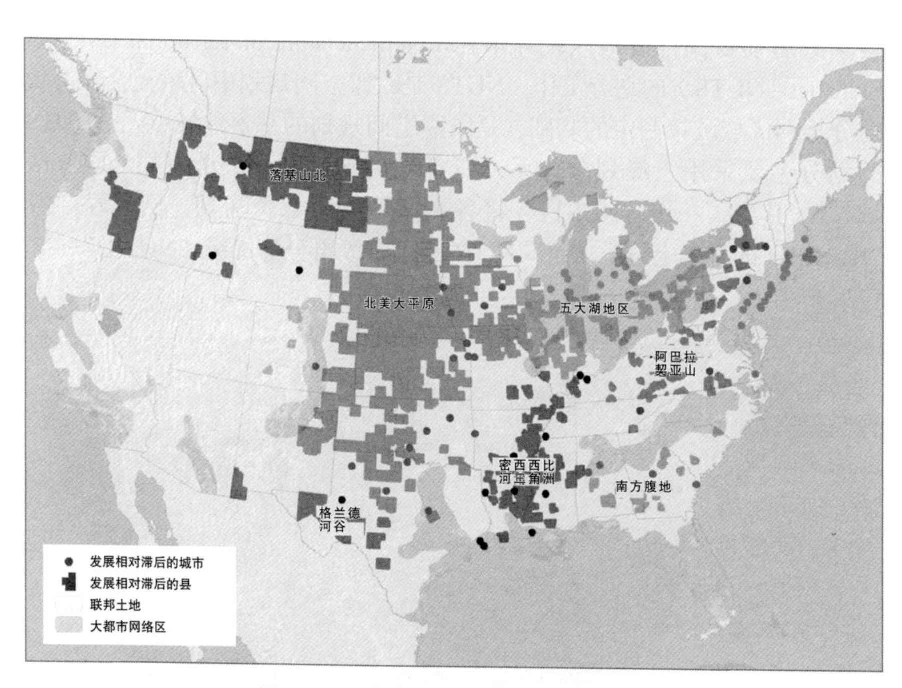

图 3-3　经济发展相对滞后的问题区域

在 NUTS 划分单元的基础上，欧盟空间规划建立了一套空间发展评价指标体系。《欧洲空间发展展望》(ESDP) 提出了空间发展评价的 7 项标准，分别为地理位置、空间融合、经济实力、自然资源、文化资源、土地利用压力、社会融合[11]。之后《欧洲空间规划研究计划》

（Study Program on European Spatial Planning，SPESP）将评价标准进一步发展为可量化的指标。评价指标体系的构建为下一步的功能区划分以及空间政策补给奠定了科学的基础。

为了保障空间规划战略的顺利实施，欧盟制定了一系列统一框架下的政策措施，包括基金建立、监测评估、监测网络建设等[10]。其中在基金政策方面，欧盟针对不同的 NUTS 分级区域的实际发展需求，给予了精准的基金政策供给，如凝聚基金主要用于 NUTS2 区域，统计人均国民总收入（Gross National Income，GNI）低于欧盟平均水平 90% 的区域[10]。

（3）八大广域都市圈：第六次日本全国国土规划

日本第一次到第五次国土综合开发规划的主要依据是《国土综合开发法》。2005 年，《国土综合开发法》被修订为《国土形成规划法》，以此作为第六次国土开发工作的依据。相较于前五次的国土综合开发规划，最新一版的日本国土形成规划的一个重要创新点，是提出了构筑多样化广域都市圈的新型国土结构，并以广域都市圈作为基本的规划单元。

国土形成规划明确提出，将日本的国土空间以广域都市圈为划分单元。规划按自立发展程度、国际竞争力、国民安居乐业环境成熟度、自然、经济、社会、文化因素以及各阶层规划协议会等指标因素，划分出多个广域都市圈，分别为首都圈、北陆圈、中部圈、近畿圈、四国圈和九州圈等[12]。

对于各广域都市圈的空间政策供给主要分为以下两个层面：

一方面是基本政策供给（共性政策供给），为实现新的国土构想和战略目标，各领域的方针政策需要相互合作，有效地加以实施[13]。为此，规划按照政策领域分别从地区完善、产业发展、文化及旅游、交通及卫星通信、防御灾害、国土资源及海域开发保护、环境保护及景观形成、新型行政主体的地区建设八个方面，进行了方向和措施说明。

另一方面是针对性政策供给（差异化政策供给），在筹划制定广域都市圈规划时要明确，通过对地域现状的分析掌握地域的特性，起草面向地域发展的独特性地域战略，根据独特的地域战略有重点地、有选择地投入资源等内容[13]。

3）国内外空间评价体系对比研究的启示

（1）构建有效评价体系，科学识别空间类型

不论是美国、英国还是日本，可以看到其空间规划的第一项工作都是构建科学空间评价标准体系，对需要政策重点支持的地区进行科学识别，以保证区域政策的有效性。

相比之下，我国原有的空间性规划（如国土规划、城镇体系规划等）在制定过程中并没有建立统一的判别标准，既有按照区块划分的（如东、中、西地区），也有以人口特征为标准划分的（如少数民族聚集地区、革命老区、牧区等），还有以流域、资源环境状况、贫困水平等作为区域政策选择的标准[14]。

尽管主体功能区规划提出要以区域的资源环境承载能力、现有开发强度、未来发展潜力三大类指标对规划单元进行评价，然而这三大类指标更多地体现资源本底条件和地区总体经济发展以效率为核心，人均收入变动、就业水平变动等能更真实地反映地区发展效率的指标并未被纳入考虑。

（2）准确划定空间分类，实现政策精准供给

对空间规划单元进行评价的目的不是为了评价而评价，而是为了在对各地区进行统一、科学评价的基础上，实现政策的精准化供给。从前述可以看到，无论是《美国2050空间战略规划》、欧盟的《欧洲空间发展展望》（ESDP），还是日本的国土形成规划，都在各自建立的评价基础上划分了重点政策区，并且规划的主体内容基本上都是围绕着确定的、不同类型的政策区讨论相应的配套发展政策。

在我们以往的规划实践中，经常性会出现对空间形态、对用地管控的重视和关注，而轻视甚至忽视了政策制定。在传统城乡规划体系中，规划实施更看重“落地”。殊不知，政策制定与执行也是极其重要的“规划落地”的途径之一。

（3）强调公平发展机会，而非人为均衡发展

美国、欧盟、日本等的空间规划的评价指标，主要是对各地区发展现状进行统一、科学的评价，以客观认识区域之间发展水平的差异，强调在遵循区域经济活动空间聚集的基本规律和效率原则的基础上，顺应客观规律和不同地区的发展趋势，针对不同类型区域所面临的特有问题，提出支持性政策体系。进一步地，支持性政策由传统重视物质资本的投入，转向以“人”为中心的间接政策工具，如劳动力培训、帮助其建立与世界资源之间的联系、技术援助、促进劳动力跨区域流动等。

如果将空间规划作为一种政策工具，界定清楚政府与市场之间的治理边界，那么就很好理解“公平发展机会”的含义。在规划实施层面，政策供给要做的是基于规划空间评价后，聚焦缩小区域之间基本公共服务、发展机会方面的差距，最终通过市场、社会的力量实现空间的自组织。

3.2.3 市县域空间规划改革试点中的“G|R|S”[⑨]

1）为何是“G|R|S”

2015年，《中共中央　国务院关于印发〈生态文明体制改革总体方案〉的通知》（中发〔2015〕25号）中明确提出，空间规划分为国家、省、市县（设区的市空间规划范围为市辖区）三级，研究建立统一规范的空间规划编制机制。在当时的规划改革试点过程中，市县级空间规划是三级空间规划体系中最基础的一级。上文曾提到，要在科学的空间评价基础上，针对不同类型的区域实现政策的精准化供给，只有这样才能增强空间规划的实效性。

由于我国国土空间幅员辽阔，并且经过30多年的快速发展，东部、中部、西部等不同区域之间、同一都市区或城市群内部各市县之间的发展差距巨大。欧美国家时间维度上不同类型、不同理念的空间规划方法论，在我国就表现为在同一时期、在不同类型市县的各自适应性。因此，在我国市县层面很难构建起一个普适性的空间规划方法体系，更为切实可行的是对不同类型市县分别进行讨论。

基于此，我们曾大胆地提出了一个设想，即将不同类型的市县划分为发展型市县（Growing City，即G）、更新型市县（Regenerating City，即R）和收缩型市县（Shrinking City，即S）等。在这个分类的基础上，进一步探讨市县级空间规划中如何实现特定空间的政策精准化供给。

2）什么是“G|R|S”

从字面上的意思可以很容易理解G、R、S三种类型市县的含义，结合三种类型市县的政策设计，我们可以对不同市县的内涵有更深一层的理解。一般而言，我们可以从“目标优化—模式优化—实施优化”三个方面去解析不同市县的政策设计要点。

（1）发展型市县

① 目标优化：优化增量城镇空间资产，让增长变精明

规划目标从经济增长的单一目标转向经济、社会、环境共同发展的多元目标导向，在保护“生态底线”与提高公民生活质量的前提下，鼓励增量空间资产的高效利用。

② 模式优化：从粗放型扩张转为精明式开发

从大规模工业区或新城开发建设，转向以公共交通为导向的开发（Transit-Oriented Development，TOD）、以体育运动设施为导向的开发（Stadium and Gymnasium Oriented Development，SOD）、以生态环境为导向的开发（Ecology-Oriented Development，EOD）等模式为基础的土地资源集约化、服务设施集约化的可持续精明发展模式。

以我国香港地区以公共交通为导向的开发（TOD）模式下的增量空间开发为例，香港特区政府鼓励开发沿轨道交通车站的综合发展区（半径为500 m）进行。香港特区政府出台了专门法律，规定将轨道站点周边的用地列为一类住宅用地并建议提高开发容积率，结合周边现状用地类型合理定位城市型、居住型与交通型站点模式（表3-2），沿地铁站周边分别布局居住区、商场、停车场、写字楼、步行街与交通换乘枢纽，实现土地高效混合利用与城市的职住平衡。精明的发展模式保证了城市交通的通畅与交通污染的控制，在给居民提供了极大方便的同时，也实现了政府、开发商、本地居民的多方共赢。

同时，政府通过建设用地分阶段供给、开发动态评价等方式，保证“空间资产”少量而有效地供给利用。例如，英国的区域空间战略（RSS）中的规划政策可持续评估（SA）机制就是改善决策质量并确保其符合可持续发展目标的重要环节。《城乡规划（区域规划）（英格兰）条例2004》规

表 3-2　我国香港地区以公共交通为导向的开发（TOD）模式下的站点模式分类

站点模式	城市型站点	居住型站点	交通型站点
主要用地类型	以大型商场为核心布置停车场、中心绿地，商场上层结合酒店与商住用地，在外围分别布局写字楼与高密度住宅	在站点周围布局少部分商场与居住绿地，在商场上层布局住宅，在外围布局住宅与休憩性绿地	在站点底层结合绿地布置大规模广场与道路，围绕绿地布局部分商场与住宅
典型站点	金钟站、九龙站	青衣站	大围站
图示			

定可持续评估（SA）必须伴随区域空间战略（RSS）的修订同时进行，这就为区域空间战略（RSS）在不同阶段的制定提供了充分的数据基础与参考信息。在评价过程中融入多方价值判断与利益关系权衡，从而可以反复评估区域空间战略（RSS）的修订内容（图 3-4）。

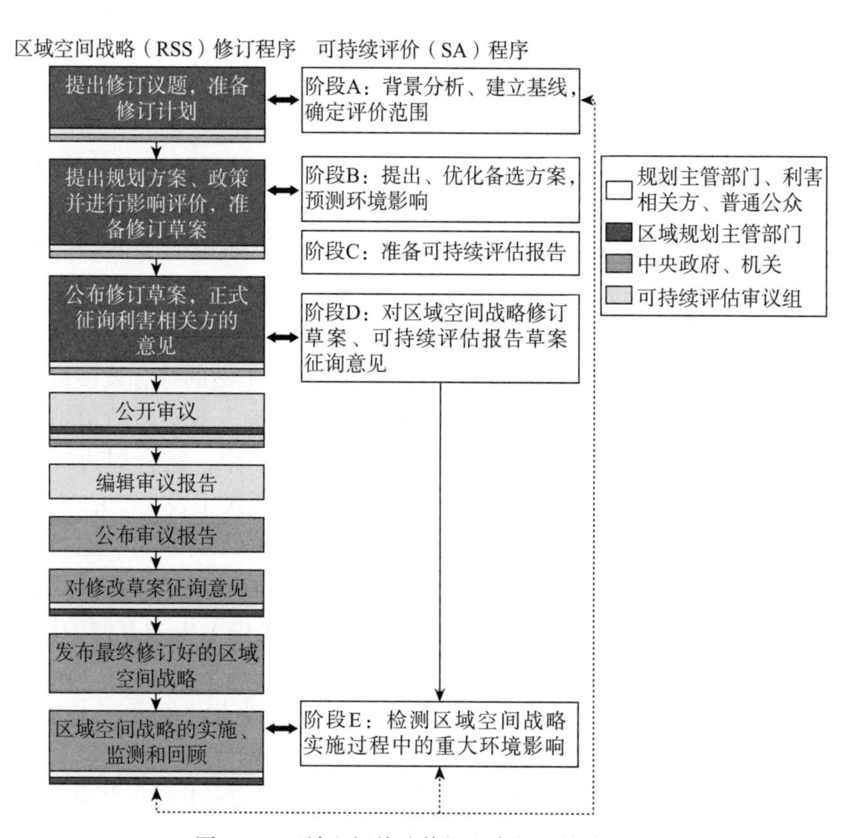

图 3-4　区域空间战略修订程序与可持续评价程序关系

③ 实施优化：政策干预做到“有限而到位”

“二八原则”是个普遍存在于各个领域的规律，对于政策干预而言也不无道理。政府有重点地制定针对重点发展区域或重点项目的鼓励优惠政策，构建好政策执行的评估标准与监督机制，专注公共基础设施的建设与社会福利的完善。同时，将具体的开发方案交由市场来决定、实施。通过政府和社会资本合作（Public-Private Partnership，PPP）、民间主动融资（Private Finance Initiative，PFI）、建设—拥有—经营（Building-Owning-Operation，BOO）等具体合作方式，鼓励社会各界的共同参与。

以荷兰的土地开发为例，政府只针对绿地等用于公共服务场所的土地开发采取“主动土地政策”，即政府购买土地并进行服务设施的修建，而将土地上的其他可建设用地则在分割后租给开发者，同时针对非公共服务用地类型的建设用地采取“被动土地政策”，建设用地的开发在市场的驱动下完成。

（2）更新型市县

① 目标优化：盘活存量城镇空间，规划技术工具向政策工具转变

规划目标以盘活功能性衰退的存量“空间资产”为主。相对于在一张白纸上勾勒最美的蓝图，这类规划的技术工具作用降低不少。大量的协调工作、沟通工作让规划开始转化为通过制度设计来指导开发商、产权所有者、社会公众、地方政府等利益主体之间的空间。通过各方利益集团之间的协调与平衡，提高规划的实效性。

② 模式优化：规划的公共政策属性得到充分体现

除了国家与地方政府给予专项城市更新资金的支持，更新型市县空间规划的重要内容就是要通过合理的制度设计，以政企合作或专业城市开发公司等形式，来协调与组织相关管理部门、当地居民、开发商、社会组织等多方参与城市更新工作中，共同协助规划制定与规划实施。

20 世纪 50 年代到 90 年代期间英国的城市更新过程充分体现了更新地区主要行动者与利益主体角色的变化、更新方式由政府主导到合作的变化，以及更新内容由单一的住房供给到涉及政策全面整合的变化。这一过程也完整地体现了更新型的规划作为政策引导与促进利益协商的重要作用（表 3–3）。

另外，通过土地的灵活置换，明确重点更新地区的功能置换、出让旧城开发权等针对性政策，并在转型升级的同时预留未来空间发展的土地储备，以调控城市各类建设用地的需求。例如，荷兰通过土地开发公司的设立，重点收购用于基础设施与公共事业的用地，并在未开发前以出租的形式将其充分利用。

③ 实施优化：重点项目带动，合作更新建设

曾经有一个规划概念颇为流行，即“触媒”。在城市更新地区通过重点项目带动地区开发，“以点带面”的形成规划实施示范与合作示范，从

表 3-3　英国城市更新政策变迁历程

时期	主要参与者	政策特征
20 世纪 50 年代	国家与地方政府；小部分私人公司	针对新住房空间的持续需求制定相关政策，私人开发要服从公共利益
20 世纪 60 年代	国家内政部	针对严重衰落地区给予资金资助，以完成城市与社会服务
20 世纪 70 年代	政府；私人公司	开始强调城市更新对于经济的复兴，政府制定了七个地区包括住房、规划、工业布局在内的合作更新计划，并提供给私人公司基金，政府与私人公司各取所需，走向以市场为基础的城市更新
20 世纪 80 年代	私人部门为主角；城市开发公司（Urban Development Company，UDC）、企业区（Enterprise Zone，EZ）等合作机构；政府	城市更新议案要设计公共当局、非营利组织、社区和私人部门的利益，政府下放城市开发资助给城市发展与城市再生机构（the Urban Development and Urban Regeneration Grants），城市开发公司（UDC）有决策权、强制购买权等土地管理与处置权力，其通过向开发商提供资助来吸引私人部门； 企业区（EZ）在城市更新中不受规划控制，通常是经济衰落地区，政府基于该类地区的经济刺激，开发商与投资者来决定其用地性质，这对吸引私人部门十分有效
20 世纪 90 年代	私人产业；地方与国家政府；社区；公共志愿部门	政策与实践遵循“新地方主义”，趋向物质、社会与经济战略的整合，成为一个管理型、竞争型与合作型的政策框架。英国策略联盟（English Partnership，EP）建立在城市开发公司（UDC）之上，担任公共、私人、志愿团体与社区的协调者与更新行动管理者，社区新政（New Initiatives）则支持自下而上的城市更新过程，代表了地方社区的利益，强调整体政策中的住房、就业、交通、教育、环境、卫生等社区发展政策

而以高质量渐进式的方式开展城市更新工作。例如，上海曾经推动的一次城市更新计划，就是以“行走上海”为主题设置了包括共享社区计划、创新园区计划、魅力风貌计划、休闲网络计划在内的四大行动计划，并采用“12+X”的弹性方式分别布局重点更新项目（表 3-4）。

（3）收缩型市县

① 目标优化：有限利用开发空间资产、强化区域整体保护

较之以增长为主要目标的区域，收缩型市县空间规划的目标是构筑清晰的生态保护格局、加强区域空间资产的保护。在生态主体功能区规划实施方案编制的过程中，自上而下一直都在强调一个原则，即“面上管控、点上开花”。这句话总结得非常形象，意思也就是在全域范围内，对于收缩地区而言应该加强生态管控。在部分重点地区通过有限开发而盘活最有潜力的“生态空间资产”。注重综合效益的平衡，探求具有地域特色的以保护带动发展、以有限发展反促保护的有效路径。

② 模式优化：从消极制止建设到积极引导发展

区域整体保护并不等同于“一刀切”地看护着空间资产、消极地守护着空间资源，而是要有限却有效地引导地区发展，包括将生态保护、环境教育、科研管理、旅游开发等功能有效统筹起来。

上文提到过荷兰的空间需求较大，进而导致一段时期内发展与保护出现了不平衡的问题，荷兰在发展过程中也一度出现了环境问题。兰斯塔德是荷兰西部的一个城市集聚区，是一个以“绿心”为核心的多中心

表 3-4 上海市城市更新示范项目

计划名称	项目名称	项目位置	行动主题
共享社区计划	曹杨新村社区复兴	普陀区曹杨新村街道	“乐活社区，幸福曹杨”
	万里社区活力再造	普陀区万里街道	“魅力社区，悦行万里”
	塘桥社区微更新	浦东新区塘桥街道	“用思想创造空间，用文化点亮社区”
创新园区计划	张江科学城科创社区更新	浦东新区张江科学城	“活力张江，科创之城”
	环上大国际影视产业社区建设	静安区上海大学（延长校区）周边地区	“四区联动、融合共生”
	紫竹高新区双创环境营造	闵行区紫竹国家高新技术产业开发区	“双创紫竹、活力小镇”
魅力风貌计划	外滩社区 160 街坊空间开放风貌重现	黄浦区外滩街道	“回眸外滩历史、重现街坊风貌”
	衡复“1+1+4”保护性整治	衡复历史文化风貌区	—
	长白社区 228 街坊“两万户”保护置换	杨浦区长白新村街道	“延续历史文脉、留存上海乡愁”
休闲网络计划	黄浦江两岸慢行休闲系统	黄浦江沿线	“漫步滨江，畅游黄埔”“滨江漫步，悦动上海”
	苏州河岸线休闲系统	苏州河沿线	“三轴三区，能级提升”
	万体馆开放健身休闲空间	徐汇区漕溪北路 1111 号	“顶级赛事万体，休闲网络街区”

城市群。20 世纪 50 年代，由于经济发展的需要，空间需求急剧增加，“绿心”被发展所侵蚀，其整体性遭到破坏。在之后的五次国家空间规划中，荷兰采取措施对“绿心”加以保护。20 世纪 90 年代，荷兰政府在保护和恢复“绿心”的政策基础下，鼓励发展旅游业、休闲服务业等，实现“绿心”保护与发展之间的平衡。兰斯塔德地区也成了世界著名的可持续发展典范区域。

可见，区域整体保护并不是单纯的限制开发，而是切实有效地平衡好开发与保护的关系。说到底，还是一个如何树立空间资产价值观的问题。

③ 实施优化

通过加强环保基础设施、防灾减灾基础设施等现代化基础支撑体系建设，制定产业准入负面清单等制度来支持并推动区域产业体系整体绿色转型，再以生态补偿机制等公共政策与制度的设定来促进风景名胜区、历史建筑、文化遗产等“生态空间资产”以及“公共空间资产”的正外部性效益溢出。

例如，上文提到的《神农架林区国土空间综合管控规划》采用“有限发展”促“有效保护”的思路，建立了“政府主导、管经分离、多方参与、分区管理”的综合管理模式，并且在城镇开发边界管理的机制创新上进行了进一步研究。例如，通过在城镇开发边界内外实施不同税率、限定市政基础设施及公共服务设施的空间开发权限、推进神农架林区碳汇交易平台建设等具体实施机制的改革优化来促进“生态空间资产”的有效保护与高效开发建设。

3.3 空间规划试点过程中的实践创新

3.3.1 关于三类空间与空间结构的思考

1）省级适宜性评价与三类空间的思考[⑩]

（1）专项研究的技术路线

2016年，《省级空间规划试点方案》的印发标志着国土空间体系构建试点工作全面展开，提出了包括海南、宁夏、吉林、浙江、福建、江西、河南、广西、贵州在内的九个空间规划试点省份，其中河南是唯一由国土资源部牵头负责的试点省份。作为河南省空间规划编制的核心内容之一，河南省空间规划适宜性评价与三类空间划分专题（简称“三类空间专题”）是统筹布局生态保护、城镇发展、农业发展、土地利用、基础设施、产业发展、人口集聚等各类空间规划要素的基础平台。

在这个项目中，三类空间专题研究在遵循国土空间开发适宜性评价原则的基础上提出了国土空间适宜性评价体系创新版本，即多宜性评价体系。在适宜性评价过程中采用限制性和适宜性评价相结合的方式，以规划目标为导向，利用地理空间基础数据，分别开展包括农业功能适宜性评价、生态功能重要性评价、城镇建设适宜性评价在内的三类国土空间开发多宜性评价，并在此基础上通过判断国土空间主导功能，划定农业、生态和城镇空间（图3–5、图3–6）。评价各个空间内的国土空间开发强度，提出三类空间管控建议。在这次试点过程中，笔者团队反

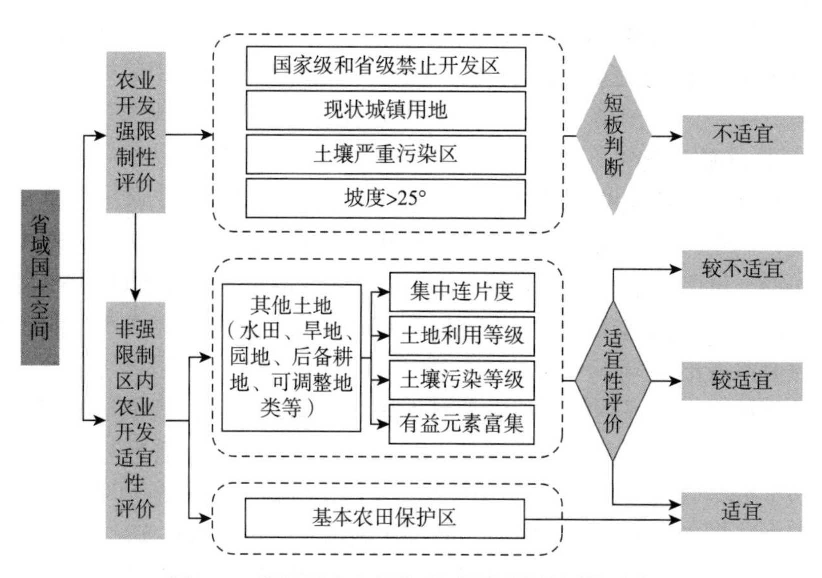

图3–5　省级国土空间农业开发适宜性评价思路

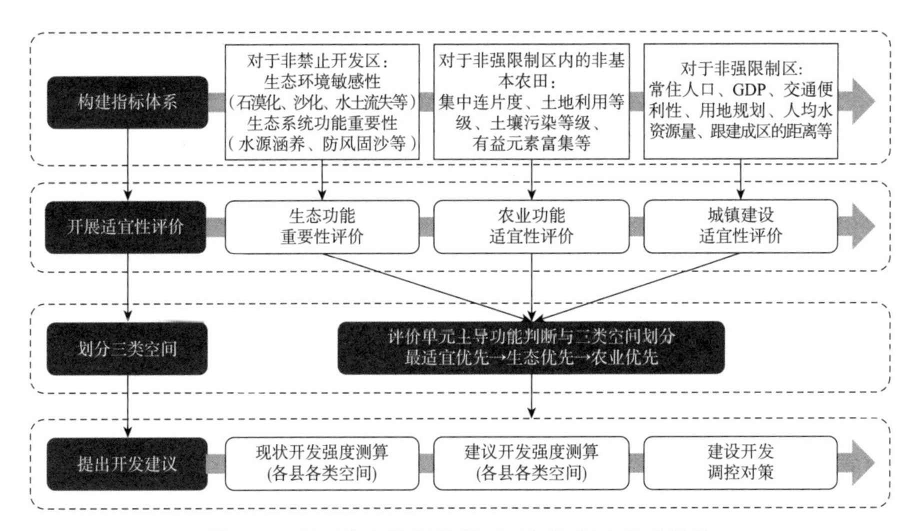

图 3-6　基于多宜性评价的“三区”划定技术路线

复在思考的一个问题是适宜性评价的结果与规划编制、管理、实施之间如何构筑有效、科学的衔接。而这个问题的核心就是，对于规划方案而言，适宜性评价得到的结果是唯一的吗？或者说，适宜性如果是唯一的结果，那么这个结果是绝对科学吗？举一个简单的例子，适宜城镇开发的用地也许也适合农业生产，那么这个空间的选择应如何判断？因此，在研究过程中笔者的一个思路是承认空间存在“多宜性”。在这个基础上，结合不同规划目标的情景获取“现状分析—目标设定—方案选择”的系统性、同时性结论。当然在这次规划实践中，这是一次较为大胆的探索。

（2）专项研究主要创新点

① 国土空间适宜性评价体系创新版本：多宜性评价体系

在“双评价”方法的基础上，通过综合考虑城镇、生态和农业等多功能的适宜性，使得地块功能的评价更符合土地资源的实际情况。在适宜性评价过程中，采用限制性和适宜性评价相结合的方式，既通过适宜评价来深挖用地的潜力，也通过短板效应找到用地的局限。同时，基于多宜性评价的结果进一步构建了从多宜性评价到三类空间初步划定的技术路线。

② 提出以村为三类空间的评价单元，在省级空间规划层面，三类空间不破村

不同于以往以县为评价单元的做法，为体现“一张蓝图管到底”的思想，在研究中笔者以村作为三类空间的基本单元。此法一举两得：一解决了省级空间规划既要体现统筹性，又要为市县空间规划提供有意义的指导，并且留有进一步深化空间的问题；二解决了村庄图斑过于破碎、不易归并的问题，即与最大面积的适宜性空间相一致。

③ 依据评价结果给出三类空间更为细化的空间开发强度管控方向

本次研究不仅给出了以县为单位的全县综合开发强度的管控要求，

而且创新性地给出了各县城镇、农业、生态三类空间的差异化空间管控体系，包括管控指标和管控方向，大大提高了空间规划的可实施性，对地方层面优化空间开发格局具有较强的实践指导意义。

综合区域建设开发现状与建议开发建设强度，揭示了区域的超载、临界和潜力开发状态。根据承载状态的不同，将未来区域内建设开发政策分为适度增长区、减量管控区和现状优化区三种类型。

以三类空间划定成果为本底，在国土空间“三区”初划单元中，适宜建设开发区域作为理想状态，将建设开发理想状态和现状情况进行对比发现，建设开发分为超载状态、临界状态和可载状态三种情况。对这三种情况分别给予不同的管控措施：超载状态区域建议进行减量管控；临界状态区域建议进行现状优化；可载状态区域建议进行适度增长。

④ 与国土、环保、发改等部门现有规划和相关规程紧密衔接，能有效协调各部门现有空间相关规划和空间管控工作

首先，在与国土部门的土地利用总体规划衔接中充分考虑了以下三点：首先，农业适宜性评价部分，将最新的基本农田划定成果直接作为适宜建设区；农村居民点等数据直接来源于 2015 年的 1：10 000 的变更调查数据；农业生产适宜性评价将农用地分等定级成果作为评价的基础，增加的评价因子是农业用地分等定级指标体系中缺失的或者仍有待完善的。其次，在与环保部门的规划衔接中充分尊重了环保部门在生态保护红线划定中的权威性，与环保部门的衔接需要与环保部门已有的生态保护红线划定技术指南相衔接。最后，在与发改部门的规划衔接中，深入吸收了《河南省主体功能区规划》的核心内容，并在此基础上进一步深化了部分内容，而且本次评价还充分结合了发改系统先期完成的双评价研究成果。

（3）三类空间评价的理论思考

三类空间专题着眼于河南省空间利用现状，经过多理念科学考量，综合推动河南省全域空间进行土地多宜性评价，与生态、农业、城镇三类空间划定。在适宜性评价方面，结合农业适宜性、生态重要性、建设开发适宜性评价三大相关研究进展；在三类空间划分方面，融入可持续科学理论、土地多功能性（图 3–7）、土地综合承载能力理论、“三生空间”优组理论（图 3–8）四大理论。

前文提到，多宜性评价是本次研究过程中很重要的一个创新点，而这个创新点的理论支撑即土地利用多功能性。

土地利用多功能性指一个区域土地利用功能及其环境、经济和社会功能的状态和表现[15]。土地的农业生产、城镇建设开发和生态功能相关联且相互统一，不同性质的空间主要发挥主体功能，兼顾发挥非主体功能，不同的土地利用方式、强度等会导致不同功能的主次和高低之分，可以据此识别主导功能[16–17]。因此，三类空间的关键是充分考虑土地的多功能性，从多重功能中定性或定量地识别其主体功能[18]。

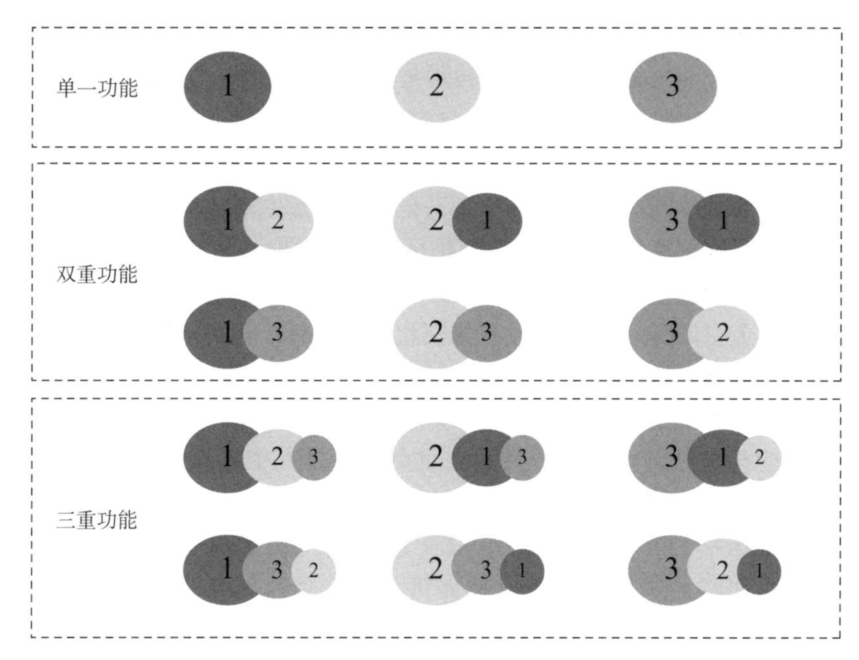

图 3-7　土地多功能性

注：1—农业空间；2—城镇空间；3—生态空间。

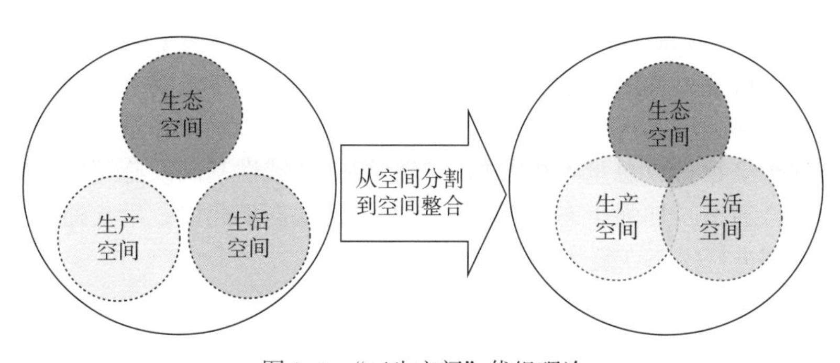

图 3-8　“三生空间”优组理论

基于此，生态、农业和城镇空间三种类型发挥主体功能和非主体功能，会出现功能叠加和多重功能现象。方创琳提出了“三生空间”优组理论，提出要“按照‘集合、集聚、集中、集成’的‘四集’原则，突出‘生态空间相对集合、生产空间相对集聚、生活空间相对集中、三生空间相对集成’的优化思路，优化提升和集约利用‘三生’发展空间，实现从空间分割到空间整合的转变”[19]。该理论对于为区域国土空间优化、实现区域可持续发展提供了重要理论基础。

（4）三类空间评价的应用尝试

在本次生态保护、农业开发和城镇开发适宜性的综合评价过程中，依据“短板效应”原理，采用限制性评价和适宜性评价相结合的方式，优先将强限制性地区判断为不适宜地区。例如，在农业开发适宜性评价中，排除强限制性因素的限制，如将国家级和省级禁止开发区等地区直接判断为农业开发不适宜地区，再根据农用地利用等级和污染程度等指标划分适宜性等级。

农业功能适宜性评价包括农业生产适宜性评价和农村居民点适宜性评价两个部分（图 3–9）。这两个部分的评价内容具有本质差异：农业生产适宜性评价重点考虑基本农田保护区和后备耕地、园地和草地等对象，根据其土壤质量进行限制性和晋级评价；农村居民点适宜性评价需要重点考虑国土空间建设的安全性和城镇化的可能性。最终，将全域国土空间划分为农业功能适宜、较适宜、较不适宜、不适宜四个等级。农业发展空间内的开发建设要严格限制采矿建设，与农业生产、生活和生态保护无关的其他独立建设。乡村发展重点按照发展中心村、保护特色村、整治空心村的原则来引导农村居民点建设，沿交通通道和水系建设生态廊道。

生态功能重要性评价为全域评价，从生态保护底线（生态保护红线）、生态系统服务重要性、生态敏感性和生态修复必要性四个方面评价生态功能重要性（图 3–10）。其中，生态保护底线（生态保护红线）是指在生态空间范围内具有特殊重要生态功能、必须强制性严格保护的区域，是保障和维护国家生态安全的底线和生命线，是生态重要性的最高等级，而生态系统服务重要性、生态敏感性和生态修复必要性则根据其程度来进行重要性的评估。在生态空间内进行开发建设要严格控制开发建设类型和强度，优先生态环境保护设施建设，鼓励人口适度迁出，区域内的污染物排放总量不得增加。严格控制区域性基础设施建设规模并采用整合通道，加强生态空间的生态安全格局框架建设，沿交通通道和水系两侧进行生态恢复。

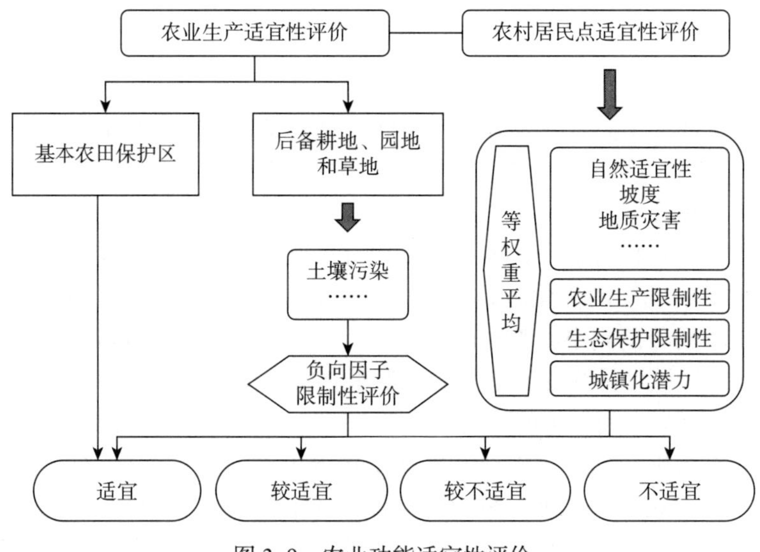

图 3–9　农业功能适宜性评价

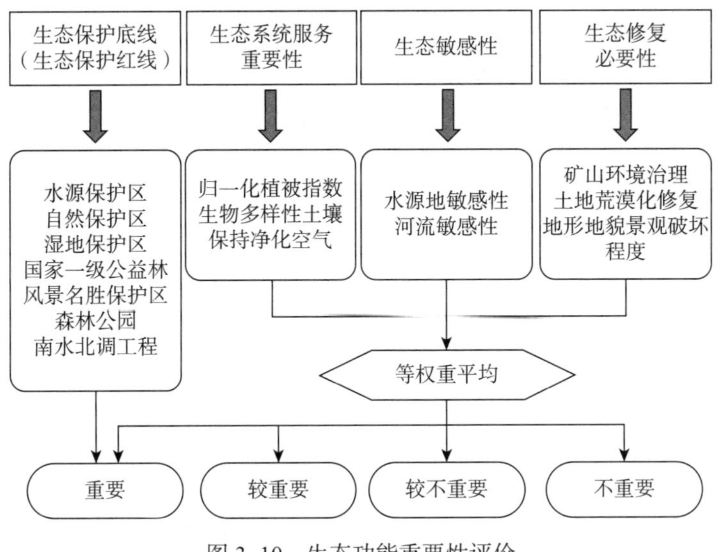

图 3–10　生态功能重要性评价

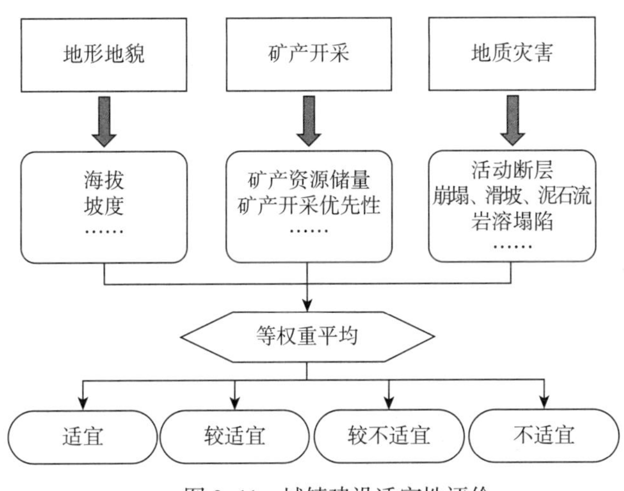

图 3–11　城镇建设适宜性评价

城镇建设适宜性评价（图 3–11）为全域评价，主要从地形地貌、矿产开采、地质灾害等方面考虑城镇开发建设自然适宜性。在城镇开发过程中，要符合国家、河南省相关部门的用地指标控制要求，优化城镇建设布局，提高土地利用效率，严禁村庄新建、扩建。

2）市级空间结构（产业、空间、人口与城镇化）的思考[11]

在鹤壁市空间规划试点项目中，笔者团队参与了产业、城镇体系、人口与城镇化，以及区域统筹和重大基础设施布局的研究。本次研究的重点也自然就聚焦在产业—空间，人口—空间、要素—空间等区域统筹的分析中。在本次研究中，笔者发现了不少亟须解决的问题与挑战，研究出一套适合鹤壁市产业、空间、人口与城镇化发展的创新路径。

（1）主要问题的梳理

① 保护与开发矛盾日益突出

鹤壁市因煤建市，矿产资源丰富且地域组合良好、品种多、埋藏浅、储量大、品位高、易开发，但在老城区存在多处采煤沉陷区，煤层分布几乎覆盖整个旧城区，沉陷区成为鹤壁城市空间拓展的一个重要的制约因素。除了煤炭等矿产资源丰富，鹤壁市生态环境优越且历史文化资源富集，不仅拥有《诗经》中的淇河，境内还有国家级和省级历史文化名城各一座，商周文化遗址多处，省级以上文物保护单位较多，具备开发利用价值的自然及人文景观数量较大。

② 产业结构有待调整

在项目调查中发现，鹤壁市第一产业、第三产业的联动仍处于初级阶段，新兴产业处于刚刚起步阶段，产业联动效应弱。乡村旅游、都市现代农业休闲、特色旅游小镇等刚刚起步，未来发展空间亟待拓展。产业以煤炭行业为主的工业发展仍占据产业主导地位，当时的优势产业清洁能源与新材料还是属于煤炭行业的上下游产业。

③ 空间利用效率有待提升，城乡统筹和区域协调不够

鹤壁市国土空间利用效率不高。一是体现在由于中心城区历经两次造城运动，城市空间相对分散，且城镇内部用地结构和布局不尽合理，土地利用效率不高；二是体现在村庄建设用地数量大、占比高，村庄建设用地面积占全市建设用地总面积的 67.7%，农村人均建设用地达到 185.7 km^2，严重超标。城镇居民家庭人均可支配收入为农村居民家庭人均可支配收入的两倍，城乡收入差距较大。农村居民收入仍以传统种植业为主，且多数农民为一家一户分散经营，种植规模小，组织化程度低。

④ 中心城区人口产业集聚不足

2015 年年底，鹤壁市常住人口为 156.8 万人，中心城区常住人口仅为 60.9 万人，占鹤壁市常住人口的 38.8%，中心城区人口集聚度不高。从 GDP 来看，中心城区 GDP 总量为 343.8 亿元，占全市 GDP 的 47.9%，中心城区所辖三区的 GDP 占比均小于浚县和淇县。鹤山区和山城区为鹤壁市传统的经济发展中心，产业基础较好，但由于发展空间受限、距离新城区淇滨区较远以及传统产业单一，产业辐射带动能力不强。淇滨区由于建设时间较短，产业发展处于上升期，对市域发展的辐射带动作用同样不强。

（2）专题研究的创新点

本次专项研究在理念创新方面做了不少工作，主要体现在统筹城乡体系规划，构建模型划定城镇开发边界，优化城镇空间。具体来说，方案着眼稳步提升鹤壁市城镇化水平，完善城镇体系等现状问题。通过结合城乡统筹发展、区域协同发展、产业转型发展、生态低碳发展、设施共享发展、智慧高效发展等策略，统筹构建鹤壁市城乡体系规划。

同时，依据国土空间适宜性评价结论、人口规模预测结论与产业发

展空间诉求等城市拓展方向划定生态保护红线。进一步结合模型构建，对中心城区及县城城镇重点拓展方向进行研判，划定中心城区的城镇开发边界，优化城镇空间形态与功能。

①“1+3”模式上下协同编制空间规划新路径

在河南省的试点过程中有一个很特殊的技术尝试，即空间规划的省市联动。在编制省级空间规划的同时，还启动了试点市的市级空间规划研究。在河南空间规划中，力图寻求“1+3”模式探索上下协同编制空间规划的路径（图 3–12），为完善省级空间规划技术路线和编制方法提供借鉴。

② 城镇开发边界划定方法

鹤壁市复杂的城镇空间结构增加了城镇开发边界的划定难度，城市空间相对分散，城镇内部用地结构与布局不尽合理。城镇开发边界的划定从理论研究到划定方法采取自上而下（省级层面向市县层面下达管控指标和要求）和自下而上（在市县层面分解落实指标要求并报省级层面统筹校验汇总）相结合的方式（图 3–13）。

规划选用元胞自动机—马尔柯夫模型（CA-Markov 模型），将城镇开发边界划定相关因子及结果精度统一为空间分辨率 30 m。再结合鹤壁市资源环境限制，以国土空间适宜性评价中的城镇建设开发适宜性结果为基础因素，考虑生态保护红线等限制性因素、城镇辐射效应和产业集聚效应等促进因素，模拟得到 2035 年鹤壁市城镇开发边界。

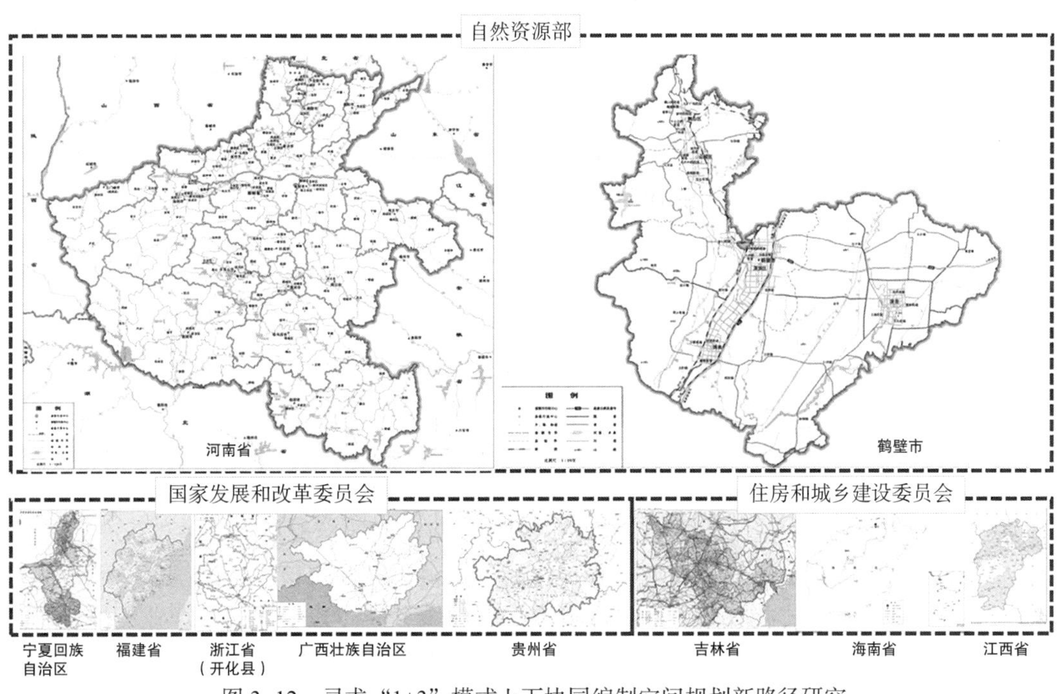

图 3–12　寻求“1+3”模式上下协同编制空间规划新路径研究

基础数据选择及转换	选取2010年和2015年鹤壁市第二次全国土地调查数据，提取土地利用类型城市及建制镇作为现状城市边界，其他土地利用类型合并为非城市用地
元胞和元胞状态的定义	元胞即鹤壁市数据中的每个栅格，为30 m × 30 m的规格。元胞状态就是该元胞对应的地类，即城市用地和非城市用地
领域的定义	采用元胞自动机（CA）模型标准的5 × 5的邻近滤波器
城市增长边界影响因素图集	全球土地变化模块（IDRISI Selva 17.0）软件用适宜性图集（MCE）模块的线性加权合并法生成，该方法将因子标准化为0（最不适宜）到255（最适宜）的连续适宜性拉伸值。将影响城市边界的因素划分为三大类：基础因素、限制因素和促进因素
确定预测年份	以2010年和2015年的鹤壁市第二次全国土地调查数据为基础，间隔年份为15年，然后以2015年鹤壁市第二次全国土地调查数据为基础数据对鹤壁市城市增长边界进行模拟
城市边界转移矩阵的创建	运用全球土地变化模块（IDRISI Selva 17.0）软件中的马尔柯夫（Markov）模块生成转移矩阵，得出鹤壁市2010年到2015年的非城市用地和城市用地之间转换的面积及概率
循环次数设定	因元胞自动机—马尔柯夫模型（CA-Markov模型）循环次数的设定与转移矩阵间隔年份有密切关系，只能设置等间距年份或者是其间距的整数倍，在这里将其设置为15
模拟方案求解	准备好2010年和2015年城市边界现状图、状态转移概率结果、城市增长边界影响因素图集，再进行设置并运行模型，得到鹤壁市城市增长边界

图 3-13　城镇开发边界数据模拟过程

③ 空间战略为空间规划提供依据

加强区域统筹。借助“一带一路”文化大通道、大动脉，依托河南大文化圈，拓展市场空间，积极探索产业转型升级，提升对接能力；积极对接京津冀，连通快速连接渠道，吸引人才科研要素，承接产业，引进产业要素；全面服务中原城市群，积极响应和助力郑州国际商都的战略定位，积极参与全域交通建设、产业和旅游合作，借力协同和错位发展。

统筹城乡一体化建设。统筹城乡人地关系，从城乡一体化角度出发，统筹安排城乡国土利用，优化土地、水、人口、产业等要素在国土空间上的配置，实现区域协调发展；统筹产业发展，统筹市域产业空间布局，推动城镇产业规模、就业岗位与农村劳动力向城镇转移的规模和速度相匹配；统筹基础设施建设，引导城市公共交通向农村延伸服务；统筹公共服务设施建设，加快公共服务设施向农村地区延伸，全面建成覆盖城乡居民的社会保障体系，推进城乡基本公共服务均等化；统筹生态保护与环境提升，建立城乡一体的环境监测系统，动态监测全市环境质量和环境变化，加强重点污染源的监测和防治；推进城乡一体化示范区建设，坚持“三区一基地”的功能定位，坚持三次产业复合发展和经济、生态、人居功能复合发展，以加快新型城镇化发展为核心，以统筹基础设施建设、公共服务体系为着力点，强化城乡一体化示范区的产业支撑、要素保障，将城乡一体化示范区真正建成产城融合、城乡一体、智能集约、生态宜居的新型城乡统筹发展典范。

3.3.2 有关省级空间规划方法的思考[12]

1）对既有省级规划的梳理

在笔者拿到《吉林省省级空间规划研究》这个研究课题的时候，空间规划改革试点改革开始。尽管这不能算是一次试点规划，然而确实是一次通过空间规划的技术视角对后期省级空间规划编制方法的初步研究。在开启这个研究的时候，吉林省已经编制了主体功能区规划、城镇体系规划、土地利用总体规划、生态保护红线划定方案和环境功能区划，这些规划构成了吉林省现有空间相关规划的主要内容，各个规划在框架结构、主体内容、空间功能分区等方面存在一定的区别和联系。

首先，由于主体功能区规划的编制初衷就是空间规划理念的应用，因此在研究该规划的时候，笔者将其视为空间规划编制的上位规划之一。可以说主体功能区规划是国土空间开发的战略性、基础性和约束性规划，是科学开发全省国土空间的行动纲领和远景蓝图。其次，城镇体系规划是推进全省城镇化进程、统筹城乡、协调城镇发展、保护和利用各类人文资源和自然资源、指导区域重大项目建设空间安排的法规性文件，也是编制城乡规划、相关行业规划及重点专项规划的依据。因此，笔者着重研究它在结构性、战略性方面的内容。再次，土地利用总体规划是全省土地资源开发、利用、整治和保护的纲领性文件，是落实土地宏观调控和土地用途管制、规划城乡建设和各项建设的重要依据，是市县级土地利用总体规划编制的基本依据。可以说，土地利用总体规划是开展各项社会经济空间行为的基地。最后，生态保护红线划定方案是全省划定生态保护红线、维护区域生态安全、保障生态系统功能的重要依据；而环境功能区划是生态环境保护领域落实主体功能区战略的具体实践和延伸，是制定区域经济发展规划、环境保护规划等相关规划的基础，是各地优化国民经济发展格局、实施环境科学管理的依据。生态保护红线划定方案和环境功能区划是空间规划研究的边界。

在规划目标方面，主体功能区规划的主要目标是基本形成功能定位清晰的省域空间格局、空间结构优化、经济布局集中、空间利用效率提高，构建高效、协调、可持续的国土空间开发利用布局。城镇体系规划关注城镇化与城镇发展战略、城镇空间格局优化，以及确立全省交通体系、生态环境、城镇体系等的结构性框架。土地利用总体规划关注协调全省全局性的重大用地关系，确定土地开发、整治和保护的重点地区，并将城乡建设用地、耕地等重要土地资源的控制指标分解到市县。生态保护红线划定方案的目的是确定全省生态保护红线范围，维护生态安全格局、保障生态系统功能、支撑经济社会可持续发展。环境功能区划的目的是构建以环境功能区划为基础的环境保护格局和管理体系，包括强化生态环境安全格局，维护人居环境健康，稳定农牧产品产地环境质量，保障资源开发的环境安全等。

在主要任务方面，主体功能区规划着力构建国土空间的“三大战略格局”，即“两区四轴”为主体的城市化格局、“三区三带”为主体的农业格局、“东西两带”为主体的生态安全格局，推进实施主体功能定位发展，促进人口、经济、资源环境的空间均衡。城镇体系规划确定了省域生产力合理布局和城镇职能分工，不同人口规模等级和职能分工的城镇分布，并着力推进科学合理的省域城镇空间体系。土地利用总体规划的主要任务是统筹安排各类各区域用地，提高建设用地集约节约利用水平，严格保护基本农田，保护和改善生态环境，保障土地的可持续利用。生态保护红线划定方案主要是确定全省重要生态功能区保护红线、生态敏感区 / 脆弱区保护红线、禁止开发区生态保护红线和须保护区生态保护红线四类生态保护红线的划定方式和空间范围。环境功能区划将全省国土空间划分成不同功能的环境单元，提出不同功能环境单元的环境目标和环境管理对策。

总的来看，各类规划具有相同的规划空间，均属全域规划，且规划背景大致相同。但主体功能区规划、土地利用总体规划、生态保护红线划定方案和环境功能区划重“守”，属于收敛型，强调内涵集约，以供给引导需求，多是自上而下，逐级进行。城镇体系规划重“攻”，属于扩展型，强调外延扩张，以需求确定供给，多采取自下而上与自上而下结合方式开展。编制统一的省级空间规划，总体思路是以统筹划分生态、农业、城镇三类空间和生态保护红线、永久基本农田保护红线和城镇开发边界三条红线为突破口（图 3-14），形成一套以空间引导和管控为基础，能够兼容横向规划和统分纵向规划的总体空间部署，确立一张将发展与布局、保护与开发融为一体的空间总图。

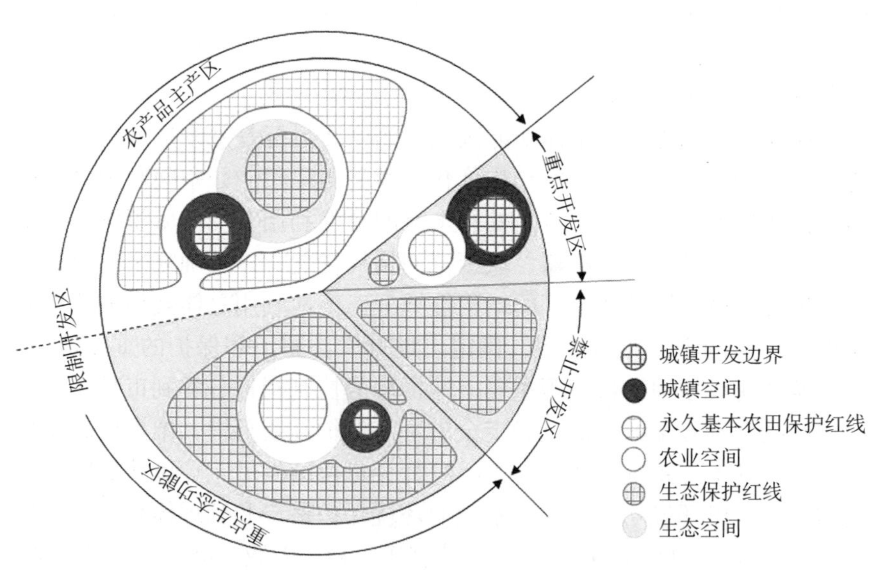

图 3-14　吉林省三类空间与三条红线划定思路

2）“三线三区”的划定

三条红线是三类空间的核心管控区域，在空间边界上可以与自身所在的三类空间边界有部分重合，但整体规模不应超越或跨越空间边界线。其中，生态保护红线是为优化空间开发格局而建立的生态安全底线。永久基本农田保护红线是为进一步完善基本农田保护制度，划定永久保护的基本农田区域。城镇开发边界是为提高城镇质量、限制城镇无序蔓延而划定的阶段性时期内允许开发的城镇边界线。

在三类空间和三条红线的划定上，分省和市县两级部署，采取“上下结合、分工明确、层层深化、逐级汇总”的方式，确保上下衔接一致（图 3-15）。在具体管控上，省级空间规划主要以总量、比例等总体管控为主，并统筹制定实施差异化空间发展政策和管控措施。市县层面在省级总量和比例双重控制下，进一步细化落实到具体的自然区域或行政区域，划定空间边界范围，贯彻执行空间发展政策。

3）空间规划体系的初步思考

打破现行规划体系“纵向到底、横向分离”现状的重要突破口是构建统一协调、层级清晰、分工明确的省级空间规划体系。总的来看，省

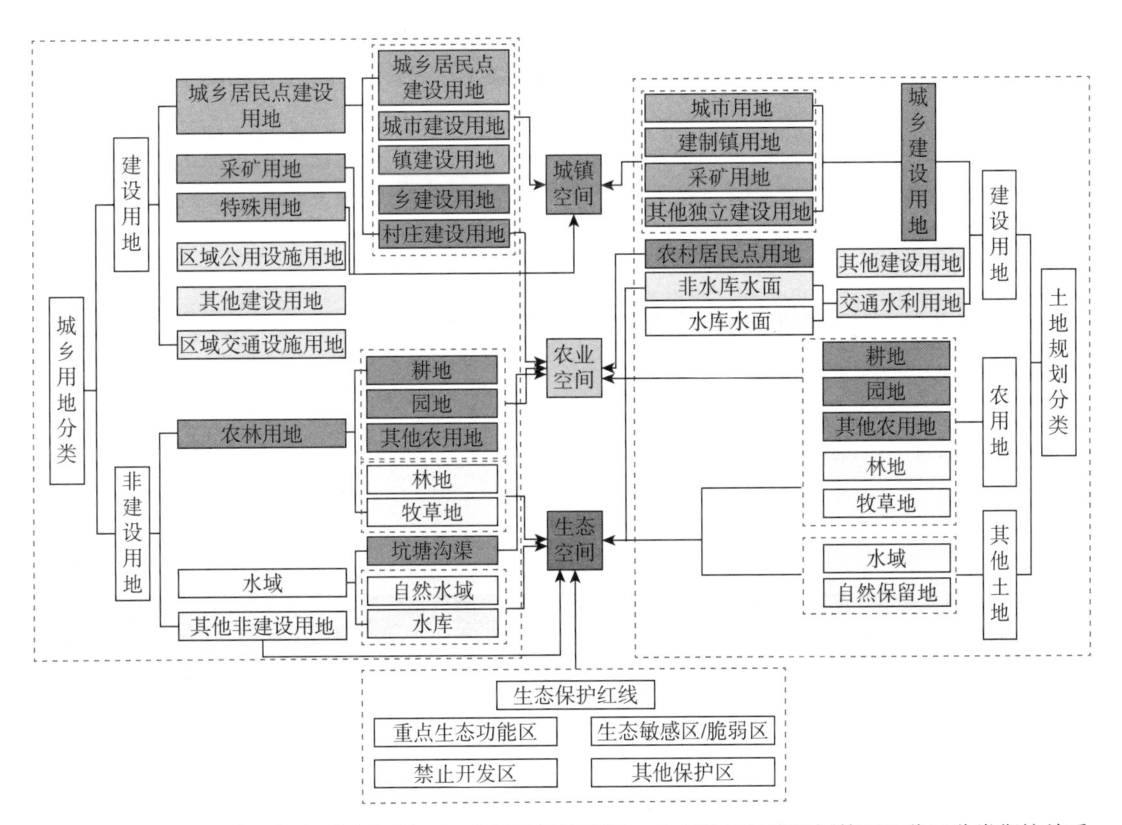

图 3-15　市县级三类空间与城乡规划、土地利用总体规划、生态保护红线规划等用地分区分类衔接关系

注：城乡用地分类中的其他建设用地、区域交通设施用地就近纳入所临近的主要用地类型；土地规划分类中的其他建设用地、特殊用地按具体内容归类。

级层面着力构建“顶层规划＋专项规划”的“1+N”空间规划体系。其中，顶层规划即省级空间规划，主要功能是通过统筹整合各部门政策，确定省域层面协调发展的战略性框架。专项规划包括国土、住建、环保等相关规划，核心功能是进一步细化和落实顶层规划。

吉林省空间规划是以主体功能区规划为基础，深化完善形成具有统领性的省级空间规划（图 3–16）。主体功能区规划具有较高的规划权威性，但在规划内容和技术方法方面仍有较大的提升和改善空间。同时构建以现有各类空间相关规划为重要组成部分的专项规划支撑体系，通过细化和深化顶层规划的相应内容来实现规划价值。为保障规划的实效性，必须通过立法形式赋予顶层规划明确的法定地位，确保同级专项规划及下位规划遵守顶层规划制定的原则与框架。

“纵向到底、横向分离”的规划体系是导致各规划衔接不畅、空间冲突不断的主要原因，仅靠增加一级省级空间规划并不能从根本上解决问题。构建“国家级—省级—市县级”三级空间规划体系，自上而下逐层深化、细化。在三级空间规划体系之下探索建立“自下而上、自上而下”的双向通道，增强规划实施的可操作性。围绕“1+N”的空间规划体系，探索建立横向相关部门全程参与编制、验收及实施部门专项规划的机制，加强横向相关部门间的协调衔接和深度合作。

健全统一规划编制和管理机制需要各个部门的互相配合，各部门之

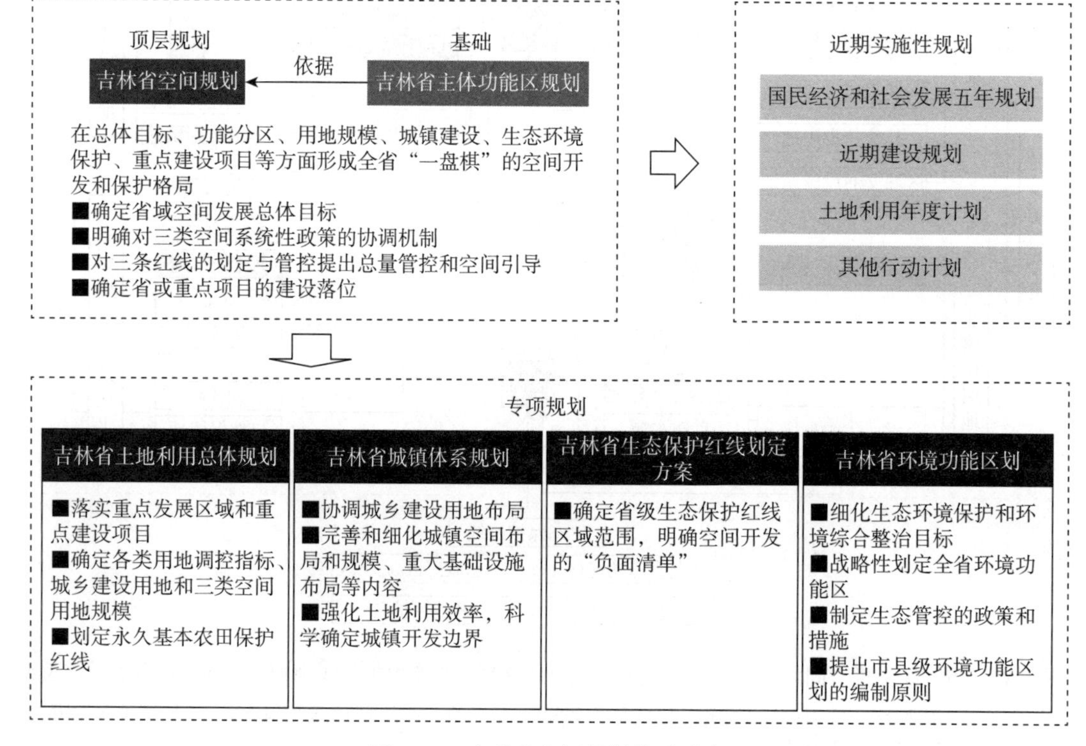

图 3–16　吉林省空间规划体系示意

间分工明确但是也存在一定程度的权责交叉问题。完善规划编制和管理体制机制需在省空间规划委员会的统领下，以统筹全域国土空间格局为核心，以协调现有空间相关规划和相关部门为基础，以“多规合一”与“多规协作”为手段，采取分层次、有重点、重合作的渐进式动态协调之路，建立分工明确、协作统一、协调高效的体制机制。

3.3.3 县级空间用地布局问题的思考[13]

三都水族自治县位于贵州省黔南州东南部，地处月亮山和雷公山腹地，是全国唯一的水族自治县。笔者根据实际调研的结果发现，三都水族自治县的确具备一定优势，但它依然面临着我国传统山区生态县的普遍困境，那么是什么制约三都水族自治县的发展呢？又如何依托现状优势推动产业、用地、交通以及民生统筹发展？我们以三都水族自治县空间用地布局研究课题为例，来具体阐述上文所讲的空间规划“为了（人的）更好的发展而规划”（Planning for Growing Better）的几点做法。

1）现状条件解析

（1）地理位置

三都水族自治县位于黔中经济区、“9+2”泛珠江经济合作区范围之内，且处于贵广高铁、贵广高速（厦蓉高速）沿线以及黔南州“一圈两翼”南翼特色生态功能圈之上，便于三都水族自治县产业对接内外。三都水族自治县依托便利交通引领旅游业发展，围绕绿色生态打造绿色经济和生态文明示范区。但是，良好的经济区位条件为三都水族自治县及两广沿线县域经济空间发展提供发展机遇的同时也加剧了三都水族自治县与周边类似县市市场及资源上的竞争。

（2）文化特色

根据第六次全国人口普查数据，全国水族总人口为 41.18 万人。其中贵州省是全国水族人口聚集最多的地方，而三都水族自治县是贵州省水族人口最为集聚的地方（图 3–17），是全国唯一的水族自治县，水族少数民族特色在全国范围内具有唯一性，至今仍保留着独特的人文特性和多姿多彩的民风民俗，如水书、马尾绣等极具代表性的民族特色文化。然而，外界对于水族民族文化的认知程度很低，水族对外的宣传力度和强度也比较有限，没有利用好三都水族自治县独具特色的文化优势。

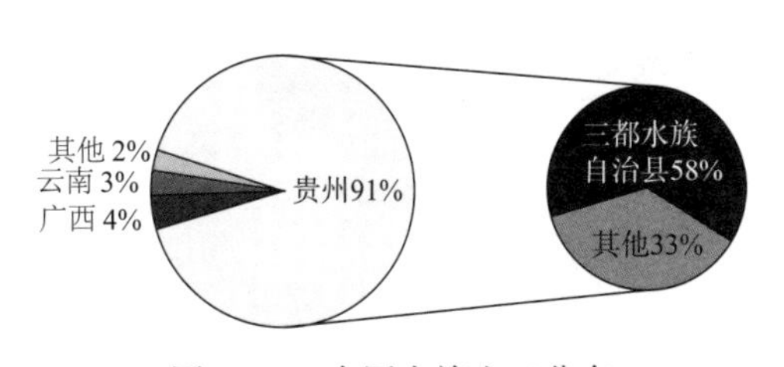

图 3–17　全国水族人口分布

（3）生态资源

根据 2012 年土地变更调查统计，在县域范围内，在三都水族自治县的土地总面积中，农用地占 84.49%，农用地中仅林地一项占土地总面积的 63.76%，建设用地仅占土地总面积的 1.45%；三都水族自治县河网水系分布密集，处于都柳江水系上游，境内大大小小的河流共计 42 条；县域内 95% 以上的用地属生态类型，是省域东部生态屏障的重要组成部分（图 3–18）。当然，优秀的生态条件给予三都水族自治县可持续性的生活、生产空间但同时限制了产业发展、开发空间的发展，在规划上需要对产业发展、开发空间进行严格管控。

（4）旅游资源

三都水族自治县域内的旅游资源丰富（图 3–19），且在当时处于旅游资源的初级保护阶段，自然资源未受到破坏，为未来打造旅游产业提供了条件，为与周边区域发展联动旅游产业提供了便利。当然，处于初级保护阶段的旅游资源在大区域旅游资源中并不具备显著优势，各地激烈的旅游竞争给三都水族自治县造成了现实压力。

2）现状条件下的发展制约

（1）传统产业类型导致的效率低下

当罗列三都水族自治县的产业资源时，笔者发现，三都水族自治县不是没有资源，不是产业没有特色，而是缺少关联产业，缺少产业链协作，产业处于低层面、低水平发展状况下。同时也不是产业没有空间，而是产业空间太多太散，主导功能同质化严重，无法形成向前发展的拉力和后向的推力作用，无法获得产业集聚所带来的外部效应。

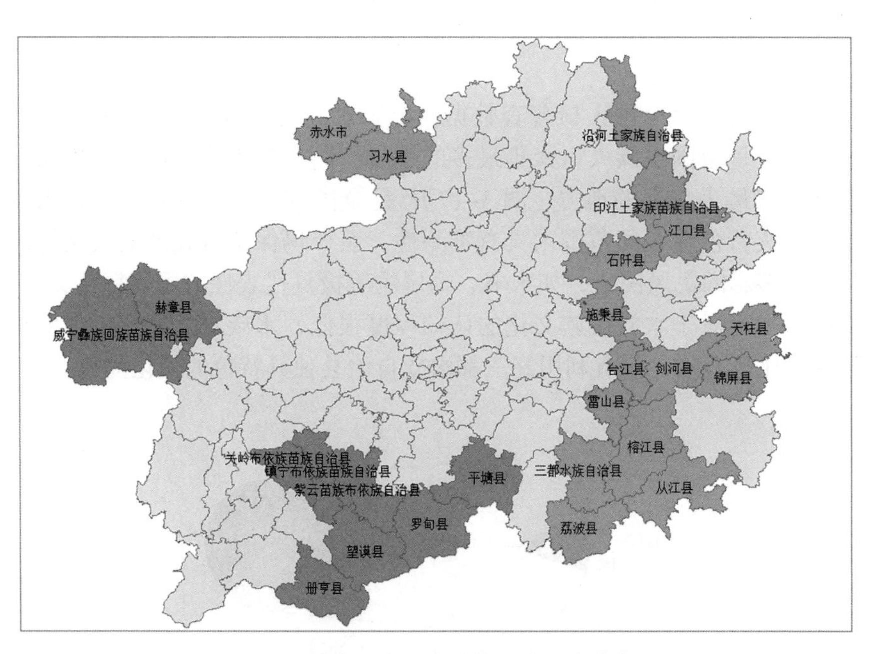

图 3–18　国家生态重点功能区贵州省分布图

贵州省地图

图 3-19　区域旅游资源分布

（2）建设用地供给不足

三都水族自治县现状用地的分布特点是主要沿交通廊道分布，西部建设用地多，东部少，现状城镇建设用地规模仅占县域用地面积的0.2%。规划中用地思维都要增量的惯性，导致规划建设用地规划严重超标，与土地利用规划指标数据不对等。

（3）交通条件的提高增加了发展资源夺袭的概率

从外部环境来看，贵广高铁、高速通过三都水族自治县增加了三都水族自治县对外联系的快速通道，然而通道在建立的同时也加速了都匀等地区中心城市对周边县市发展资源的夺袭。从县域内部来看，县域内部特别是南部的快速交通薄弱，高铁、高速的建设使得区域交通便利的地方更便利，交通薄弱的地方更薄弱，从而使得原本强势（旅游、产业等）的资源点因为交通的助力更受青睐，公路交通条件差的区域更显劣势。

（4）民生配套"品质"不足

总体来看，三都水族自治县现状生产、生活、旅游基础配套设施全面缺乏，显的"品质"不足。中心城区以经济、政治、文化为主导，区别于其他城镇，主要表现为生活和旅游基础配套设施不足。其他各镇现状以地方特色产业资源优势（农业、工业）为主导的镇区公共设施的配套没有匹配各镇的特色发展要求。现状以特色旅游资源为主导的镇区宜居、宜业度较差，特色突出但无停车设施及配套的商业服务设施。

（5）小结

三都水族自治县在产业、用地、交通、民生四个方面形成了恶性循环，造成其发展陷入窘境（图 3-20），需要依托三都水族自治县全域真正的优势资源对接市场需求，建立产业、用地、交通、民生的良性循环。

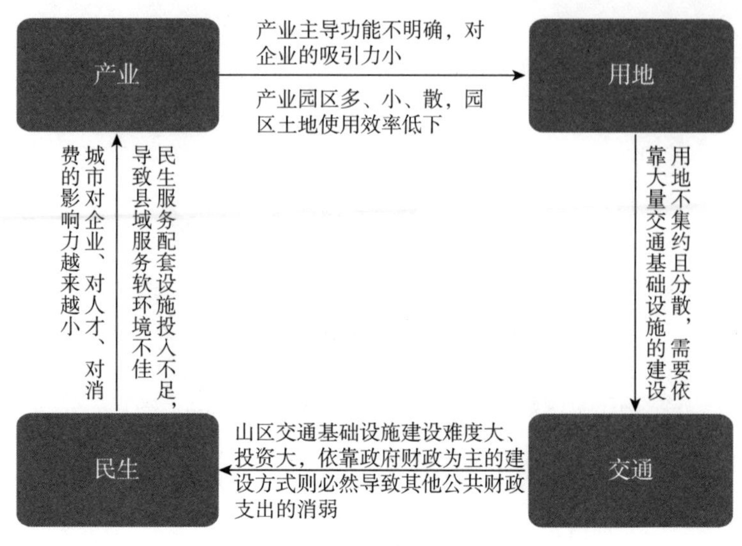

图 3-20　发展制约条件的恶性循环

3）如何统筹发展

在产业上依托快速交通廊道形成“两高”经济带（图 3-21），承接区域产业梯度转移、产业特色鲜明的经济新支点。以“商都、水都、酒都”新三都特色空间作为核心驱动空间，统筹全域空间。

在生态策略方面，以生态优先，重塑城乡水网生态嵌套的精明特色，打破均衡用地配置，布局重点建设用地空间。规划荔波县水春河—都柳

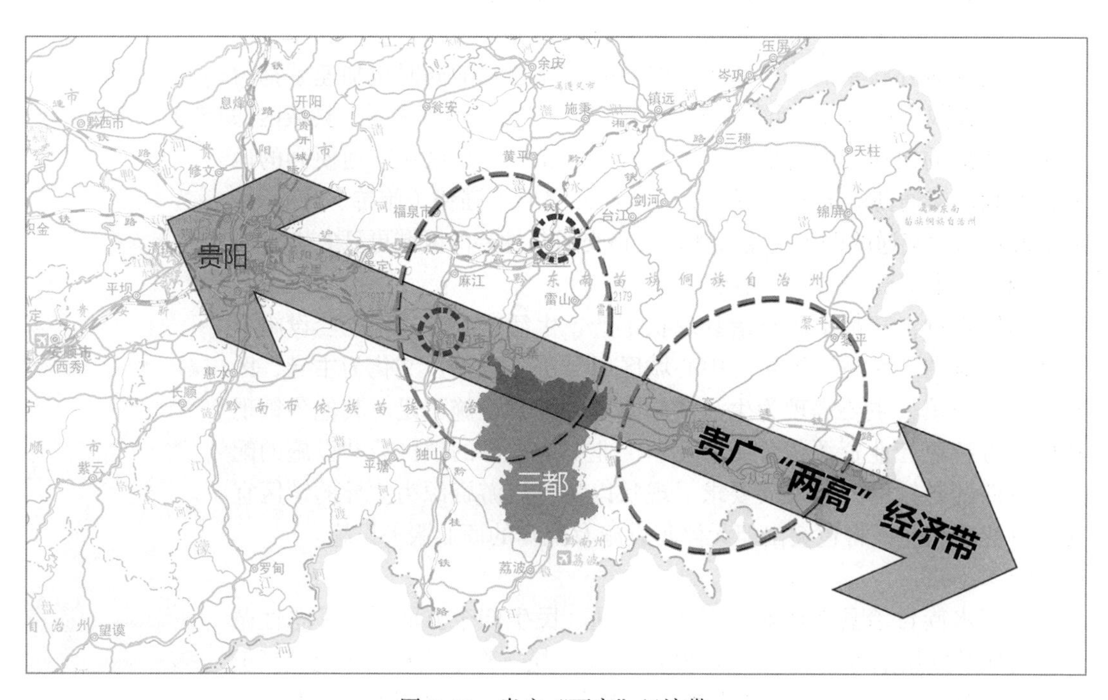

图 3-21　贵广“两高”经济带

江流域生态旅游复合廊道，调控特色乡镇的用地规模，加强沿线重点城镇的用地供给，积极创造在制造、加工、物流方面具有区域竞争优势的用地空间。通过识别荔波县水春河—都柳江流域的生态旅游复合廊道，突出县域山水空间资源的同时，主动对接荔波县的旅游市场。

在交通策略方面，解决点状交通瓶颈，加快构建县域快速交通体系，争取对接区域的快速新通道，打开至“两广”的区域快速通道，打开至中部区域城市的快速通道。以重点乡镇的区域交通瓶颈为突破点，尽快落实全域南北向及南部公路、铁路的交通联系。

在公共服务设施方面，通过特色小镇建设同步带动县域公共服务水平的“软环境”提升。结合镇区、外围景点、布局差异化的旅游综合服务空间，形成复合型公共服务空间（图 3–22）。

4）空间规划方案建议

三都水族自治县目前已有规划的空间结构对“两高”经济带的落实有所欠缺。三都水族自治县相关规划形成的重要发展带“沿 206 省道城镇发展带”，并没有在黔南布依族苗族自治州发展战略里提出。反而结合“两高”和都柳江的南北廊道空间是黔南布依族苗族自治州发展战略里的重点发展轴（贵广城镇发展轴）。县域已知资源对接生态、农业空间及控制线的划定。县域农业空间包括山林作物种植、农耕作物种植、畜禽养殖、立体种养种植区。县域生态空间主要包括已有森林公园、风景旅游区、都柳江控制范围区和生态条件较好的高山区域（党相山、尧人山、观音山、亿万山、甲望山等）。

规划思路由城镇发展定位出发，制定“两高”经济带上的新支点、区域生态走廊上的特色小城镇体验地两种空间结构方案。

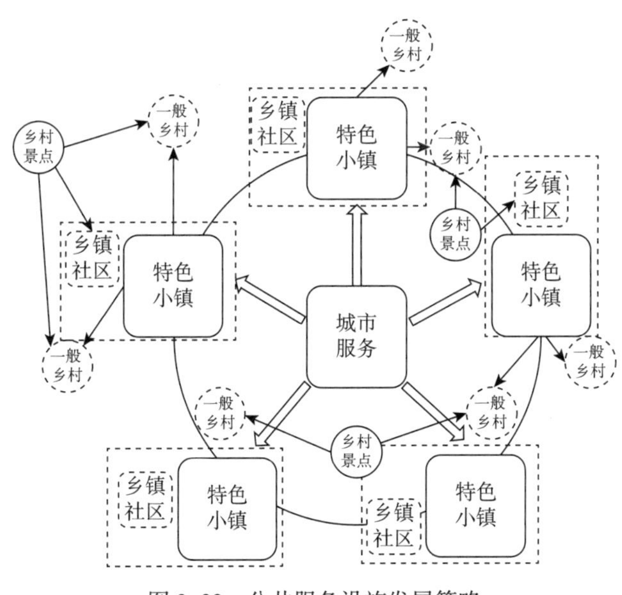

图 3–22　公共服务设施发展策略

（1）“两高”经济带上的新支点

方案一创建“支点引领，核心协作，轴带联系”的县域空间结构。对接黔南布依族苗族自治州“两高”经济走廊，以普安镇、大河镇、中心城区合力打造“商都”，形成“两高”经济走廊新支点（图 3–23）。核心分为主次功能核，主要服务核有新区服务核、产业服务核、城镇服务核、东部都江古城魅力旅游核、民族文化特色旅游核、南部旅游服务集散核以及中部商贸物流服务核。次要服务核包括各镇、各社区、重点行政村。

依托南北向 321 国道、243 国道、三荔高速等交通廊道，形成南北向重点城镇的联系轴。依托都柳江水系和主要景区形成区域生态走廊带，

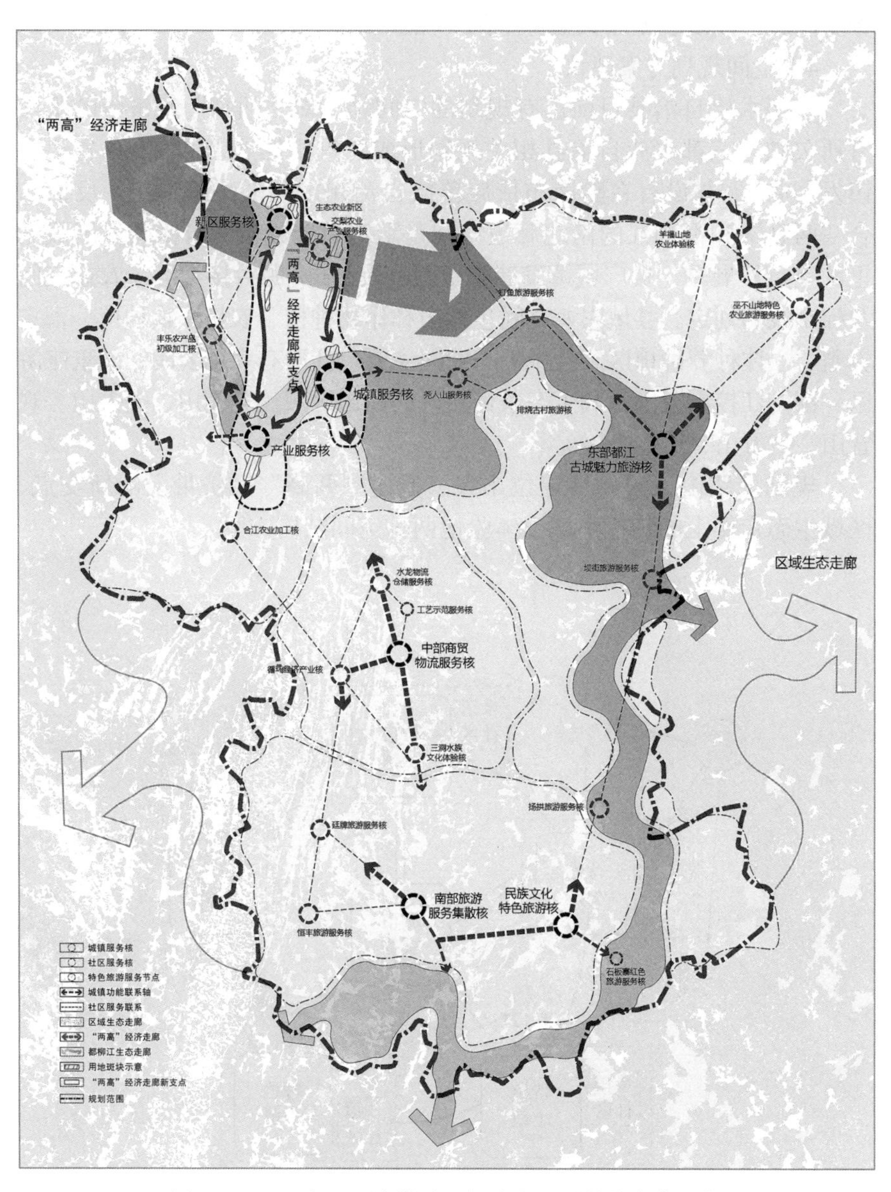

图 3–23 “两高”经济带上的新支点空间结构方案研究

其在区域内衔接独山县、三都水族自治县和荔波县，形成黔南区域生态通廊。

（2）区域生态走廊上的特色小城镇体验地

方案二创建“一带贯穿，多核联动”的县域空间结构。“一带”指在建设空间之外，依托都柳江水系和主要景区形成区域生态走廊，其在区域内衔接独山县、三都水族自治县和荔波县，形成黔南区域生态通廊（图 3–24）。“多核”指基于对各镇特征的判断，提出“主城区 +6 个特色镇”的城镇结构。同时，依据现状发展条件，规划了与各特色镇区形成功能互动的次要功能核，整体形成主次功能分工体系。

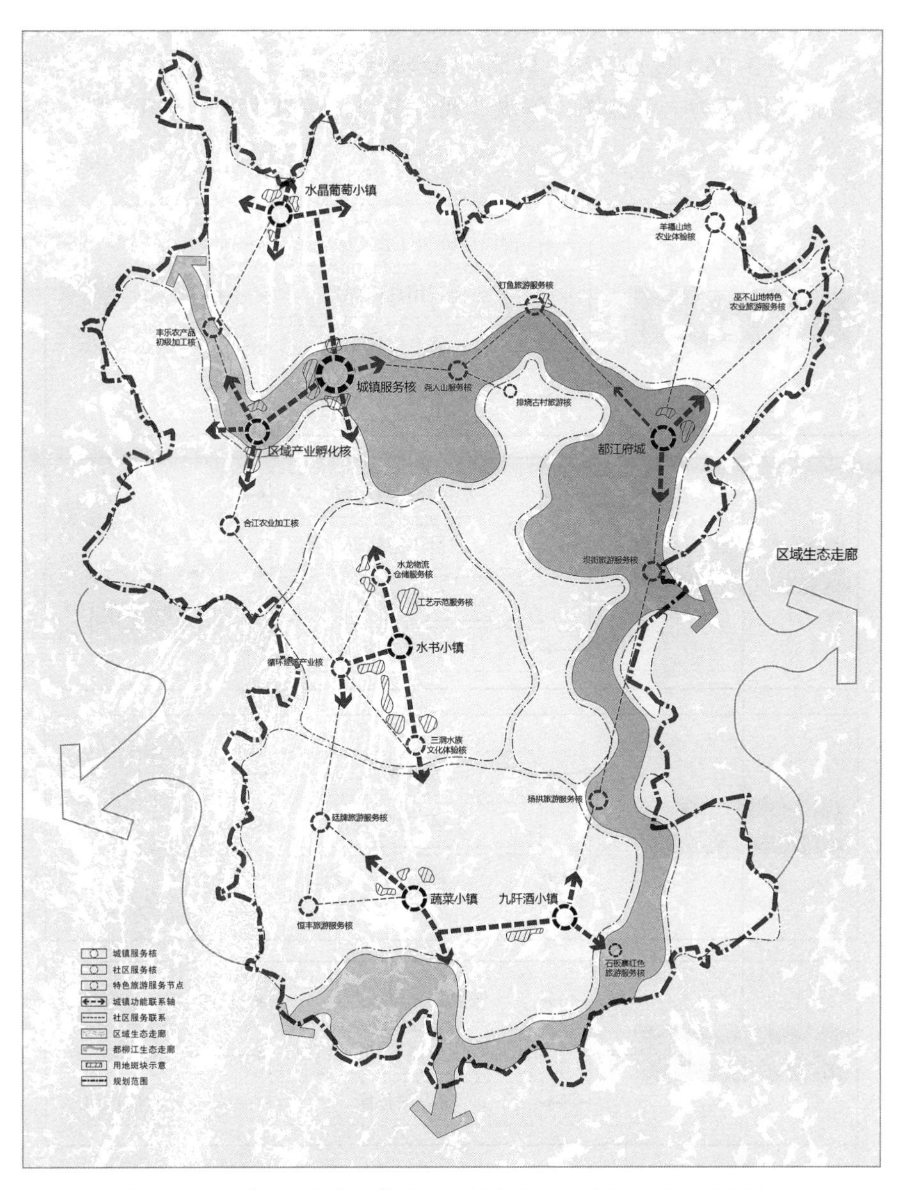

图 3–24　区域生态走廊上的特色小城镇体验地空间结构方案研究

3.3.4 镇级“多规合一”规划方法的思考[14]

通过对项目所在地的调研，笔者发现龙颈镇作为粤北地区最大的散点式山地城镇，经济社会发展的基本面总体尚好，但面临的改革发展任务依旧十分繁重，突出表现为土地、资金、环境、能源等资源要素的配置跟不上产业结构调整和创新转型升级的需求，城乡区域统筹、城市功能培育与更高层次、更高水平的城镇化发展要求相比，还存在一定差距。这些不仅仅是龙颈镇发展现状所表现出来的问题，也是以龙颈镇为代表的其他散点式山地城镇所遇到的发展问题。

1）规划方法的思考

为了更好地统筹散点式山地城镇的规划管理工作，推进镇级“三规合一”（图 3–25）规划方法，以期将镇级城镇规划、产业规划、土地规划等多张蓝图变为一张蓝图，解决“规出多门、各自为政、相互打架”的

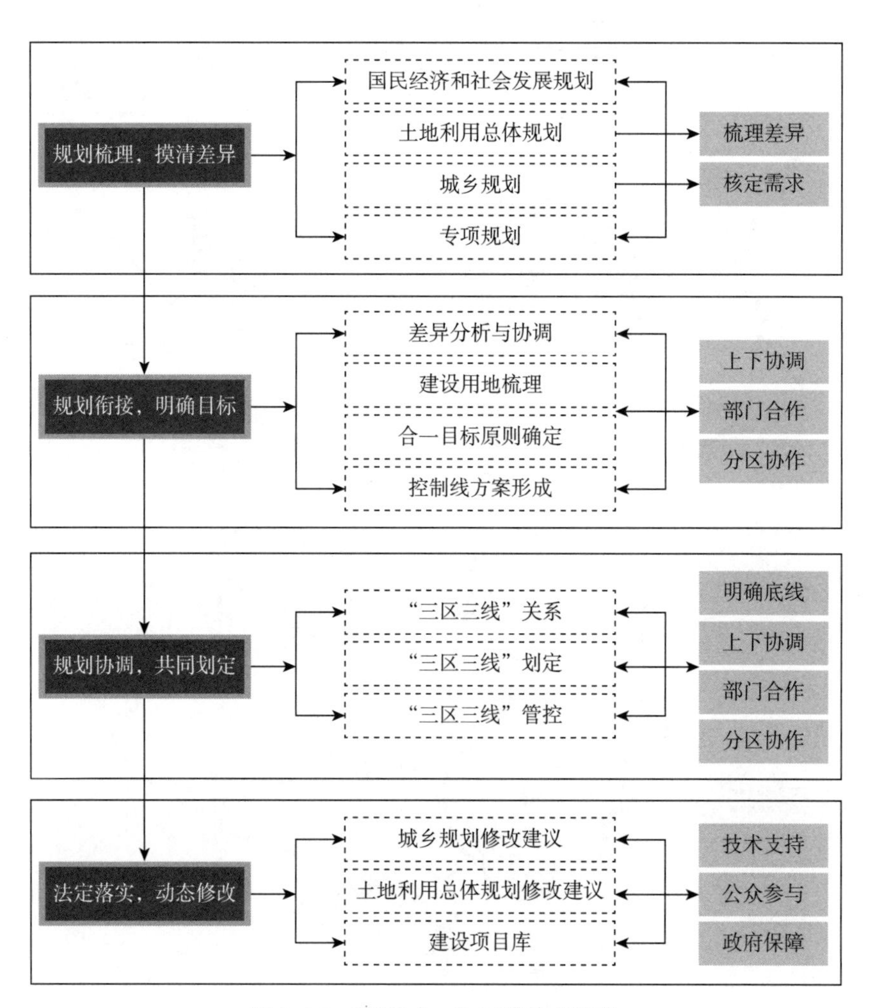

图 3–25 “三规合一”工作技术流程

矛盾，提高行政效能，合理布局城镇空间，有效配置土地资源，促进各类要素资源的节约集约利用，为进一步满足经济社会持续发展的需要等提供帮助。

2）规划特色

（1）国土空间布局优化

创新以城乡“小单元”为统领的乡镇混合空间，进行乡镇产业的区域差异化引导。增加中观层面的结构性布局，将城镇建设用地与其周边水体、农林、乡村等国土空间复合、城乡形态融合、人本尺度精明的“小单元”混合城乡发展空间。

（2）建设空间管控优化

建立基于“多规融合”的“横向到边、竖向到底”的空间管控基本框架。“横向到边”是通过全域用地适宜性分析图、“两规”建设用地差异分析图得出清远市清新区龙颈镇生态控制线规划图。“竖向到底”是通过增加总体规划功能片区层次，建立刚弹管控交接面，强调适度弹性，进而细化龙颈镇区及各功能片区的管控指引。空间管控框架分为总体导控、控制线管控、其他要素管控三类管控要求，其中包括主导属性、建设用地规模、绿地水系、风貌控制等16项管控内容。

（3）空间治理协同优化，从应用角度突破既有成果内容范式

规划成果力争体现空间治理的协同特征。首先体现在市域北部四镇的区域统筹，通过大量的平行协同工作，着重规模、交通、设施的协同，在生态功能区层面形成区域协同的刚性成果。尝试在镇文本及说明内容中增设“上下联动”的传导性条文，将上位规划的强制性内容刚性传导，让规划“有所依、有衔接”。

3）数据整理及差异分析

收集国民经济和社会发展规划、主体功能区规划、土地利用总体规划、生态控制线规划以及产业发展规划等相关规划内容。通过数据收集，对照分析“三规”所确定的城镇发展目标、建设用地规模，确定“三规合一”控制线划定的目标和方向。以镇域城乡现状用地为基础，进行空间规划与土地利用总体规划、主体功能区规划、产业发展规划等相关部门规划的差异对比。

（1）空间布局差异

在空间布局差异分析上，确定城乡规划和土地利用总体规划建设用地布局一致区域和差异区域的面积、位置，分析建设项目用地与城乡规划和土地利用总体规划建设用地布局的差异情况。城乡规划和土地利用总体规划差异建设用地主要分为以下三类：

① 存量建设用地规划不一致引起的差异建设用地

该差异建设用地主要包括城乡规划和土地利用总体规划对已取得合法用地手续的存量建设用地，即土地利用总体规划已批未建用地与城乡规划形成的差异用地；农田、河流水系控制范围不同导致的差异用地；

城乡规划控制为生态用地但土地利用总体规划为建设用地而引起的差异用地等。

② 新增建设用地规划不一致引起的差异建设用地

该差异建设用地主要包括城乡规划和土地利用总体规划对城镇地区和农村地区的新增建设用地安排不同造成的差异用地，即城乡规划是规划预留控制用地，而土地利用总体规划为非建设用地引起的差异用地；农田、河流水系控制范围不同导致的差异用地；村庄更新和撤并后形成了空心村和闲置用地，但土地利用总体规划已将其调整为一般农用地引起的差异用地等。

③ 边界微小差异引起的差异建设用地

该差异建设用地主要包括因河流、道路等现状线性地物边界差异造成的微小差异用地，因城乡规划和土地利用总体规划的地块规划边界造成的微小差异建设用地。

（2）差异评估处理

在“三规”目标指标比对和空间布局差异分析的基础上，评估国民经济和社会发展规划、城乡规划、土地利用总体规划、主体功能区规划等规划，按照优先保护生态用地、不超建设用地规模、重点考虑项目需求、全面统筹建设时序的协调原则，采取差异化措施来协调解决各类差异建设用地规划矛盾。

① 边界微小差异引起的差异建设用地

因河流、道路等线性地物造成的微小差异建设用地，原则上以现状控制为主进行差异用地处理。因城乡规划和土地利用总体规划的地块规划边界造成的微小差异建设用地，原则上按土地利用总体规划进行差异用地处理。

② 存量建设用地规划不一致引起的差异建设用地

对已取得合法用地手续的存量建设用地，在不影响生态保护的前提下，原则上应落实建设用地规模。对未取得合法用地手续的存量建设用地，原则上不安排用地规模。若属区级及以上重点项目用地，应由发改部门核定项目级别和规模后，在镇域范围内适当调整解决。

③ 新增建设用地规划不一致引起的差异建设用地

涉及区级（市、区）以上重点建设项目、市政和民生设施项目，原则上应安排建设用地规模。重点建设项目、市政和民生设施项目用地规模较大的，须由发改部门核定项目建设规模和开发时序，原则上安排近期建设用地规模。涉及镇、街项目用地和镇区发展建设用地的，须由区政府召集部门、镇、街道办事处召开专项会议，审查核定建设用地指标。村庄规划已审批通过的地区，按照村庄规划安排建设用地规模，优先保障村经济发展留用地和村民宅基地。

（3）行动计划

综上，通过“三规合一”工作，帮助龙颈镇对空间及用地进行重点保障，帮助龙颈镇提供“十三五”亟须实施的创新性项目和生态性项目方案，同时为实现全域旅游发展、推进产业升级、保护生态建设环境、改善民生提供保障。

在全域旅游上，将全域旅游放在龙颈镇经济发展的核心地位，加快形成以特色现代服务业为主要引领和支撑的经济体系和发展模式，真正把创新驱动落实到发展上来，突出产业创新融合发展，着力打造创新型全域休闲旅游产业集群。

在产业升级上，构建以企业为主体，以市场为导向，产学研相结合的技术创新体系。积极引进高科技、低污染、低能耗项目和有核心技术与市场优势的项目，充分发挥其带动作用，形成一批集聚强度高、关联性强、产业链长的产业集群。同时，强化龙头企业支柱作用，调整优化产业布局，促进传统陶瓷业转型升级。

在生态建设环境上，大力保护生态环境，发展生态经济。以“三规合一”划定的生态控制线为基础，严格保护生态空间。同时，大力发展生态旅游、生态保育、绿色工业、生态农业等可持续发展的生态经济。

在改善民生上，进一步加大公共服务与基础设施的建设力度，为社会经济的健康可持续发展提供有力支撑，持续不断地为平稳增长和改善民生增添强劲动力。

4）联动修改机制

（1）国民经济和社会发展规划的联动修改

发改部门负责国民经济和社会发展规划的联动修改工作，应先行开展国民经济和社会发展规划的评估，制定修改方案，经规划、发改、国土部门联合审查通过后，按法定程序办理。

（2）城乡规划的联动修改

清新区规划部门负责城乡规划的联动修改工作，应先行开展城乡规划的编制工作，并按期制定修编方案，经规划、发改、国土部门联合审查通过后，按法定程序办理。

（3）土地利用总体规划的联动修改

由清新区国土部门负责土地利用总体规划的联动修改工作，应先行开展土地利用总体规划评估，结合土地利用总体规划中期调整成果，进一步制定修改方案，经规划、发改、国土部门联合审查通过后，按法定程序办理。

（4）专项规划的联动修改

规划期内基于控制线体系，有关专业部门组织开展交通、环保、林业、水务（水利）等专项规划的联动修改工作，解决冲突与矛盾，增强规划的可操作性。

5）规划实施保障

依托清远市“三规合一”信息平台及规划、发改、国土三个部门的信息子系统，实施数字化动态管理，落实“三规合一”控制线的管理要求，并将其作为土地利用总体规划、城乡总体规划及专项规划、控制性详细规划和其他规划编制管理工作的基础。

（1）大力推进生态文明政策创新

完善环境政策支撑体系。大力推行绿色信贷、绿色税收、绿色贸易、绿色保险，加大发展循环经济。开展环境污染强制责任保险试点，推进环境污染损害赔偿法治化、市场化、社会化。建立跨区域水环境联治联席工作机制。建立健全联动、联防、联治机制，科学制定相应的整治方案，建立专项或综合定期联合执法巡查制度。

（2）加强技术平台政策支撑

探索建立区域联动机制。突破行政区划限制，组建区域联动建设平台工作领导小组，加强对重大发展战略平台建设的工作指导、上下协调、区域联动和政策支持，解决有关地区战略平台之间的产业定位、产业项目落地、基础设施布局、生态环境保护与改善以及利益分配等问题，促进清新区的区域、政策、产业、平台之间的联动发展。

强化用地优先政策。以龙颈镇新一轮总体规划编制为契机，实现产业规划和土地规划的衔接，优先安排一定数量的指标专项用于战略平台建设，合理安排平台规模和建设时序。在总量控制的前提下，支持对战略平台内涉及永久基本农田的部分给予调整。对已纳入市、区重大产业项目库的重大项目，优先支持建设用地指标需求。

（3）完善资金补偿机制

完善耕地、生态用地保护及规划空间资源区域统筹补偿机制，对不同等级资源制定不同的补偿标准。建立空间资源调剂交易平台。建立并完善耕地和生态保护的补偿机制，以不低于省内相关空间资源的市场交易价格作为定价标准，并及时随着省内交易价格的变化建立动态调整机制。

（4）加强土地集约节约利用政策

按照主体明确、责任明晰、经济激励、监督制约的思路，建立健全“党委领导、政府负责、部门协同、公众参与、上下联动”的促进建设用地节约集约利用的共同责任机制。严格项目准入，严格执行各行各业建设项目用地标准，不符合任一要求的一律不得批准及供应土地。加强批后管理，建立并完善项目批后的各项管理制度，加强建设用地全程监管及执法督察，对批后执行未达到要求的土地进行再利用、再招商。

（5）加强控制线管控保障措施

各责任单位要正确处理好发展与保护的关系，增强底线意识，落实生态补偿与处罚，并按照“谁破坏、谁修复”的原则加大处罚力度。建立“三规合一”控制线督查机制，明确监管职责，加强对各片区及城乡空间“三规合一”控制线实施管理情况的监督检查。

6）小结

龙颈镇“三规合一”工作是依托清远市“三规合一”领导小组的组织保障，以国民经济和社会发展规划、土地利用总体规划、城乡总体规划为基础，明确管控要求，重点以“全域一张图”为指导，按照全域统筹、部门联动、镇村协作、公众参与等方式，共同划定各类控制线方案。在此基础上，通过法定规划联动修改、动态维护等方式，最终实现“三规合一”。

第3章注释

① 本部分原文作者为沈迟，陈易、乔硕庆修改。

② 参见百度百科“城乡规划”。

③ 本部分原文作者为侯晶露，陈易、乔硕庆修改。

④ 参见2014年8月26日《国家发展改革委 国土资源部 环境保护部 住房城乡建设部关于开展市县“多规合一”试点工作的通知》（发改规划〔2014〕1971号）。

⑤ 参见2014年4月14日《广东省住房和城乡建设厅关于印发〈广东省住房城乡建设事业深化改革的实施意见〉的通知》（粤建办〔2014〕61号）。

⑥ 本部分原文作者为袁雯、刘贝贝，陈易修改。该章节的部分观点源于作者在南京大学城市规划设计研究院北京分院公众号发表的文章《科学与增长：空间规划的价值观思考从Planning for Growth到Planning for Growing Better》。

⑦ 本部分原文作者为袁雯、杨楠，陈易、乔硕庆修改。该章节的部分观点源于作者在南京大学城市规划设计研究院北京分院公众号发表的文章《跨越双评价标准：基于空间资产使用效率的空间规划评价体系创新》。

⑧ 参见2017年7月26日《国务院关于编制全国主体功能区规划的意见》（国发〔2007〕21号）。

⑨ 本部分原文作者为袁雯、杨楠，陈易、乔硕庆修改。该章节的部分观点源于作者在南京大学城市规划设计研究院北京分院公众号发表的文章《市县域空间规划中的G、R、S》。

⑩ 陈易、乔硕庆根据南京大学城市规划设计研究院北京分院《国土空间开发适宜性评价与三类空间划分研究》项目研究成果、工作总结与心得体会编写。

⑪ 陈易、乔硕庆根据南京大学城市规划设计研究院北京分院《鹤壁市人口和城镇化发展战略格局研究》《鹤壁市空间规划：区域统筹与重大基础设施布局研究》《鹤壁市空间规划产业结构、体系与格局优化研究》项目研究成果、工作总结与心得体会编写。

⑫ 陈易、乔硕庆根据南京大学城市规划设计研究院北京分院《吉林省省级空间规划研究》项目研究成果、工作总结与心得体会编写。

⑬ 陈易、乔硕庆根据南京大学城市规划设计研究院北京分院《三都水族自治县空间规划（2016—2030年）》中的《人口、城镇用地布局规划》专题研究成果、工作总结与心得体会编写。

⑭ 陈易、乔硕庆根据南京大学城市规划设计研究院北京分院《清远市清新区龙颈镇总体规划及“三规合一”》《清远市清新区龙颈镇镇区控制性详细规划》《清远恒大欧洲足球小镇控制性详细规划》项目研究成果、工作总结与心得体会，参考《广东省“三规合一”工作指南（试行）》内容编写。

第 3 章参考文献

[1] 黄勇, 周世锋, 王琳, 等."多规合一"的基本理念与技术方法探索[J]. 规划师, 2016, 32(3): 82–88.

[2] 丁兰. 新常态下"多规合一"的难点及出路分析[J]. 中国集体经济, 2016(7): 39–41.

[3] 唐兰. 城市总体规划与土地利用总体规划衔接方法研究[D]. 天津: 天津大学, 2012.

[4] 张宝龙."多规融合"实现路径研究[D]. 北京: 中国地质大学(北京), 2015.

[5] 何子张, 吴宇翔, 李佩娟. 厦门城市空间管控体系与"一张蓝图"建构[J]. 规划师, 2019, 35(5): 20–26.

[6] 林坚, 乔治洋, 吴宇翔. 市县"多规合一"之"一张蓝图"探析: 以山东省桓台县"多规合一"试点为例[J]. 城市发展研究, 2017, 24(6): 47–52.

[7] 陈宏胜, 李志刚. 一个关于中国规划的故事: 评《为增长而规划: 中国城市与区域规划》[J]. 国际城市规划, 2016, 31(3): 26–28, 124.

[8] 张京祥, 罗震东. 中国当代城乡规划思潮[M]. 南京: 东南大学出版社, 2013: 301.

[9] 高洁, 刘畅. 伦理与秩序: 空间规划改革的价值导向思考[J]. 城市发展研究, 2018, 25(2): 1–7.

[10] 刘慧, 樊杰, 王传胜. 欧盟空间规划研究进展及启示[J]. 地理研究, 2008, 27(6): 1381–1389.

[11] 高平, 蔡玉梅. 科技创新: 国土规划的支撑点[J]. 中国土地, 2010(12): 23–26.

[12] 何丹, 王梦珂, 濑田史彦, 等. 2000 年以来日本行政管理与规划体系修正的评述[J]. 城市规划学刊, 2011(2): 86–94.

[13] 孙立, 马鹏.21 世纪初日本国土规划的新进展及其启示[J]. 规划师, 2010, 26(2): 90–95.

[14] 孙志燕. 美国区域发展新战略变化趋势及其启示[N]. 中国经济时报, 2014-09-01(5).

[15] 甄霖, 魏云洁, 谢高地, 等. 中国土地利用多功能性动态的区域分析[J]. 生态学报, 2010, 30(24): 6749–6761.

[16] 刘彦随, 刘玉, 陈玉福. 中国地域多功能性评价及其决策机制[J]. 地理学报, 2011, 66(10): 1379–1389.

[17] 蔡玉梅, 王晓良, 庄立. 中国省级国土空间多功能识别方法研究: 以湖南省为例[C]// 中国环境科学学会.2015 年中国环境科学学会学术年会论文集. 北京: 中国环境科学学会, 2015: 7.

[18] 黄金川, 林浩曦, 漆潇潇. 面向国土空间优化的三生空间研究进展[J]. 地理科学进展, 2017, 36(3): 378–391.

[19] 方创琳. 中国城市发展格局优化的科学基础与框架体系[J]. 经济地理, 2013, 33(12): 1–9.

第 3 章图表来源

图 3-1 源自：袁雯、杨楠在南京大学城市规划设计研究院北京分院公众号发表的文章《跨越双评价标准：基于空间资产使用效率的空间规划评价体系创新》.

图 3-2、图 3-3 源自：刘慧，樊杰，李扬 ."美国 2050" 空间战略规划及启示［J］. 地理研究，2013，32（1）：90-98.

图 3-4 源自：袁雯、杨楠在南京大学城市规划设计研究院北京分院公众号发表的文章《市县域空间规划中的 G、R、S》.

图 3-5、图 3-6 源自：南京大学城市规划设计研究院北京分院项目《国土空间开发适宜性评价与三类空间划分研究》.

图 3-7、图 3-8 源自：方创琳 . 中国城市发展格局优化的科学基础与框架体系［J］. 经济地理，2013，33（12）：1-9.

图 3-9 至图 3-11 源自：南京大学城市规划设计研究院北京分院项目《国土空间开发适宜性评价与三类空间划分研究》.

图 3-12、图 3-13 源自：南京大学城市规划设计研究院北京分院项目《鹤壁市人口和城镇化发展战略格局研究》《鹤壁市空间规划：区域统筹与重大基础设施布局研究》《鹤壁市空间规划产业结构、体系与格局优化研究》.

图 3-14 至图 3-16 源自：南京大学城市规划设计研究院北京分院项目《吉林省省级空间规划研究》.

图 3-17、图 3-18 源自：南京大学城市规划设计研究院北京分院项目《三都水族自治县空间规划（2016—2030 年）》中的《人口、城镇用地布局规划》专题研究 .

图 3-19 源自：自然资源部地图技术审查中心承办的标准地图服务网站［审图号为 GS（2020）4814 号］.

图 3-20 至图 3-24 源自：南京大学城市规划设计研究院北京分院项目《三都水族自治县空间规划（2016—2030 年）》中的《人口、城镇用地布局规划》专题研究 .

图 3-25 源自：南京大学城市规划设计研究院北京分院项目《清远市清新区龙颈镇总体规划及"三规合一"》《清远市清新区龙颈镇镇区控制性详细规划》《清远恒大欧洲足球小镇控制性详细规划》.

表 3-1 源自：袁雯、杨楠在南京大学城市规划设计研究院北京分院公众号发表的文章《跨越双评价标准：基于空间资产使用效率的空间规划评价体系创新》.

表 3-2 至表 3-4 源自：袁雯、杨楠在南京大学城市规划设计研究院北京分院公众号发表的文章《市县域空间规划中的 G、R、S》.

4 治理创新，国土空间规划的到来

4.1 空间治理转型，空间规划改革的诉求[①]

空间规划改革的目标自然是要推动空间治理方式创新与空间治理能力提升。要深入理解这个问题，先要辨析空间规划究竟是技术工具（相应地可以构建普适性的技术规程）还是公共政策。

1）工程技术与公共政策大讨论：20 世纪 70 年代西方国家空间规划体系的彻底转型

第二次世界大战后，由于大量战后重建工作的需要，“蓝图式规划”成为当时西方国家空间规划的主流模式。空间规划普遍作为实施物质空间形态规划与设计的技术工具，技术理性占据了主导地位。

自 20 世纪 60 年代开始，伴随着经济社会的全面复苏及计量革命等新兴科技的迅猛发展，面对经济社会发展的不确定性增强，科学规划的理性逻辑开始受到各方质疑甚至批判。空间规划的价值观在短时间内发生了根本性转变，公众参与、倡导性规划等迅速涌现并成为主流。空间规划不再仅被视为政府干预经济发展的技术工具，更被视为承载人们实现社会互动的基础平台。西方空间规划脱离了战后初期的技术工程范式，实现了向公共政策属性的根本转变（图 4-1）。规划研究更加侧重研究经济空间、社会空间、文化空间等非“物质空间”范畴，规划结论也越来越侧重如何通过政策干预来影响城市与区域的发展。

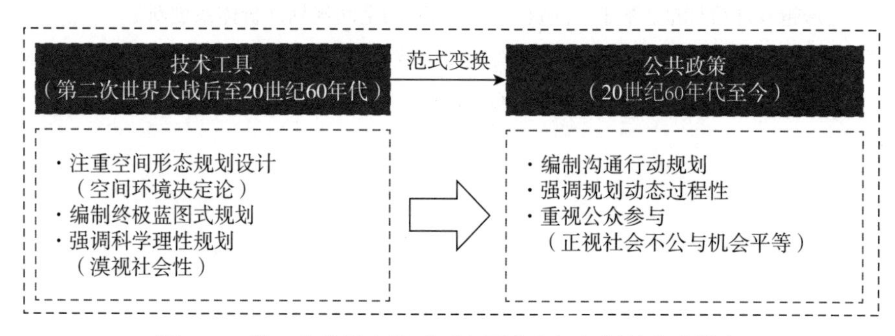

图 4-1　第二次世界大战后西方国家空间规划的范式转变

2）中国的空间规划实践：规划从“空间营建的技术工具”转向“公共政策与治理工具”

早在20世纪90年代末，以南京大学为代表的中国城乡规划界，就率先引进了治理（Governance）理念并进行持续的研究探索，认为城乡规划需要从单纯“空间营建的技术工具”逐步向调控资源、指导发展、维护公平、保障安全与公众利益的“公共政策”的治理工具转变。只不过当时这个概念的翻译更多的是“管治”，近些年基本上已经统一称之为“治理”。

在“治理”理念指导下，我国城乡规划领域率先在空间规划治理创新方面进行了探索实践，并将战略规划、情景规划等基于空间治理的规划理念引入了规划实践当中。在这个转变过程中，规划早已不局限在图纸绘制方面，更多地从治理的角度提出方向、路径、手段等一系列规划结论。

3）空间治理理念下的空间规划应当避免三个误区

（1）生态底线保护不是唯一目标

从“管控”到“治理”，核心要义就是不仅仅要“管”，更要在“管”的基础上“善治”。所以，空间规划要突破的一个重要内容，就是突破各部门习惯于计划管控的惯性思维，突破传统各类空间性规划刚性有余而弹性不足的现状，管住刚性底线、留足战略性空间，并从区域层面进行战略性引导。底线管控是为了可持续发展，有机统筹好发展与保护才是善治的体现。

（2）各级政府不是唯一的主体

空间规划体系划分为“五级”，但规划的实施执行并不局限在各级政府。治理的主体应从传统思维下的各级政府，转向多元主体。换句话说，空间规划的一个重要任务就是要厘清政府职责与市场界线的关系。厘清政府和市场的边界、调动多元主体参与空间共治才能更好地整合优势资源，规避问题短板，促进规划的科学编制和有效实施。

（3）建立技术规程不是终极目的

空间规划从技术工具到公共政策转变过程中的一个重要特征就是很难给出一个普适性的技术规程。如果期待依靠一个技术规程就能解决空间规划问题，那么就表明依然还是传统的工匠思维。“善治（Good Governance）并不存在着跨越国情、跨越文化差异的普适性模式。”[1]与其执着于对统一技术规程的孜孜研究，倒不如从空间治理解决实际问题的初衷入手。在对空间资产进行系统客观评价的基础之上，挖掘出规划对象最为实际的问题，并结合当地的治理特征提出具有实效的规划方案。

4.2 国土空间规划的分类体系②

这一版全新的国土空间总体规划，到底应该塑造一个什么样的空间呢？从问题导向来看，土地退化、环境污染、流域生态环境恶化等都是我们所面临的困境；从目标导向来看，国家发展进入新时代，人民群众对未来生活有了新的期盼，追求更好的生活品质乃至更高的生命价值，这些合理需求希望能够得到有效的供给。无论是问题导向，还是目标导向，都指向同一条主线：高质量发展。这一版的国土空间总体规划，要引领高质量发展，要实现高品质生活，同时要体现政府的高水平治理。

那如何构建一个全新的国土空间规划体系，来实现国土空间的重塑，引领高质量发展呢？当前大家的共识是，它既不是把原有空间规划推倒重来，也不是原有空间规划的简单拼盘，而是在继承、整合基础上的重构。

把现行各类空间性规划的传统优势与核心内容整合起来，看上去是可以做到的，事实上，不少地方也是这么做的。主体功能区规划明确的功能定位、发展方向、管制要求，国土规划确定的开发、保护和整治空间格局，城乡规划明确的生产力布局和城镇职能分工，土地利用总体规划强调的耕地保护、建设用地规模和布局管控，还有环境、林业等各类规划的林林总总，统统集合到一个规划中，形成一个大而全的厚重本子。应该说，这样的本子起码解决了原来各类规划的空间矛盾，能够实现“一张蓝图管到底”的目标，提高行政效率。实际上，在规定的时间内能实现多种规划空间的左右整合和上下衔接，就已经是巨大的工作量和成效了。规划的创新和重构，通过规划引领高质量发展，这个理念可以有，但实现起来有难度。因此，笔者更倾向于构建“1+N”的国土空间规划横向系统。其中的“1”，是指满足基本底线思维和核心管控要求，实现空间自洽、指标衔接；“N”，可以是某类资源、某种要素、某个行业的专项规划，也可以是特定地区的分区规划，甚至是某个概念性规划。“1+N”都是以高质量发展为核心目标，但“1”是蓝图，而“N”是从蓝图变为现实的路径，“N”的编制建立在探索和创新之上，与“1”共同引领高质量发展，实现高品质生活。

空间规划的纵向系统，对应的是国家和地方各级政府的空间治理事权。按照“一级政府、一级事权、一级规划”的原则，各层级规划需要解决的问题不同，规划内容、深度、重点及事权也不同。在国家层面，主要以国家安全、生态安全和资源安全为底线思维，强调开发保护格局的构建、关键性空间要素的安排、生活与生产方式的引导，以及重要空间矛盾的化解。因此，国家规划更注重引领发展的战略性，突出资源管控的约束性，重在国土空间用途管制的顶层设计和分级授权。在省域层面，重在对省域的协调协同和平衡，并对关键空间要素起到承上启下的作用。在市县层面，对上要落实上一级政府的管控要求，对下要引导开发建设的行动，重点突出结构布局、品质提升、要素控制和功能引导。其中，市级规划体现结构性和体系性，突出空间框架功能指引；县级规划体现传导性和布局性，突出指标传导和分区管控；乡级规划，则体现落地性和管控性，突出土地用途和全域管控，其中在开发边界内确定土地使用性质及其兼容性等用地功能控制要求，在开发边界外明确乡村单元的功能定位与规划结构、核心要素用途。

一方面，空间规划的纵向系统，总体可以沿用原来土地利用总体规划的五级体系，因为在各类空间规划中，土地利用总体规划的五级体系被公认为起到了有效的约束和管控作用。但另一方面，正是因为土地利用总体规划的强约束，下级规划的主要诉求变成了如何突破规划约束，规划指标一度成为核心追求，规划的调整和修改伴随规划实施的全过程。

所以，如何在传承基础上完善和创新，核心在于明晰中央与地方事权，在国家层面，加强对核心资源，包括影响国家生态安全、粮食安全等强制性要素的管控，严管涉及占用这些强制性要素的事权；同时给予地方发展一定的自主权。具体来说，是在指标设计上，国家级对核心要素采用约束性指标管控，其他非核心要素多采用引导性指标管控。

但必须看到，生态保护红线、永久基本农田保护红线是不可逾越的红线，这些要素的国家管控不可能放松，地方的自主空间只能是在限定的范围内。是戴着镣铐起舞，还是彻底转变观念？把生态保护红线和永久基本农田作为财富，作为构建千年不变之格局的精华，倒逼我们更关注空间的复合利用、存量空间的释放、地下空间的开发，使用有限资源去构建更高效、更有品质的空间，去满足人们对教育、医疗、养老、旅游、休闲的需求，满足人们对社会交往、艺术文化、自主创新、生命价值的追求，这是未来国土空间规划的永恒命题。

4.3 国土空间规划的技术要点

4.3.1 国土空间总体规划的双评估与双评价[③]

2019年5月，《中共中央 国务院关于建立国土空间规划体系并监督实施的若干意见》(中发〔2019〕18号)正式对外公布，将资源环境承载能力和国土空间开发适宜性评价作为国土空间规划的基础，同时也是初步形成全国开发保护“一张图”的科学支撑。同年7月，《自然资源部办公厅关于开展国土空间规划“一张图”建设和现状评估工作的通知》(自然资办发〔2019〕38号)印发，部署国土空间规划“一张图”建设和实现国土空间开发保护现状评估工作。而“一张蓝图”的前置条件，便是统一规划的基础。自此，引出了国土空间总体规划中两项重要的基础性工作——“双评估”与“双评价”。

1）什么是“双评估”与“双评价”

“双评估”是指国土空间开发保护现状评估与现行空间类规划实施情况评估。其中，国土空间开发保护现状评估又可简称为“现状评估”，按安全、创新、协调、绿色、开放和共享维度，构建符合地方实际的指标体系，开展相关评估，以找出研究区目前的国土空间开发保护现状的问题，以及其未来向高质量发展之间存在的差距，同时也能找出研究区国土空间所面临的潜在风险。“双评估”中的另外一项评估内容为现行空间类规划实施情况评估，又可简称为“规划评估”，是针对现行的空间类规划，如土地利用总体规划、城乡总体规划等规划，对定位、规模和结构等方面的实施情况进行评估，总结相关的成效和问题，分析不同规划之间的矛盾与冲突。“双评估”工作有助于发现国土空间治理的现状问题，制定合理科学的规划目标，便于编制后的规划实施工作有序展开。

“双评价”包含资源环境承载能力评价与国土空间开发适宜性评价两个方面内容。其中，资源环境承载能力是规划区域范围内资源要素在一定阶段内所能承受的最大的生产、生活活动。国土空间开发适宜性评价是指综合考虑国土要素条件，对特定国土空间人类活动适宜度的评价。通俗来讲，资源环境承载能力评价就是研究国土“哪里能用、能用多少”的问题，国土空间开发适宜性评价就是研究“要怎么用，适合做什么”的问题。通过“双评价”，可以认识区域资源环境禀赋特点，找出其优势与短板，发现国土空间开发保护过程中所存在的突出问题及可能存在的资源环境风险，确定生态保护、农业生产、城镇建设等功能指向下区域资源环境承载能力等级和国土空间开发适宜程度，为科学划定“三线”等空间管制边界、统筹优化空间布局提供基础支撑。

为落实上述规划战略与政策要求，2019年7月自然资源部发布了《市县国土空间开发保护现状评估技术指南（试行）》，并于2020年1月发布了《资源环境承载能力和国土空间开发适宜性评价指南（试行）》（简称《双评价指南》），然而随着试评价工作的开展，如何形成一套可落地、可操作、可推广的技术规范仍需不断地探索实践。以下针对“双评估”和“双评价”两个方面内容进行分析，分别提出各自的技术要点以及笔者在进行相关评估与评价工作中的心得体会，以有效支撑后续国土空间规划的编制工作（图4–2）。

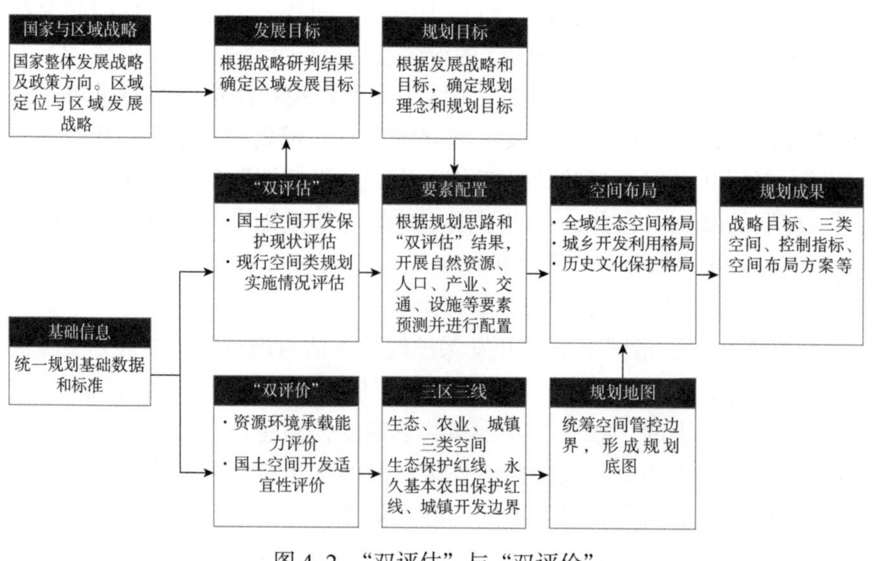

图4–2 “双评估”与“双评价”

2)“双评估”的技术要点与实践心得

(1)技术要点

目前，“双评估”工作中比较常用的方法就是指标体系法和基于GIS的技术评估法，相关评价内容也多是侧重规划的目标、内容与实施结果的一致性[2](图4-3)。市县级“双评估”指标体系的构建可分为基本指标和推荐指标。基本指标有底线管控、结构效率、生活品质三个方面的指标设置，着重突出底线管控功能。推荐指标从安全、创新、协调、绿色、开放、共享六个维度制定框架体系④。在实际操作过程中，应注意以下几点内容：

第一，注重自身特点的挖掘。基于研究区域的自然资源环境本底特征，在指标体系的构件上，整体按照“目标导向、问题导向、操作导向”的评估原则，并从“安全、创新、协调、绿色、开发、共享”六个维度入手，在88项指标中进行指标的选取(其中，基本指标为28项，推荐指标为60项)，旨在对研究区域的开发保护现状开展全面评估，梳理出研究区域在国土空间开发保护中存在的重点问题，实现区域的动态反馈。

第二，注重多源数据的应用。在“双评估”过程中，需要整合历年统计年鉴、政府工作报告、地理国情普查和监测数据、土地利用年度变更数据、第三次全国国土调查等相关多来源数据，通过集成分析以获取

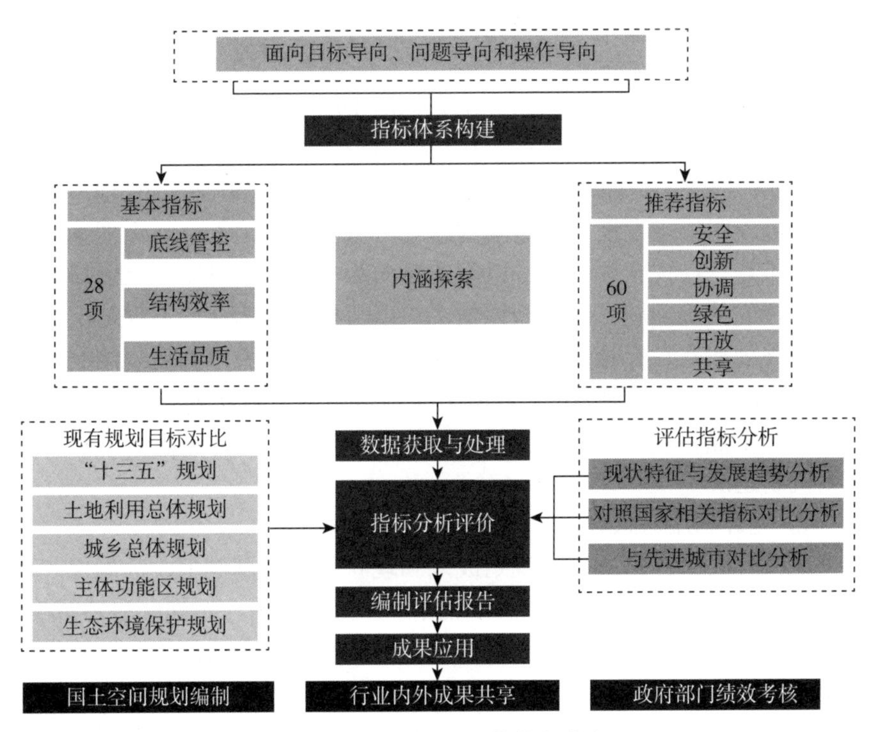

图4-3 “双评估”工作技术路线

相关评估指标的监测值，并通过地理信息系统软件 ArcGIS 形成相应的可视化图表，更加直观地展示出研究区域的国土空间现状特征。

第三，注重双维度的评估。主要着重从时间与空间两个维度对指标体系内的指标值进行分析与评估。在时间维度上，旨在揭示研究区域指标近 3—5 年的变化趋势；在空间维度上，将研究区与同级别的其他区域进行横向比较，分析部分指标值的演变方向与规律，并在更高一层级的区域发展中找准研究区的定位。

第四，注重现状分析的逻辑。遵循“指标构建—指标评估—成因分析—编制建议”的分析逻辑，并以“安全、创新、协调、绿色、开放、共享”六个维度为统领，首先通过与研究区域现有规划目标及国家所在省市相关的标准进行对比，其次与周边同类型城市进行横向对比，最后与自身发展趋势进行纵向对比，在此基础上全面理清研究区国土空间开发保护特征，分析问题的成因，最终确定国土空间规划的编制重点。

（2）实践心得

①“双评估”应充分应用“三调”及“双评价”成果

第三次全国国土调查（简称“三调”），是掌握翔实、准确的全国国土利用现状和自然资源变化情况的重要手段之一，通过“三调”数据掌握区域的土地现状，也为“双评估”奠定了现状评估的基础；“双评价”是对自然资源禀赋和生态环境本底的综合评价，明确国土空间的城镇建设、农业生产等的适宜程度，为“双评估”提供空间适宜性的指引。“双评估”应充分利用“三调”和“双评价”的相关成果，增强“双评估”的客观性和合理性。

②“双评估”应与国土空间治理体系同步构建

目前，国土空间治理体系正在构建当中，所以“双评估”也应该同步考虑如何服务于空间规划实施机制的搭建。“双评估”就是在理清现状的基础上，明确与发展目标之间的差距，从而明晰国土空间规划编制的重点与难点。在现状评估中，以问题导向为主，旨在发现研究区目前发展所存在的关键问题；在规划评估中，以目标导向为主，不仅与上位国土空间规划战略目标相衔接，而且要明确下一步国土空间规划编制落实战略目标的重点和主要方向；在规划实施机制的编制方面，以可操作性、可落地为重点，与各地国土空间管理体系相衔接，提出适合地方特点的政策机制建议。

③ 充分利用遥感数据，加强人口信息获取

在充分收集评估所需的规划成果和现状数据的基础上，为确保“双评估”的客观性，应注重社会大数据等资料的应用。例如，遥感数据，可以全面并及时地反映土地利用变化情况，可以为现状评价和监测提供重要的数据支撑；手机信令数据，也在一定程度上对传统的“十年普查，五年抽样”的人口数据加以完善，还原了人口的分布及出行规律，为智慧规划提供了有效的监测手段。

3)“双评价”的技术要点与实践心得

(1)技术要点

① 技术方法演进历程

2013年11月12日，在《中共中央关于全面深化改革若干重大问题的决定》中首次提出了“建立资源环境承载能力监测预警机制”；目前的《双评价指南》，国家发展和改革委员会、国土资源部、环境保护部等各部门都出台了相应的一系列技术规程（表4–1）。通过表4–1的梳理我们可以看出，目前我们所使用的《双评价指南》的编制是建立在各部门的通力合作与丰富实践经验基础上的。

表4–1 “双评价”相关技术规程

名称	时间	内容	特点
国家海洋局《海洋资源环境承载能力监测预警指标体系和技术方法指南》	2015年	海洋资源环境承载能力包括海域空间资源承载能力、海洋生态环境承载能力、海岛资源环境承载能力等	主要评价对象为海域。为建立海陆统筹的全国资源环境承载能力监测预警机制提供了重要的支撑
国家发展和改革委员会、国家测绘地理信息局《市县经济社会发展总体规划技术规范与编制导则（试行）》	2015年	适宜性指标包括区位优势、交通干线影响、地形地势、人口聚集度、经济发展水平；约束性指标包括自然灾害影响、可利用土地资源、可利用水资源、环境容量、生态系统脆弱性	主要针对开发适宜性，考虑了资源环境承载能力和空间开发负面清单（永久基本农田、自然保护区等）；《双评价指南》中城镇建设适宜性评价的优势度指标借鉴了该规程
国家发展和改革委员会、国家海洋局等13部委《资源环境承载能力监测预警技术方法（试行）》	2016年	资源环境承载能力包括陆域的土地、水资源、环境、生态，以及海域的空间、渔业、生态和海岛等方面的现状和过程评价	评价要素全面，既包括了海陆全覆盖的基础评价，又包含了主体功能区的专项评价。基于短板理论，评判承载能力等级和预警状态，标准严格
国土资源部《国土资源环境承载力评价技术要求（试行）》	2016年	包含土地综合承载能力和地质环境承载能力两个部分。土地部分以土地资源（建设用地和耕地）承载能力为基础，用其他要素（水、生态、环境）进行修正评价	侧重土地和地质承载能力，充分考虑地质要素。对生态环境评价较为简单，土地承载能力是基于适宜性结果，承载阈值在所辖行政区内以分位数确定不甚合理
环境保护部、国家发展和改革委员会《生态保护红线划定指南》	2017年	在国土空间范围内，按照资源环境承载能力和国土空间开发适宜性评价技术方法，开展生态功能重要性评估和生态环境敏感性评估，确定水源涵养、生物多样性维护、水土保持、防风固沙等生态功能极重要区域以及极敏感区域，纳入生态保护红线	评估方法采用模型评估法和净初级生产力（Net Primary Productivity，NPP）定量指标评估法两种方法。模型评估法数据量大、准确度较高；定量指标评估法适用范围具有地域性、操作较为简单。《双评价指南》中的生态部分评价方法就是借鉴了该规程中的模型评估法
国土资源部《省级国土规划编制要点》	2017年	资源环境承载能力评价选取土地资源、水资源、海洋资源、矿产资源等要素开展单因素评价和综合评价，确定短板；国土空间适宜性评价结合影响国土空间开发的资源、区位、人口等因素，对省域空间建设开发适宜性进行评价	承载能力评价更趋向于资源环境开发限制性评价，选取的因素更偏重土地承载能力；适宜性评价也较为偏重城镇建设的适宜性，对生态和农业因素考虑较少

以上各领域涉及承载能力或适宜性评价的技术规程较为有效地支撑了相关规划编制及资源环境承载能力监测预警等相关工作，同时很多评价要素与评价方法在《双评价指南》中也得以继承。但在实际应用过程中，这些规程也存在一些问题。

首先，评价结果无法直接应用于国土空间规划工作中。以上的技术规程中已有部分规程考虑了资源环境承载能力和国土空间开发适宜性两个方面，但是最终并没有综合集成成果，故无法有效地对国土空间规划编制工作进行支撑。

其次，评价指标体系缺乏一致性。由于各类规程的编制目标各有侧重，故在构建指标体系时，指标的选择也不尽相同。指标体系的构建具有一定的主观性和随意性。

再次，指标之间的逻辑关系不清。将一些结论性数据直接作为规划中的限制性因子，忽略从自然本底角度考虑的国土空间开发适宜性，不仅是片面的，而且是错误的。

最后，评价技术方法的专业性过强，可操作性较差。评价指标过于繁杂，评价技术方法的专业性过强，需要有专业性背景的技术人员进行评价，因而难以普及推广应用。

② 技术路线演进历程

《双评价指南》前后经历了数次调整与优化。通过对 2019 年 3—4 月版本，2019 年 6—7 月、11 月版本和 2020 年 1 月试行版本这几个版本《双评价指南》工作流程的梳理（图 4–4），可以看出技术路线的提升主要体现在以下几个方面：

一是逻辑更为清晰，评价目标明确。2019 年 6—7 月版的《双评价指南》，将上一版本国土空间开发适宜性评价中的补充评价指标统一放入单项指标评价当中。所有的评价过程均在单项评价中完成，而后根据不同功能指向有侧重地选取单项指标进行集成。整个评价过程逻辑性更强，评价目标和重点更加明确。

二是加入地方性特色可选指标。2019 年 6—7 月版的《双评价指南》，加入了矿产资源与文化资源评价作为可选评价，使《双评价指南》在针对某些资源型城市与历史文化名城的评价工作中更有侧重性，也更贴合地方的实际。

三是突出生态优先的特征。2020 年 1 月试行版的《双评价指南》强调“生态优先”的评价原则，即首先开展生态保护重要性评价，再在生态保护重要性评价结果的基础上，开展农业生产和城镇建设适宜性评价。

四是不再指定评价方法，评价方式更加灵活与多元。2020 年 1 月试行版的《双评价指南》较前几个版本来讲愈加简洁，不再罗列各项评价的具体评价方法，而是只写明一些原则性的、具有指导性的要求。评价的技术人员可以根据自身水平与当地情况选择适合的评价方法。

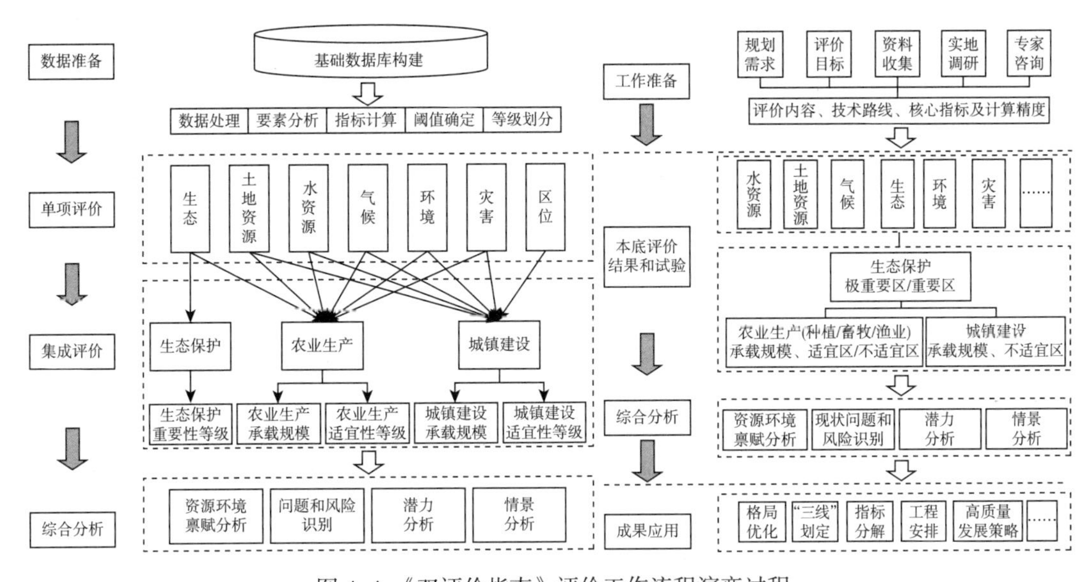

图 4–4 《双评价指南》评价工作流程演变过程

注：左图为 2019 年 6—7 月版本；右图为 2020 年 1 月试行版本。

（2）实践心得

采用《双评价指南》中的技术方法分别从土地资源、水资源、气候、生态、环境、灾害和区位七个方面对徐州市的资源环境承载能力与国土空间开发适宜性进行评价。以下针对实际评价工作中所遇到的重点与难点问题进行分析：

①“双评价”工作中的基础数据问题

“双评价”必须依据客观性、准确性程度极高的数据资源。然而，资源环境类数据缺失，或有数据难以共享，或共享数据又因数据规格不统一等问题严重影响其在“双评价”工作中的使用[3]。从过往的评价工作来看，基础数据的获取难度随着评价区域的尺度缩小而不断增大。市县一级的评价对土地要素的数据精度要求较高，加之地质灾害、水环境、大气环境、土壤污染、生态环境等要素的基础资料在此层级也比较匮乏，且数据精度不高。一方面，这是由于地质环境调查往往是大比例尺的，且覆盖不全面，而水文等要素的基层监测站点不完善也造成数据覆盖不全等问题。以大气环境监测数据为例，大气环境监测站点大多分布于市中心的周边，且一个城市内的监测站点也较少，而农村区域的大气环境监测数据更几近空白。加之受到监测设备与技术人员水平的影响，许多基层监测站点的数据仍会存在较大的误差[4]。另一方面，市县层面资源环境监测数据的公开化程度很低，如逐日气象数据与土壤污染数据等，多为内部涉密资料，难以获得。

② 精细化的指标筛选与恰当的阈值选择

指标要素选择和关键阈值的确定等方面仍需具有一定的弹性，以便突出各地区的自身特色。“双评价”涉及的评价指标数量众多，内容各异，因而指标体系在力求相对统一的基础上，如何融入兼顾地方特色的指标是“双评价”工作中的关键问题。《双评价指南》在编制过程中主要考虑在全国范围不同地区之间的普适性，保障评价结果可对比、可分析。但在实际的评价工作中，为了突出各地区的特点，需要选择一些具有地方特色的指标要素。以水资源评价为例，《双评价指南》中使用水资源总量模数作为评价指标，并以干旱指数与工程性缺水指数作为辅助评价指标，但以上两项指标并不能囊括所有区域的缺水原因，因而也会出现某些区域评价结果与实际情况不符的情况。就以徐州市水资源情况为例，徐州市的整体水资源总量模数处于较好水平，但仍为国家 40 个严重缺水的城市之一。徐州市的此类情况与我国整体的水资源状况类似，总量大而人均占有量少，故在徐州市水资源评价时考虑引入人均水资源量作为此类缺水区域的特色评价指标，对原有评价结果做出修正。

我国幅员辽阔，各地资源禀赋与社会经济状况差异较大，《双评价指南》中统一的评价阈值无法达到各评价尺度的普适性。针对大尺度区域的评价，如国家 / 省一级的“双评价”工作，评价结果较好，可以反映区域的分异特征。但针对小尺度的评价区域，如市县一级的“双评价”工作，评价结果的均质性较高，难以反映区域的资源环境分异特征，因而在针对市县一级的评价工作时，要针对区域的实际情况对评价阈值进行调整，力求评价结果更具科学性。

③ 科学合理的评价方法替换

数据不全几乎是“双评价”开展中不可避免的问题，必要时可通过调整评价模型来达到评价的目的。尤其是《双评价指南》的生态评价部分，涉及众多的评价公式与指标因子，不仅数据需求量较大而且操作较为复杂，常令初次接触《双评价指南》的技术人员头痛不已。在上文梳理的与“双评价”相关的技术规程中（表 4–1）可以得知，《双评价指南》中有关生态部分的评价主要是借鉴环境保护部与国家发展和改革委员会 2017 年联合发布的《生态保护红线划定指南》中的模型评估法。《生态保护红线划定指南》除模型法外还提供了另外一种净初级生产力（NPP）定量指标评估法，此种方法所使用的指标较少且较易操作，因而在实际的评价工作中也可考虑将定量指标评估法作为替代方法对生态部分加以评价，或考虑将模型法与定量指标评估法相结合对生态部分进行评价。

④ 人才培养体系的建设

目前，“双评价”试点工作已经在全国范围内如火如荼地开展，然而在空间规划的专门人才培养方面仍十分薄弱。开展“双评价”工作的技术人员应具有地理学、城乡规划学、环境科学、土地科学等学科的理论知识与方法，但目前技术人员多以“专才”为主，仅擅长某一领域的工作，对于“双评价”这一全新的领域，既缺乏全面的知识储备又缺少相关的工作经验。因而，国土空间规划主管部门应组织国家级的权威专家对城市规划设计研究院的技术人员、土地勘测规划院的技术人员、科研院所的规划专家进行专业和技术的培训，确保国土空间规划的科学性、合理性与有效性[5]。

4）小结：再谈“双评估”与“双评价”

“双评估”与“双评价”是国土空间规划编制的重要前提和基础。随着《双评价指南》的出台与不断完善，经过各地的探索实践与经验的积累，“双评估”与“双评价”成果将更好地服务于国土空间规划的编制。以上，通过对“双评估”与“双评价”的开展背景、概念内涵、技术要点、实践心得等内容进行解读，以期对后续的“双评估”与“双评价”工作提供借鉴。然而，以上两项工作中仍有一些问题有待进一步的探讨。就目前的评价结果来看，“双评价”对于一些大尺度的区域性的国土空间规划，发挥着十分重要的作用，而对于一些小尺度的、自然条件均质性较高的区域，如城市开发边界内部的规划，指导作用甚微。因而，是否要一味坚持统一的技术路线进行评价，值得进一步讨论研究[6]。

4.3.2 国土空间规划的资源管控与生态保护②

空间规划是对各类资源要素、各类空间结构的统筹安排。生态、生活、生产等各种要素其实都很重要，但内在是有一个位序的。当前，从国际来看，中国有外部压力，要担当大国责任，要绿色发展；从国内来看，人民群众对美好生活有追求，需要山川秀美的国土空间；从社会经济发展的阶段来看，我们从工业文明进入了生态文明时代；从现状来看，我国建设用地规模基数已经很大了，利用效率不高。这些决定了我们必须在新的生态文明理念指引下，去考虑当前空间化的位序。首先应该是生态空间优先，要基于生态系统的安全性、完整性角度来思考；其次是农业空间，确保城市的安全；最后才是我们的城镇空间，城镇空间不再着眼于去扩大，更多的是要提质增效，去创造功能丰富的、富有活力的空间。

因此，国土空间规划最核心的内容，便是三条控制线即生态保护红线、永久基本农田保护红线、城镇开发边界的划定。三条控制线旨在处理好生活、生产和生态的空间格局关系，着眼于推动经济和环境的可持续与均衡发展，是美丽中国建设最根本的制度保障⑤。

三条控制线的单独划定，技术上并不难实现。如生态保护红线的划定，以“双评价”中的极重要、重要生态功能区为基础，再与自然保护地的调整相衔接，应划尽划。永久基本农田保护红线的划定，是在原有基本农田的格局上进行布局的微调。而城镇开发边界的划定，是基于国土空间开发适宜性评价和资源环境承载能力分析，在适宜城镇开发建设的区域内考虑城镇发展现状和趋势，明确城镇定位，摸清底数，科学分析未来城市发展方向和建设需要而划定。

难就难在三条控制线的空间协调。特别是在市县，最难的是城镇开发边界与生态保护红线、永久基本农田保护红线的协调。再怎么谈生态文明建设，谈新发展理念，对于地方而言，城市发展还是摆在最重要的位置，生态保护和粮食安全更多的是中央的事。但不管怎么理解，生态保护红线和永久基本农田保护红线有硬性指标，各类空间还要上图入库，所以必须在满足约束性指标的前提下再谈城市发展。

其实，怎样协调三条控制线的关系，需要处理好三个关系：

第一，是科学逻辑和行政逻辑的关系。生态安全、粮食安全是国家战略，必须守住生态保护红线与永久基本农田保护红线这两条底线。从国家层面来看，守住底线最基本的方法就是指标层层分解、下达和落实，这是行政逻辑。而地方，则需要用科学逻辑去化解具体矛盾与冲突。如何体现生态系统的完整性和系统性？如何充分落实核心生态斑块、核心歇脚石斑块和核心线性廊道等要素？怎样突出优质耕地的保护？如何将城镇、农田、生态作为一个生命共同体来统筹？用科学逻辑去完善行政逻辑，这是规划中的智慧。

第二，是静态规划和动态发展的关系。国土空间规划是一张蓝图画到底，好像是静态的，但规划所承载的社会经济活动都是动态的，对空间的要求也是动态的；同时，随着规划的实施，空间本身也是动态的。如随着时代的变化、理念的更新和技术的发展，人们对城市功能的需求会有变化，有些现在拿不准的，要留有空间，所以规划要留白。同时，当前固化的空间随着规划的实施也在调整。例如，一些需要生态治理的空间，如基本农田整备区，还有大量的城市存量空间……在三条控制线划定的时候，如何充分考虑未来的发展，把静态和动态结合，也是一个挑战。

第三，是战略性引导与精细化管控的关系。从划定城镇开发边界的初衷来看，城镇开发边界是一条引导线，是一条政策边界，体现了集中和分散，不是“建”和“非建”的边界，是“集中开发”和“分散建设”的边界。但在实际划定工作中，由于受生态保护红线，特别是耕地、永久基本农田的指标限制，城镇开发边界内开天窗的情况十分常见。出于精细化管控的要求，规划地类必须清晰，该开的天窗必须得开；但要体现规划理念，发挥规划的战略引导作用，类似土地利用现状图的规划图明显无法起到这样的作用。如何在规划的内容和表现形式上，既能体现战略性引导，又能满足未来精细化管理的要求，也需要进一步探索。

此外，三条控制线不仅仅是表现在规划空间上的三条引导线，更重要的是形成与之相配套的管理机制和实施政策，以及强调各项政策在空间上的综合性和协同性，这是对管理提出的更加精细化和高效的新要求[7]。

4.3.3 空间发展战略的系统性与同时性逻辑⑥

在当前的国土空间总体规划编制体例中，先做“双评估”和“双评价”，再开展发展战略研究等专题，在此基础上形成总体规划应该是当前大多数国土空间总体规划编制的通常思路。尽管发展战略研究的重要性已经成为大部分规划同行的共识，然而在国土空间规划的试点阶段这一点却并没有那么容易被普遍接受。

发展战略研究在城乡总体规划中一直占据比较高的位置，甚至在城乡总体规划编制前有时候还单独编制发展战略规划。可是，在“多规合一”与空间规划试点阶段，不同专业背景的规划同行还真就此产生过一些争论——是否有必要做战略规划，或者说发展战略是否真的那么重要？有一些规划同行认为，在做完“双评价”、划定“三区三线”之后，就可以直接得到总体规划方案了——也就是土地利用规划。理由也很简单，“三区三线”都划定了，那么方案不就有了吗？这确实是一个让人很困扰和很无奈的问题。现状分析和规划结论尽管在文本中是泾渭分明的不同章节，可是在规划研究过程中确实存在同时性逻辑，而发展战略研究恰恰是体现这个同时性逻辑的关键！

当然，在国土空间规划时期，我们所说的发展战略研究已经不仅仅是为了增长的战略，而是可持续发展的战略。规划的难度和复杂性在上升，战略已经不仅仅要满足发展的需要，更要满足保护、底线管控的根本要求。从这个角度上来分析，并不是说规划创新后不需要战略研究，而是更需要“科学”的战略研究以解决“复杂”的空间问题。在新一轮的国土空间规划中，为了解决日趋复杂的空间问题，“双评估”“双评价”技术被引入了规划编制中。它们的导入能够更好地解决战略研究的前置问题，即对规划背景更清晰地梳理和对现状问题等科学的评估。在这个基础上，能够让规划的战略研究更为科学和扎实。

那么，如何在新一轮的规划改革中更好地理解战略研究则成为规划编制思路的关键问题。基于规划的公共政策特征和治理工具属性，战略设计实际上反映了治理目的，它属于规划的顶层设计。一方面，它反映了治理目标或是进一步从空间规划的维度解释了治理目标；另一方面，它是规划提纲挈领的纲要，规划方案的编制将紧紧围绕这个战略而展开。可以说战略设计是整个规划编制过程中最为关键的一环，只有把这个环节思考清楚了、想透彻了，才能使前期的研究分析以及后期的规划方案融会贯通，才能够让规划编制更加科学、符合逻辑。而要实现国土空间规划中战略设计的合理性，在研究逻辑上至少做到两点，即系统性和同时性。

系统性逻辑相对比较好理解，系统性主要是强调对事物的整体认知。系统性逻辑就是运用系统的观点，把对象相互联系的各个方面及其结构和功能进行系统认识的一种思维方法[⑦]。与系统性逻辑的整体功能性相比，线性逻辑强调两点之间的单一关联关系，结构逻辑则强调全面与多维度的考量关联关系。如果将系统性逻辑运用到规划编制中，那么在规划编制过程中应该将所涉及的各个领域作为一个系统研究。例如，在研究土地利用的同时应同步考虑道路、绿地、生态等等“系统内”的各类要素，而不是孤立地去研究土地、交通等领域。它们都属于城乡区域中的空间要素，需要基于整体功能的全局观提出综合性方案。

同时性逻辑是近几年规划界经常提到的概念，尤其是整体主义规划流派非常强调规划中的同时性问题。同时性逻辑和系统性逻辑在某些方面是有交集的，但是它更侧重规划分析与规划结果的同步性。我们在搭建规划系统性逻辑结构的时候，往往会发现我们遇到的系统要素是海量的。也许仅仅是规划编制中的产业研究，如果要细细研究，那么其深度与广度就难以穷尽。理性规划方法非常强调区域研究、现状研究到规划提出、完善纠偏的过程。这个看似线性的过程实际上隐藏着同时性逻辑。每一次方案的提出实际上都是与区情现状进行一次校核。区域分析和规划结论已经不再是一个简单的前后顺序关系了，而是一种战略分析和战略假设的不断校核关系。情景规划方法的提出实际上就比较好地反映了规划同时性逻辑的特性。当然，关于情景规划的内容会在后文单独拿出案例进行分析和阐述。

系统性逻辑与同时性逻辑是我们在战略设计研究中需要考虑的两个非常基本的要点。如果我们能够理解这个思路的话，那么我们也就不会再去纠结“双评估”“双评价”以及战略研究和规划结果之间的关系和重要性了。

4.3.4 面向可持续的产业发展与空间发展⑧

1）传统产业研究的要素路径依赖

“产业研究”主要研究产业的发展情况，产业发展与当今人类社会的生活、工作、生产等息息相关。随着工业化和城市化的发展，城市产业用地的需求在不断加大。在传统的总体规划编制思路下，产业研究的主要依据仍然是要素路径依赖，规划以总体规划为基础的产业空间的发展战略引导和政策指导[8]。通过结合多个空间要素分析，选择具有潜力的空间位置，经过对区域经济、人口、资源、环境等统筹分析，对空间格局进行调整，以达到区域利益最大化，再进行资源合理配置，增强区域可持续发展能力与竞争力[9]。产业规划在不同编制思路下需要遵循的规划要求也不同。在专业规划编制思路下，产业空间规划为空间发展提供政策保障。产业空间规划需要以总体规划为基础，与区域规划、专项规划的规划内容对应。在详细规划编制思路下，需要落实具体项目，做出实施性安排，遵循总体规划，衔接专项规划[8]。

2）国土空间编制思路下的产业研究

在国土空间总体规划编制思路下，产业空间规划要突破原来的要素路径依赖的限制；产业空间规划要保证遵守城市发展的引导方向，遵循国土空间规划的有效指引，尽可能细化产业规划的落地性内容，融合产业规划需求与国土空间包容性，实现产业规划对国土空间规划的有效支撑[9]（表 4–2）。国土空间规划特别要求产业发展规划提出合理的空间格局。产

表 4-2　国土空间体系下产业空间规划的分类与重点

类型	产业空间规划	国土空间规划	发展规划	环境保护规划
总体规划	战略、规模、结构，重点产业集聚区布局	市级、区级国土空间总体规划	产业战略引导和政策指导	区域生态环境保护目标
单元规划	产业用地控制线	主城区、特定政策区单元规划	产业功能区规划	产业园区环境保护要求
详细规划	规划产业空间底图，具体地块的产业要求、土地要求、环境保护要求	控制性详细规划、郊野单元村庄规划	产业地图	项目环境保护要求
专项规划	产业带、重点发展区域等，先进制造业、新兴产业、文化产业等，导向、规模、布局、政策			

业发展是推动城市经济发展的基础，也是国土空间规划的重要出发点，是区域战略规划的重要载体。产业和空间是一个统筹、自洽的互动过程。一方面是给已经确定的主导产业、支柱产业提供足够的发展空间；另一方面是要通过空间为产业的不确定性做好弹性预留。随着社会经济发展的需要，产业发展将更加多元化，空间资源将更加稀缺。高质量发展背景下规划的目标体系、产业发展时序及空间布局指引、存量产业用地及增量用地结构、重大产业项目和平台建设、新型产业需要的基础设施及新基建等建设布局，是产业空间规划的重要支撑，也都需要国土空间来承载和协调[9]。

3）可持续的空间与产业发展

在国土空间编制思路下，主要通过空间可持续发展倒逼产业的可持续。东北停电导致大部分工厂停产停工，英国石油短缺造成恐慌性购买狂潮，黎巴嫩陷入全国性停电，电费水涨船高等社会新闻引起大众对全球能源危机的思考。2022 年 3 月 15 日，习近平总书记在中央财经委员会第九次会议上发表重要讲话，强调“实现碳达峰、碳中和是一场广泛而深刻的经济社会系统性变革，要把碳达峰、碳中和纳入生态文明建设整体布局”。在产业发展上，需要处理好产业与生态的关系，推动空间的可持续发展。当然，随着社会发展的变化，产业发展的方向也在不断变化。早期农业社会向工业社会再向服务业社会转变[9]，产业也在寻求不同的发展方式以适应社会的变革。传统农业、工业已经满足不了如今社会经济发展的需求，追求高质量、低污染的产业，传统产业的转型升级，寻求更高利润的产业发展，是城市经济持续增长的动力。

4.3.5　一张蓝图、一个数据库与一套机制⑨

在国土空间规划改革阶段，我们经常听到的一个关键词，即“一张蓝图”。“一张蓝图”系统旨在为国土空间治理提供可量化、可传导、可监督的技术抓手，涉及国土空间规划编审和实施监督全部环节。

“一张蓝图”突破了传统的空间规划机械整合，它包括了“一个平台、一套机制”的工作外延及要求，是一项以空间治理为主的系统性工作。例如，厦门以《美丽厦门战略规划》以空间信息平台建设为载体，统一坐标系、数据标准和用地分类标准，用“一张蓝图”统筹发展规划、城乡规划和土地利用总体规划，以及各类部门规划。在“一张蓝图”的实践中，各部门不仅在工作技术上加深了对国土空间科学性、生态化和集约化的理解，而且为统筹和实现地区高质量发展提供了政策工具，真正将规划蓝图落实到全方位治理当中。

我们要看到，这里有两个重要转变：一是在业务上，国土空间规划不只是编制规划，更注重规划的实施和监督；二是在技术上，国土空间规划将与信息技术深度结合，成为高治理、自适应的智慧规划，推动业务重组和空间治理能力的飞跃提升。结合当前各地的实践和学者的讨论，实现“一张蓝图”的技术手段大致有以下几个方面：

1）创建“一个数据库”是落实“一张蓝图”的技术手段

国土空间规划要求进行全域全要素、陆海统筹、区域协同的全盘谋划，要求规划成果数据库按照统一的国土空间规划数据库标准与规划编制工作同步建设，从而实现城乡国土空间规划管理全域覆盖、全要素管控[10]。以重庆市为例，打造“一云一库一平台”并将其作为整个自然资源管理的数据库和业务库，实现“智慧化场景”，构建规划自然资源政务云、自然资源和空间地理数据库、国土空间信息平台，形成资源共享、能力共通的信息化工作格局。同时，通过“三全三控”推进“智慧化监管”。基于国土空间信息平台发现管理风险异常点，通过在国土空间信息平台行政许可办理各环节设置与植入的方式，实现“全区域、全流程、全时段”覆盖，全面打通规划自然资源审查审批管理。应用大数据、智能化技术手段，对通过平台办理的各类审批业务中所存在的潜在风险点进行全程自动的信息监控和预警，在业务办理过程中对关键指标、关键过程、关键权限是否符合要求实现智能化预警提示，实现“事前预控、事中防控、事后管控”。

2）打造“一个平台”是实现“一张蓝图”的组织基础

“一个平台”是将过去各自为政的部门管理模式向综合管理模式转变的重要工具，是推进数字化政务服务全覆盖的常用方式。例如，武汉市“一个平台”包括检测评估预警系统、规划编制台账系统和行政许可台账系统，可集成多个连接各部门业务管理系统的子平台，实现各部门数据与应用的互联互通，同时，“一个平台”可以实现目标分解的过程，便于明确职责和工作进程，能够有效组织空间治理工作的进行。目前可以看到，众多发展城市正在联合科技公司进行“城市大脑”的建设，将聚合更多主体，实现政府对市场的数字化互动和智慧化服务，此时，国土空间的数字化平台将成为“城市大脑”的一部分参与城市治理当中。

3）创新“一套机制”是实现“一张蓝图”的实现保障

“一套机制”是技术应用和规划管理工作的连接机制，是智慧化管理的基本要求，不仅有协调和传导的作用，而且可以广泛关联各参与主体。“一套机制”要将“五级三类”的国土空间规划体系作为基础架构进行全面覆盖，同时根据本地情况进行机制创新，如采用空间单元管控系统和近远期规划实现空间传导和时间传导。

如何让“一张蓝图”成为现实一直都是规划工作所面对的难题。新时期的规划改革在强化国土空间规划作为可持续发展空间蓝图的同时，更突出了国土空间规划在时间上的安排，同时被赋予“国家空间发展的指南”和“可持续发展的空间蓝图”的双重功能。2018 年，《中共中央 国务院关于统一规划体系更好发挥国家发展规划战略导向作用的意见》（中发〔2018〕44 号）发布，要求“强化国家级空间规划在空间开发保护方面的基础和平台功能，为国家发展规划确定的重大战略任务落地实施提供空间保障，对其他规划提出的基础设施、城镇建设、资源能源、生态环保等开发保护活动提供指导和约束”，自此明确了国土空间规划在发展建设中的指导作用和技术框架。更重要的是，国土空间规划中时空大数据的应用，使得近远期规划的制定更加科学合理，并真正使“一张蓝图”的落地实施成为可能。

4.3.6 国土空间规划的专项规划和详细规划[⑨]

2020 年 11 月，自然资源部出台了《国土空间调查、规划、用途管制用地用海分类指南（试行）》。在整合《土地利用现状分类》（GB/T 21010—2017）、《城市用地分类与规划建设用地标准》（GB 50137—2011）、《海域使用分类》（HY/T 123—2009）等分类的基础上，建立全国统一的国土空间用地用海分类。其中，将国土用途分类分为三级，以一级类和二级类为基础分类，三级类为专项调查和补充调查的分类。至此，中国的国土空间规划已经从分区阶段向规划落地阶段转变，进一步完善了总体规划到详细规划层面的衔接，使国土空间详细规划和各类专项规划在国土用途分类上有了直接依据。

尽管国土空间规划的用地分类已基本确立，但国土空间总体规划与详细规划的衔接方法并不明确。事实上，国土空间规划也并未改变原有相关部门的规划管理和审批职能，如历史文化名城保护规划等专项规划和控制性详细规划等。“落实国土空间总体规划和专项规划、详细规划的传导，确保规划能用、管用、好用”是新时期国土空间规划提出的要求。国土空间规划通过凝聚地区发展、明确各部门管理职责，统筹各类规划，确定发展目标和发展框架，最终确定“五级三类”国土空间规划体系（图 4–5）。在当前国土资源精细化管理的要求下，在国土空间海陆统筹的背景下，国土空间专项规划和详细规划有了一定的变化。

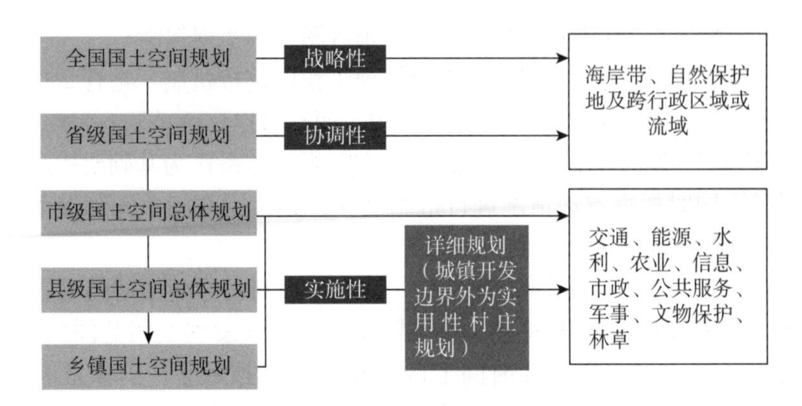

图 4-5 “五级三类”国土空间规划体系

1）国土空间规划与专项规划

（1）专项规划在国土空间规划平台上纵向延伸、全面提升

在“五级三类”国土空间规划体系的“三类”规划中，只有专项规划的编制主体不局限于自然资源部门，呈现出从纵向延伸到横向协同的新特点。以往的专项规划由各部门分头开展，导致同一空间不同要素之间出现冲突、管理深度不一致等问题。在新的空间规划体系下，国土空间总体规划期望实现“全方位无死角”的管控。一方面，为了解决各类专项规划的矛盾，实现各部门的工作目标，各部门应在国土空间规划“一个平台”下，根据专业要求，深化和细化本部门的管理内容，如水利部门可以在国土空间规划中落实水利设施布局的需求。另一方面，自然资源部门加快向“两统一”新职责转型，涉及领域更加广泛。多部门、多专业的协同催生了大量的专项规划研究和编制需求，在落实国土空间规划的重要性上不言而喻。

从政府文件我们可以看到相关部门对专项规划在国土空间规划体系中的角色定位和功能要求。2018 年 3 月，《深化党和国家机构改革方案》印发，要求“强化国土空间规划对各专项规划的指导约束作用，推进‘多规合一’，实现土地利用规划、城乡规划等有机融合”。同年 11 月，《中共中央　国务院关于统一规划体系更好发挥国家发展规划战略导向作用的意见》（中发〔2018〕44 号）发布，强调“建立以国家发展规划为统领，以空间规划为基础，以专项规划、区域规划为支撑，由国家、省、市县各级规划共同组成，定位准确、边界清晰、功能互补、统一衔接的国家规划体系”。自此，专项规划不再是各部门的单打独斗，而是建立在国土空间规划平台基础上的全面提升。

（2）国土空间规划面对的两种专项规划

在国土空间规划实际工作中，笔者认为专项规划包括以下两种：

第一种是规划组织编制主体为自然资源部门，涉及空间利用的专项规划，如土地整治规划、基本农田储备区规划和城市更新规划等。这类专项规划应服从国土空间总体规划，有关技术标准应与国土空间规划衔接，科学合理地指导详细规划。

第二种是规划组织编制主体为其他主管部门，与国土空间规划有密切关系的相关专项规划，如交通主管部门组织编制的交通规划，海洋主管部门编制的海洋特别保护区规划，以及能源主管部门编制的能源规划等。由于编制主体和规范技术的不同，这些规划与国土空间规划衔接时要更加注意相互协调。一般情况下，这些专项规划往往涉及重大和特殊问题，国土空间规划往往会首先考虑这类专项规划的需求，根据既定的专项规划划定特殊用地、重大项目建设用地等。

（3）专项规划编制的关键技术环节

专项规划编制有很多关键技术环节值得关注，牵涉数据收集整理、标准规范整理、成果形式表达和成果输出等方方面面。具体的关键技术包括以下方面：

首先，要共享数据，底图合一。根据专项规划的特点和特定要求，要开展地类细化调查，补充专项规划编制所需的要素。以专题应用为导向，各部门共享国土空间相关信息，形成符合专项规划需求的专题底图。其次，要综合编制依据，确定技术规范。一是要符合总体规划的强制性内容，二是要满足相关部门的管理要求，把行业诉求与空间管制相结合来解决各方矛盾。最后，要落实行业要求，形成空间语言。专项规划是总体规划重要的补充和完善，为了更好地与国土空间规划衔接，专项规划应体现国土空间管制逻辑，符合国土空间规划的语言体系，有利于形成“一盘棋”的空间治理模式。

总体而言，由于多部门协同的工作方式贯穿在国土空间规划的全过程，专项规划的基础资料要覆盖多领域多方面，关注相关领域的空间安排成为解决空间冲突和专业冲突的精准规划。

2）国土空间详细规划

当前各地留存的规划层级是依据 2008 年版《中华人民共和国城乡规划法》确定的，不同地方在总体规划与详细规划的衔接方式上有所不同，代表模式有三种：第一种是“总体规划—详细规划”两层级的属于城市组团小尺度的总体规划，如北京、宁波等。两层级的规划体系体现了市级高度集权，有利于规划的统筹协调，但存在次级总体规划与城市总体规划内容体系重叠等问题。第二种是“总体规划—分区规划—详细规划”三层级体系，其中分区规划以非法定性规划的形式存在。分区规划分解落实总体规划的要求，通过划定分区传导至详细规划，有利于工作分解，使区级政府在规划编制、审批、管理上发挥更大的作用。第三种是“总体规划—分区规划—单元规划—详细规划”的多层级规划传导体系，代表城市是上海、厦门等。这种规划事权的下放与细化，使各级规划分属各级主体，各司其职，相互监督。

详细规划是对国土空间总体规划的具体落实和项目建设的法定依据。

尤其是控制性详细规划，是把规划研究、规划设计和规划管理结合在一起的法治化规划工具，控制对象是城市用地建设和设施建设，是建设用地使用和项目建设的直接依据。从某种程度来看，国土空间总体规划主要涉及公共利益，而详细规划作为协调各利益主体的公共政策平台，更多关注公平公正的空间使用分配问题。当然，详细规划是国土空间规划总体规划与落地实施之间衔接的重要环节，能够将国土空间规划中的强制性条款进行有法律效力的落实。

4.3.7 理解空间生产、空间自构与空间治理⑪

在城镇化和全球化的时代背景下，人们在享有城市居住环境的同时，城市空间也建立了以地理空间为表象的复杂社会系统，尤其如今中国的城镇化转型正经历着资本、文化、权力等要素参与的变迁和重组。1973 年，法国著名的社会学家亨利•列斐伏尔出版了《空间的生产》一书，系统阐述了资本主义与城市空间、社会危机和城市经济之间的关系[10]。“空间的生产”理论主要包括以下观点：第一，物质空间正在消失，但并不意味着其重要性在减弱；第二，任何社会和任何生产方式都会生产出与自身相符合的空间，结果是主导性空间可能支配其周边附属空间；第三，从一种生产方式过渡到另一种生产方式，既具有极高的理论价值，又会伴随新空间的生产[11]。

城镇化是农业人口、资源、信息不断向城市聚集的过程，外部作用产生的非平衡性是推动城镇化进行的必要条件，空间也经历着从无序走向有序的过程。作为一个开放的巨系统，城市不断与外界进行物质、能量和信息的交换，城市空间作为交换的载体，可以自发地从无序进入有序的结构，越是开放的城镇体系，空间自构作用就越显现。城市的空间自构是一个空间范畴内社会、经济、文化等各类要素自组织的过程。这个过程实际上存在两个假设：一是空间本身具有一定合理与科学的尺度；二是在这个尺度下，该过程是市场与社会可以进行自组织的范畴。因此，合理的城市更新空间自构应该遵循空间结构理性（对用地资源的空间使用理性）、经济功能理性（符合市场规律）、社会功能理性符合城市发展的一般规律。

随着城市更新的不断发展，除了效率，社会公平也越来越受到广泛重视。纵向的政府治理模式（决断型空间治理）直接影响了政府与社会互动的过程，还会压缩公众参与的空间，对社会治理具有较大的破坏性。在逐级拆分任务的纵向治理模式中，决策、管理、评估的科学性也将会受到质疑。运用行政权力干预市场行为，过度介入开发商与居民事务，干预价值规律的实现，而原本属于城市更新固有的空间自构功能显然就无法实现。

在城市空间上，市场运动的结果是一种基于市场经济的空间自组织或者说空间自构行为。在这个假设下，社会的运动也是一个独立过程，而且是与市场运动相反的。市场、社会运动机制强调的是双向的调节机制，而并非单向的推动过程。一方面是基于市场体制的传统内涵，即自由市场过程。这一过程更多的是强调自下而上的内力推动。另一方面则是基于社会保护力量的干预调节机制。这一角度，更加侧重自上而下的反馈。

可见，在市场与社会运动的博弈中，政府（制度的制定者）完全可以作为一个监督者的角色参与城市社会经济中。成熟的市场体制与市民社会逐步承担起了社会经济活动中的主要角色。政府成为协调者，社会与企业形成“社企”合作模式。因此，合作型空间治理是充分市场化下城市更新的主要手段，监管型空间治理是未来政府进行空间治理的趋势。

4.4 国土空间规划实践的技术思考

4.4.1 国土空间规划中的双评价工作⑫

2019年5月，《中共中央 国务院关于建立国土空间规划体系并监督实施的若干意见》（中发〔2019〕18号）印发，其中将国土空间规划提升到了战略性的高度，指出其作为各类开发保护建设活动基本依据的重要地位。该意见中所提及的“资源环境承载能力与国土空间开发适宜性评价”（即“双评价”）作为基础评价，不仅是国土空间规划编制的基础，而且是国土空间规划能否顺利实施的科学保证⑬。应精细化地开展资源环境承载能力和国土空间开发适宜性两项评价，搞清楚国土空间的本底特征和适宜用途，科学有序统筹布局生态、农业、城镇等功能空间，划定生态保护红线、永久基本农田保护红线、城镇开发边界等空间管控边界以及各类海域保护线，强化底线约束，为可持续发展预留空间⑩。以下将结合徐州市“双评价”的工作实例，展示在实际评价工作中对于技术上方法创新的探索。

首先，针对数据获取难题引入开源数据及替代数据。数据作为“双评价”工作的基础，其完整性、准确性以及数据的精度都直接影响“双评价”的结果[12]。但是对于大部分地级市来说，部分数据难以获取，尤其是部分涉及保密的数据。在徐州市的“双评价”工作中土壤污染数据就一直未能获取，这对评价工作的顺利推进造成困难。因而，针对数据获取的渠道，笔者不仅仅依靠当地政府部门所提供的数据，还将一些权威部门网站所提供的开源数据囊括其中，包括一些个人及非营利组织所提供的数据。例如，开源地图数据网站（Open Street Map，OSM），网站里的地图图像和矢量数据皆可编辑创造和自由使用，属于众包数据的生产形式[13]。

其次，针对地方情况选取适宜的评价方法与分级阈值。《双评价指南》中所列举的指导性评价方法在对于某些市县的评价中，由于数据的缺失而不得不采取替代方法进行评价。例如，在对徐州市生物多样性维护功能重要性的评价当中，由于相关部门没有对珍贵动植物分布进行一个长期且系统的调查，故采用了《生态保护红线划定指南》中所建议的净初级生产力（NPP）法对此项进行评价。净初级生产力（NPP）作为开源数据，较易获取，因而在生态评价当中，净初级生产力（NPP）法是较为简便且易于操作的替代方法。另外，由于《双评价指南》针对全国范围进行编制，因而不仅在评价方法上，而且在分级阈值上也存在对于小范围区域不能普适的特点。例如，在本次对于徐州市农业供水条件的评价当中，根据《双评价指南》中的分类阈值，将徐州全域分为两个等级，并不能很好地体现当地的资源环境分异特征，故在《双评价指南》阈值的基础上进行适当的细化，能更好地体现符合当地特征的分异规律。

再次，针对地方发展短板加入符合地方特色的评价因子。在对城镇建设指向的水资源评价当中，利用《双评价指南》中的方法进行评价，显示徐州市的城镇供水条件整体上处于较好的水平，但实际上，徐州市是全国严重缺水的城市之一，评价结果与地方状况并不相符。此类状况同我国整体的水资源形势相似：总量大，但人均占有量少。故此次在徐州市的城镇供水条件评价中考虑引入人均水资源量作为辅助的评价指标，与水资源总量模数相结合进行评价。

最后，引入景观生态学的理念来确保生态系统的完整性、连通性和可持续性。《双评价指南》中的生态保护重要性评价结果是经过生态脆弱性评价与生态服务功能重要性评价叠加分析得到的。这样的评价方法未从生态系统的整体性及自然循环规律的角度出发，导致评价所得到的生态空间破碎化，不能形成完整的保护边界。因而，应在市域层面上关注生态空间边界的框定，并保证生态空间边界内的生态系统完整性。立足生态系统的源、廊道、功能节点等要素所组成的生态结构是否能发挥生态功能，并以此为基础形成以生态优先为思路的城市土地利用模式，实现生态服务功能的最优选择（图 4–6）。

在这个研究过程中，“双评价”的规程也在不断更新。从 2019 年 3—4 月、6—7 月、11 月版本，一直到 2020 年 1 月发布的试行版《双评价指南》中也可以看出，《双评价指南》针对实际评价中所遭遇到的问题进行了不断地完善与提升，同时也不断地对指定的评价方法进行弱化，方法更加多元与灵活，鼓励相关规划单位结合评价区域与自身情况选择合适的评价方法与评价指标。在此次徐州市“双评价”的工作当中，项目组也面临上文所提到的诸多难题，但都在项目组成员的共同努力与徐州市政府相关部门的支持下得以突破，并在此基础上达到了技术层面的创新。

4.4.2 国土空间规划中的产业与人口研究[⑭]

大型历史连续剧《大秦赋》中讲述了咸阳城的历史变迁，秦王嬴政统一六国后建都咸阳。古都咸阳市的南郊有一个长安村，后来慢慢发展成古长安，也就是如今的西安。西安与咸阳自古以来就有密不可分的关系，但是两个地级市互不隶属。正因如此，西安与咸阳在现代发展上有

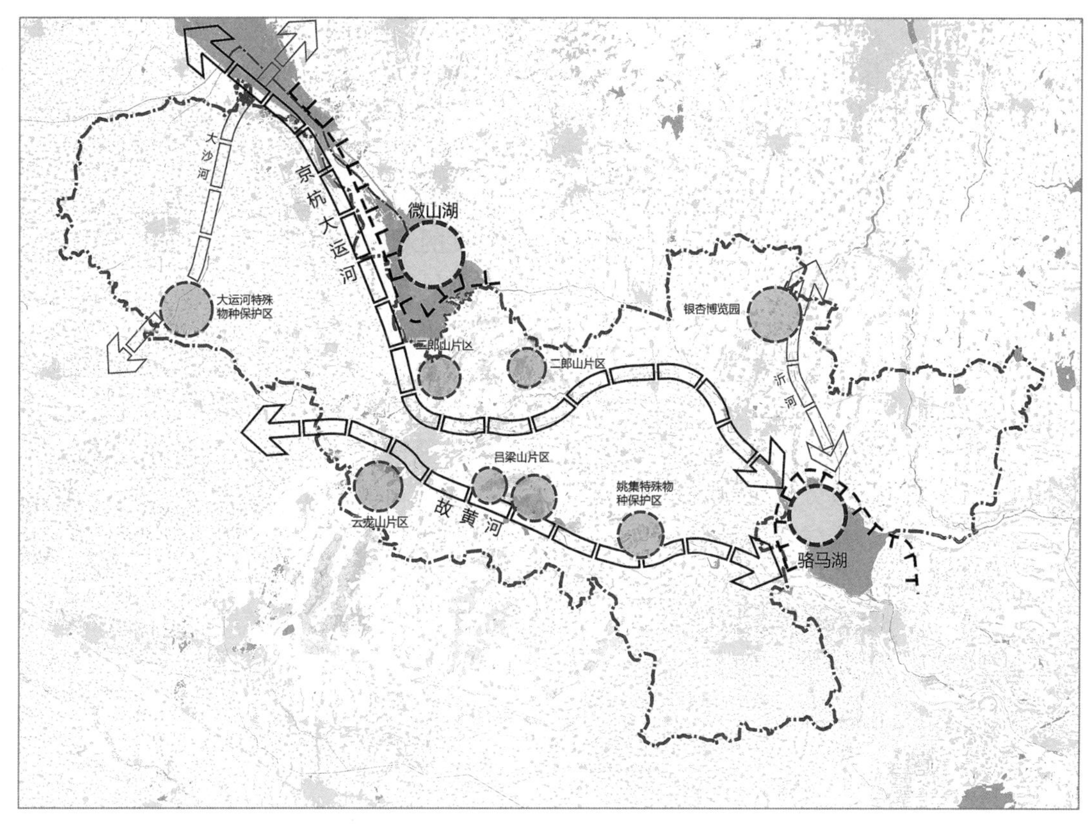

图 4-6　徐州市生态格局思考

着必不可少的矛盾与分歧。究竟是合作发展还是合并发展，成为人们讨论的热点话题之一。

2014 年 1 月，西咸新区正式成为国家级新区。2017 年 1 月，西咸新区划归西安代管。在没有脱离受限于西安发展的情况下，副省级的国家级新区让本就焦头烂额的咸阳更加迷茫，究竟应该怎么样发展？往哪个方向发展？怎样找到适合咸阳发展的路径，走咸阳自己的发展道路？这些都是咸阳目前迫切希望解决的问题。在这些问题中，作为重要驱动要素的产业和人口自然成为研究的重点。

1）研究特色

（1）不同情景下咸阳市产业发展模拟

面对复杂多变的经济社会发展环境，传统单一、终极“蓝图式”的产业规划由于缺乏充分的规划弹性已不能高效地引导城市发展。针对咸阳产业发展现状，考虑咸阳的政策背景、地理位置、产业发展现状等多个影响因素，笔者想到采用多情景设计方法对咸阳未来产业发生的多种状态进行描绘，以应对市场多变的复杂环境，并以此作为各行为主体长远的、共同的行动纲领。

首先是国际化的发展模式。咸阳紧邻作为国家中心、“一带一路”起点城市的西安，在此情景下，咸阳要立足国际化视野，依托国家政策、区域政策、地方政策，在网络化都市圈中，新兴产业的选择需借力西安国际化平台，充分利用市场的力量。其次是区域化的发展模式。区域化发展模式则主要关注区域发展政策及地方发展政策，依托区域政策发展咸阳的新兴产业。最后是地方化的发展模式。地方化发展模式则主要关注地方政策的影响，立足西安首位度的地方化视角。

（2）人口流失环境下咸阳未来人口规划的思考

第七次全国人口普查最新数据显示，咸阳人口总数较第六次全国人口普查下降明显，人口流失严重。那么咸阳人口增长的方式有哪些呢？第一是提高咸阳本身的生育率。但是短时间通过提高咸阳本地人口生育率来提升人口数量是不现实的。第二是吸引周边地区人口的流入。然而通过分析咸阳现状资料发现，在关中城市群中咸阳中心城区的城市竞争力排名较为靠后，中心城区的产业发展落后于其他地区。只有提高咸阳中心城区聚集能力，提高产业发展，提升经济发展水平，才能吸引人口涌入。第三是吸引咸阳其他县区农村人口流入中心城区。咸阳农业人口占城市总人口的比重较大，由于大城市的生活压力及思想方式的转变，城市人口的生育率远远低于农村人口，而城市吸引力决定了农村人口是否向城市涌入。第四是正视人口减少问题。根据数据统计可以发现，许多发达国家正在面临人口减少的危机。

2021 年 6 月，《中共中央　国务院关于优化生育政策促进人口长期均衡发展的决定》（中发〔2021〕30 号）印发，该决定做出了实施一对夫妻可以生育三个子女政策及配套支持措施的重大决策。随着居民教育水平的提高、生活条件的改善、生活压力的增加以及生育观念的改变，人口减少是不争的事实，经济增长必须考虑从依赖人口红利转向依赖改革红利。

2）研究的关键问题

在产业研究过程中，笔者发现咸阳产业要素所具有的现状优势基础资源的潜力未完全释放，咸阳主要支柱产业如能源化工、建材、纺织业等消耗高、污染大，在国家地方标准愈发严格的背景下，市域南部仍存在较为严重的环境污染问题。同时咸阳各个产业的聚集度不够，同产业的企业之间关联性较差，仅是外在集聚，还存在工业园区定位不明确、同质竞争严重、土地利用集约节约程度不高的问题，劳动力被西安吸附。在创新要素上，虽然咸阳在大工业时期打下了坚实的工业基础，但目前仍处于工业化中前期，现有支柱产业出现下降趋势，大部分产业链主导环节并非价值链核心，产品附加值低，成长性较好的新兴产业培育不足、转化率低，企业家要素及地方领导力有待提升。

在人口数据收集中，人口专题需要厘清咸阳人口与城镇化的发展脉络、发展特征和变化趋势，抓住影响其变化的主要因素。通过评估、判断并拟定咸阳人口与城镇化在规划期范围的发展目标，并制定相应的发展策略。同时还需要明确市域范围内城镇人口规模分布、市域城镇空间布局，明确在不同人口构成条件下城镇化和设施配套的主要引导策略，研究并确定咸阳城镇化保障机制。

3）规划方法

（1）产业体系构建

咸阳应以构建开放、协同、绿色、创新的产业体系为目标，以产业绿色转型和创新发展为根本推动力，加速融入区域产业集群，加强区域产业转移承接，推动企业创新培育孵化，构建三产协调发展、融合发展、高质量发展的现代产业体系——“4433”产业体系。“4”指高端能化、电子显示、装备制造、医药制造等先进制造业；“4”指新材料、人工智能、新能源、循环利用等战略性新兴产业；“3”指文化旅游、临空服务、现代物流等现代服务业；“3”指绿色农业、绿色食品加工、新型纺织建材等基础性产业。

（2）人口预测方法

近几年咸阳常住总人口数量受西咸新区及西安人口虹吸的影响呈下降趋势，2020 年第七次全国人口普查数据显示咸阳总常住人口较 2019 年总常住人口下降约 39.64 万人。西安、西咸新区以及咸阳行政等级的不同以及西安人口引进政策等外部因素，导致咸阳人口较往年数据变化较大。通过分析现状人口总量以及往年人口变化趋势，研究未来市域人口发展趋势。根据综合增长率法、定量模型分析法（回归分析法以及时间序列法）分别给出高、中、低预测方案，最终综合校核预测 2035 年咸阳总人口。

4）咸阳空间规划的思考

通过产业与人口专题对咸阳现状进行梳理后发现，咸阳目前处于一个尴尬的状态。作为国家中心城市的西安对整个关中城市群，乃至西部地区的产业发展、人口流动形成了强磁力效应，咸阳如何在这个区域竞合过程中有效聚集人力资源以促进自身的产业发展已成为重要挑战。如何推进区域城乡统筹发展，推动资源有效流动与分配、产业结构深化与转型的内涵式发展，推进城镇与乡村融合，空间上联合与区域经济集约的外延式发展，是咸阳在本次空间规划中需要思考的问题。

4.4.3 生态强县下的总体规划编制思考[15]

通过分析柳城县当前发展情况和所面临的新机遇、新挑战，规划编制初期即围绕战略目标、空间格局、要素配置、国土整治和修复、规划实施保障等核心内容展开研究，同时兼顾《柳城县国民经济和社会发展第十三个五年规划纲要》，以及广西壮族自治区与柳州市主体功能区规划在柳城县的实施情况。规划评估从时间维度和空间维度两个方面进行横纵向对比：在时间维度方面，将近年来柳城县历年指标、要素、空间等发展变化进行了纵向对比；在空间维度方面，将柳城县各指标、要素与周边鹿寨县等柳州市区县进行了横向对比。评估为开展国土空间规划编制工作理清了问题，明确了目标，提供了治理方案。

1）研究初期所关注的问题

（1）柳北新区战略下的柳城县定位与潜在格局

区域战略转变往往影响总体规划的初步研究。当时的初步判断是，柳城县与柳州市区及北部生态新区的联系并不紧密，与周边地区的协同并不充分。硬件上高等级交通目前仅有一条高速和一条国道，没有形成四通八达的道路交通网络，市政、公共服务等方面的设施也没有与市区形成共建共享；产业上与柳州市区相关联的汽车零部件等产业也并没有形成规模。柳州市卫星城、近郊生态和农业优势未得到充分发挥。

（2）耕地保护落实难导致主体功能区要求难实现

广西壮族自治区主体功能区规划要求柳城县作为农产品主产区，需严格保护耕地，确保粮食安全和农产品供给，同时避免过度分散发展工业导致过度占用耕地。

柳城县耕地形势严峻。耕地和基本农田布局与各类生态核心区范围存在重叠现象。下一步粮食安全、生态文明建设政策新要求对落实耕地和永久基本农田保护规模和布局会产生较大影响。

（3）建设空间开发和基本农田保护矛盾突出

随着城乡建设用地不断扩张，柳城县的农业用地空间受到挤压，城镇和农业空间矛盾加剧。在分析过程中，我们发现优质耕地分布区域往往与适宜城镇化开发区域高度重叠，耕地保护压力持续增大。

一是新增建设用地占用耕地过多，耕地补充方式的转变加大了补充耕地的难度。柳城县全县新增建设占用耕地面积超出预期任务。尽管各乡镇土地指标使用进度均存在差异，然而镇土地指标使用进度差异较大，部分乡镇已突破规划控制指标。随着自然资源部要求转变补充耕地方式，即将过去以开发为主补充耕地调整为以土地整治建设高标准农田为主补充耕地，严格控制成片未利用地的开发，切实保护生态环境的政策实施，柳城县补充耕地受补充方式转变的影响，实施难度和压力日益增大。

二是现有的建设用地空间开发模式必须做出相应调整。根据国家和自治区有关耕地和基本农田保护要求，优先把城镇周边易被占用的优质耕地划为永久基本农田，严控城市化进程加快对耕地尤其是对城市周边地区优质耕地的挤占，倒逼城市建设要跳出已划定的永久基本农田，实现组团式、串联式发展。因此，现有的建设用地空间开发模式必须做出相应调整。

三是部分基本农田占用问题无法解决。本轮永久基本农田划定后，取消了基本农田核销政策，涉及农民建房占用基本农田的，如果出现既没有办法拆除又不符合占用基本农田的情形，那么该部分土地涉及占用基本农田的情况就难以解决。另外，县城对外交通路网工程或者线性工程，由于项目选址和布局的特殊性难以避开基本农田集中区，线型未确定走向或项目等级不符合政策要求，难以真正推动永久基本农田的优化。

（4）乡镇建设用地指标供给亟待优化

整体来看，柳城县建设用地指标投放缺少全局性的协同供给与持续引导。从各乡镇实施情况来看，内部各乡镇的指标使用进度差异较大：凤山镇和马山镇的指标使用已经超过预期，寨隆镇和古砦仫佬族的乡指标使用进度也已达到预期水平，而社冲乡剩余新增建设用地的指标也即将达到预期。这些乡镇的指标增长速度远快于规划预期。后续需按照城镇体系及空间格局，合理有序地安排建设用地指标的区域分配。

（5）国土利用率和经济效益有待提升

从整体来看，柳城县的土地利用率较低，未完成 2020 年规划指标。人均农村居民点的用地不减反增，可见农村居民点用地粗放利用的状况依然没有得到根本改变。人均农村居民点用地面积已超过合理人均标准范围。同时柳城县的土地利用效益低，单位建设用地 GDP 也未达到预期任务。近年来全县建设用地节约集约用地水平总体得到了明显提高，人均城镇工矿用地效率实现了预期目标，但国土利用率和效益都有待提升。

2）关于规划方向的初步判断

（1）重新优化战略定位构建目标体系

结合最新的区域发展形势和背景，探索北部生态新区、城际铁路站点等重大政策和项目对柳城县的影响，研究柳州市都市圈地缘优势，重新确定未来柳城县的战略定位和发展方向。

同时，结合柳城县的特色和定位方向，根据最新的《国土空间规划实施评估技术指南（试行）》市县基本指标和备选指标分类，从六大维度（安全、创新、协调、绿色、开放、共享）中进行筛选，最终确定柳城县未来 15 年的发展目标体系，即不同阶段发展目标的量化指标，并以此按年度对发展目标进程进行评估，实施指标体系定期动态管理。

（2）调整优化国土空间开发保护格局

通过摸清生态环境本底条件，提出生态环境保护策略，明确生态保护格局，划定生态保护红线；科学测算耕地保有量和基本农田保护目标，严格划定永久基本农田，开展耕地后备资源评估，明确补充耕地集中整备区的规模和布局；根据柳城县“双评价”结果，在划定生态保护红线和永久基本农田保护红线的基础上划定城镇开发边界。

根据最新的城市发展方向，优化城镇体系。依托资源环境承载能力和国土空间开发适宜性评价，围绕基础设施互联互通、生态环境共治共保、城镇密集地区协调规划建设、公共服务设施统筹配置等方面的要求，提出国土空间保护、开发、修复、治理等总体格局；在资源环境承载能力评价和国土空间开发适宜性评价的基础上，结合主体功能定位，确定全县国土空间规划分区，优化和确定生态保护红线、永久基本农田保护红线、城镇开发边界三条控制线和生态空间、农业空间和城镇空间等各类管控空间。

（3）强化耕地占补平衡保障农业生产

根据农业主产区的主体功能区的定位要求，基于柳城县部分县区耕地保护压力大、占补矛盾日益凸显的问题，建议柳城县开展耕地保护研究，制定科学的规划目标，按照耕地占补平衡、占优补优新要求，结合耕地后备资源调查，评估规划区新增耕地的主要来源、数量和空间分布，研究区域占补平衡实现路径[14]。

（4）促进新型城镇化背景下的人地协调

在摸清柳城县资源环境“底数、底盘、底线”的基础上，以第三次全国国土调查数据为基础，结合地理国情、遥感影像等数据，细化优化建设用地内部调查，核实“人—地—房—设施”基础数据，促进新型城镇化背景下的人地协调关系。为落实“人地挂钩”调控要求，建议柳城县开展新型城镇化背景下的人地协调关系研究。

根据柳城县各组团的人口变化、经济增长、产业发展、生态建设等需要，预测各组团的城镇人口、城镇建设用地规模，结合各区域城乡发展定位、方向和重点，提出土地利用结构和布局的建议措施。结合城乡建设用地增减挂钩潜力调查、城镇低效用地调查和土地市场动态监测和监管系统数据，摸清柳城县批而未供、闲置土地、低效用地等存量土地的数量和空间分布情况。

系统梳理有条件开展存量利用的用地数量、分布和类型，重点关注老旧城区、老旧社区、城乡接合部，沿山、沿水、沿铁路的交通边缘化地区，以及对县城环境质量、公共安全、景观品质、交通组织有不利影响的工业、仓储和交通设施用地的更新和再利用；提出存量时代下的空间挖潜措施和建议，以及城市更新的原则和要求，为柳城县用地空间布局提供参考。

（5）促进支撑要素与市区的共建共享

构建高效便捷的综合交通体系，围绕对接柳州市区的核心目标，以公共交通优先为基本导向，整合目前高速公路、铁路、地面交通和慢行交通体系，实现便捷、高效的交通出行目标。一是增加到柳州市区的交通路网，加强柳城县与柳州市特别是北部生态新区的空间联系。二是提升县域内部交通路网的联通性，强化柳城县县域空间布局的可达性。三是结合北部生态新区理念，倡导绿色出行等。促进全县，尤其是南部四镇在公共服务及市政基础设施等方面与柳州市区的共建共享。在要素支撑体系上实现与柳州市区的一体化。

（6）完善全域国土综合整治生态修复

建议围绕美丽国土建设目标开展全域国土综合整治研究。根据不同阶段的生态系统建设目标，制定改造提升和优化目标，提出分区域、分类型、分时期的全域国土综合整治措施建议和计划。明确国土空间生态修复目标、任务和重点区域，安排国土综合整治重点工程的规模、布局和时序，明确自然保护地范围，提出生态保护修复要求，提高生态空间的系统性和完整性，明确自然灾害防治的主要目标和措施[14]。

（7）探索规划传导和用途管制的创新

探索土地用途管制及实施保障。健全国土空间用途管制，建立统一规划许可，落实规划实施责任，完善规划实施激励与约束机制。创新规划分区引导方法，针对不同分区提出差异化管制规则，探索分区引导与用途管制相互衔接的管控思路，探索空间部分留白和指标预留等调控方法。实施全域全类型土地用途管制，明确各类空间所对应的规划用地类型，完善用地政策与标准体系。强化永久基本农田保护红线、生态保护红线和城镇开发边界在国土空间总体规划中的协调落实机制[14]。

（8）探索规划编制实施措施管理创新

落实国家大数据战略，探索规划编制新模式。健全规划定期评估、适时修改和联动修改机制，促进规划实施与经济社会发展保持一致性和有效性。建立健全土地用途转用许可制度，明确转用方向和转用规则。在规划实施中，结合大力推进生态文明改革、推动形成绿色发展方式和生活方式等要求，探索规划实施的经济、金融等政策，以推动规划的有效实施。

4.4.4 工业强县下的总体规划编制思考⑯

作为县级层面的国土空间规划，鹿寨县需要关注四个重点：第一个重点是在新时代背景下，充分分析鹿寨县目前所处的内外部发展环境，综合分析可能面临的机遇、挑战，进而对鹿寨县未来的发展可能性进行战略评判；第二个重点是在都市区发展框架下，充分分析鹿寨县与柳州市中心城区、周边地区之间的竞合关系，根据现状基础特色，精准提炼、概括鹿寨县未来的区域发展定位；第三个重点是结合在地条件提出高质量的县级实施路径；第四个重点是建立常态化的规划实施机制，健全动态维护机制，保障国土空间规划实施。

鹿寨县国土空间规划遵循生态优先、绿色发展，战略引领、全域统筹，以人为本、协调发展，公众参与、开放共享，县镇联动、统筹规划五大原则。按照“现状分析和基础评价—战略定位、总体格局—全域空间统筹（国土空间管控、自然资源保护与利用、区域协调、城乡融合）—中心城区规划—空间基础设施支撑、实施保障”的技术路线进行编制。

1）现状基础条件的初步判断

（1）土地城镇化大于人口城镇化，城镇化质量不高

人口增长缓慢，同时存在大量外出流动人口；如前所述，到规划期末，大部分乡镇难以完成人口规划目标，尤其是江口乡、导江乡与拉沟乡，乡镇建成区对下辖各村的吸引力明显不足；县城对人口的吸引力不

足导致当前人均用地指标过大，城镇化的质量不高。

（2）产业发展与社会经济发展矛盾突出

鹿寨县整体产业集聚程度较好，产业类型丰富，但产业门类与柳州市、雒容工业园的同质性较强、互补性不足，优势产业较少，在区域中竞争能力不强。产业结构以传统制造业为主，传统产业转型升级挑战大，产业间的关联度不高，缺少强有力的龙头企业带动，很难推动经济高质量发展。由于产业分布过于集中，县域经济发展不均衡，产城融合度不高，产业发展对城镇化发展的带动效应不明显。产业发展对于人才的吸引力不够，产业对人口城镇化的动力不强。

（3）土地资源紧缺与粗放利用并存，县城发展“四面出击”

一方面，土地利用总体规划的指标限制较为明显，目前鹿寨县适宜建设用地均被基本农田所占据；另一方面，向北需要跨江，向南需要跨高速，对于鹿寨县而言代价较大。基于此，鹿寨县的用地开发利用略显“非理性”，以项目定地，即“哪里有地放哪里”的特征较为明显，鹿寨县林业经济产业园就是典型的例子，规划的严肃性有待加强。

（4）城镇建设加速，但城市建设品质不高，城市特色不明显

县城特征明显，建成环境品质不高，湘桂铁路分割城区，交通瓶颈问题突出，部分居住小区的层数太高，形象过于突兀，设施供给和布局与快速城镇化阶段的要求不相匹配。城区教育设施难以满足城市发展的需要，部分农村学校发展较困难，空置化现象严重。医疗卫生设施发展空间不足，县城与外围乡镇的医疗卫生发展不均衡。文体设施、社会福利设施建设落后于经济和城市发展。鹿寨县没有充分利用好县域生态资源，山水城镇特色彰显不足，城市景观风貌规划有待加强。

（5）县域各乡镇发展差距较大

鹿寨县域经济发展不平衡，鹿寨镇（县城所在地）与其他乡镇差距大，位于城镇发展轴上、交通便利的乡镇明显快于一般乡镇，越远离发展轴、交通便利性差的、离发展核心较远的乡镇发展基础越弱。大部分小城镇因地理区位条件发展受限而“第二产业、第三产业不兴”，偏远山区的产业功能亟须加强（图 4–7）。

2）规划方向的初步思考

（1）明确未来发展目标定位

从战略定位上来看，“柳州市副中心城市”的地位基本稳固；“湘桂走廊重要的化工工业基地”正在发生转变，鹿寨县的主导产业已经从化工业变成纺织业与非金属矿物制品业，建议从旅游、生态与新兴产业中寻求新的定位。

（2）合理确定城市发展规模

合理调控人口规模，优化人口布局与结构。就目前来看，县城对于所辖乡镇的吸引力明显不足，仅有少数乡镇在规划期末能完成城镇人口规划目标，城镇化动力不足是当前鹿寨县发展的重要问题。建议全力做

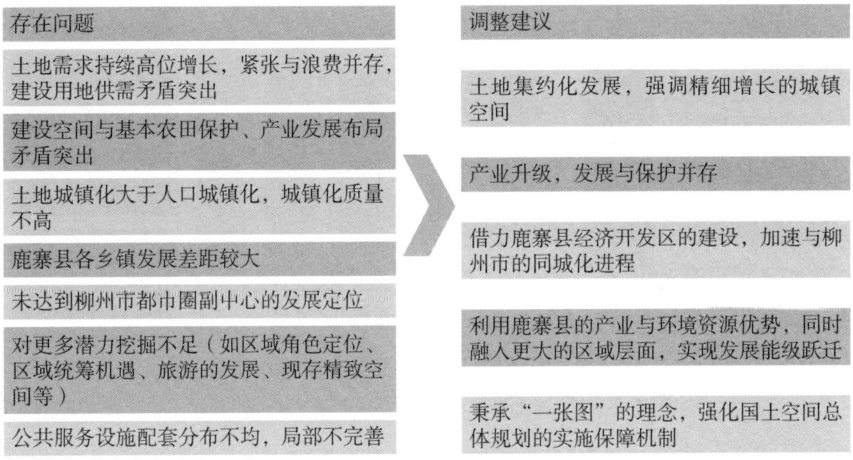

存在问题

- 土地需求持续高位增长，紧张与浪费并存，建设用地供需矛盾突出
- 建设空间与基本农田保护、产业发展布局矛盾突出
- 土地城镇化大于人口城镇化，城镇化质量不高
- 鹿寨县各乡镇发展差距较大
- 未达到柳州市都市圈副中心的发展定位
- 对更多潜力挖掘不足（如区域角色定位、区域统筹机遇、旅游的发展、现存精致空间等）
- 公共服务设施配套分布不均，局部不完善

调整建议

- 土地集约化发展，强调精细增长的城镇空间
- 产业升级，发展与保护并存
- 借力鹿寨县经济开发区的建设，加速与柳州市的同城化进程
- 利用鹿寨县的产业与环境资源优势，同时融入更大的区域层面，实现发展能级跃迁
- 秉承“一张图”的理念，强化国土空间总体规划的实施保障机制

图 4-7　现状规划评估结论

大中心城区，引导乡村人口直接向县城集聚。

（3）推动区域协调发展

一是加强江口乡与导江乡片区发展，构建柳州市“一圈一带四轴”的城镇空间布局；二是推动鹿寨镇主动融入柳州中心城区，实现与中心城区的快速交通与建设用地的空间对接；三是严控生态空间底线，完善区域“环、带、廊、区”的生态空间体系，形成以生态保护区、生态廊道为基底，通过郊野公园、城市绿道等推进载体，营造兼有休憩功能的城市生态环境；四是加强跨区域资源统筹，综合谋划人口、产业、生态、城镇、交通等要素的一体化发展。

（4）优化县域空间格局

当前鹿寨县城用地拓展受到多方面限制，南有高速公路，北有洛清江，用地沿公路、沿江轴线发展已经遇到一些问题；老城区用地碎化、交通复杂、建成环境品质不高等问题比较严重，这些问题在下一轮国土空间规划里都需要得到妥善解决。

（5）合理划定“三区三线”

科学有序布局生态、农业、城镇等功能空间，统筹划定生态保护红线、永久基本农田保护红线、城镇开发边界等主要控制线，确定国土空间规划分区（图 4-8）。

（6）推动城乡一体化发展

当前要加强城乡一体化发展和乡村振兴战略的充分对接，以乡村振兴来推动城乡一体化发展，改变目前的城乡二元结构。

（7）优化产业结构和空间布局

一是要合理布局商业服务业网点、先进制造业与生态旅游业；二是要大力推进产业集聚与产城融合；三是推动产业空间转型留白，为实体

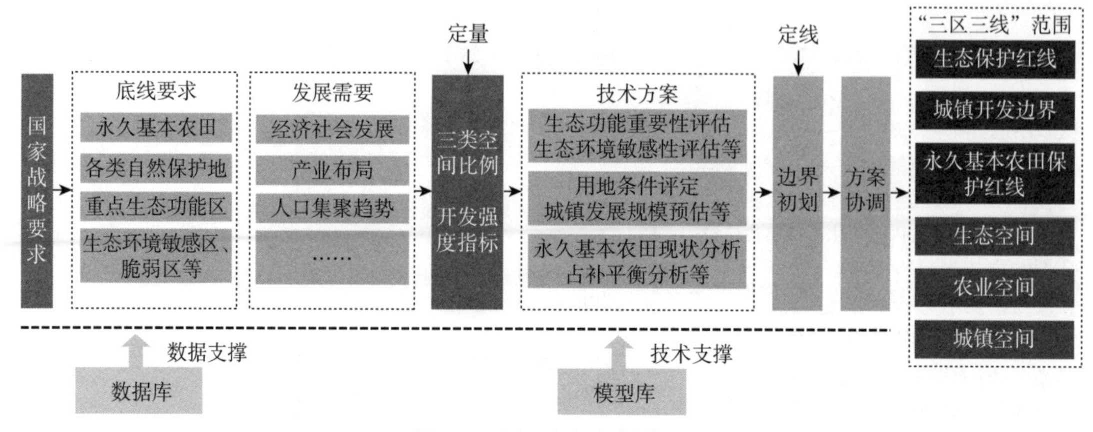

图 4-8　国土空间规划分区

经济发展留足空间。

（8）提升城市品质与文化内涵

一是不断丰富“呦呦鹿鸣，寨美一方”的文化内涵；二是在城市品质提升方面构建覆盖县域的公共休闲网络；三是增建部分相关公共服务设施；四是打造鹿寨县城市品质展现重要节点。

（9）构建高效便捷的综合交通体系

一是积极提升县城常规公共交通与乡镇公共交通的服务水平；二是提升交通设施合理性，为汽车出行比例提升预留足够条件；三是倡导绿色出行，显著改善步行与自行车等交通方式的出行环境；四是加强静态交通管理，停车设施供给根据区位、用地性质等实施差别化政策。

（10）强化国土空间规划运行保障机制

一是在国土空间总体规划的指导下，继续指导专项规划与详细规划等规划的编制；二是以国土空间基础信息平台为基础，同步搭建鹿寨县国土空间规划监测评估预警管理系统。

3）战略路径建议

（1）融入柳州都市区，强化市县一体化发展

在产业方向上，主动融入柳州都市区，在融入和接轨中寻求自身特色，增强鹿寨县的区域竞争力，促进柳州同城化进程；在交通方向上，结合鹿寨县被定位为柳州副中心城市的总体要求，强化三条经济带与柳州都市核心区的交通联系，支撑区域的高质量发展；在基础设施方面，顺应城市能级的提升，提升鹿寨县的服务设施配置水平，以现代化城市的标准作为参照来合理安排各类公共服务设施。

（2）融入区域发展，强化城乡交通外联内通

在对外交通方面，强化县城与其他地区的交通联系，完善城乡公路网，提升乡镇公路场站等级，合理利用黄金水道资源，加速发展港口水运；在对内交通方面，解决县城空间的阻隔问题，加强县城内部的交通联系，加强城市交通配套设施建设，提高通行效率；积极融入区域综合

交通路网，强化鹿寨全县城乡交通的外联内通，提高居民生活质量和改善居民生产流通条件。

（3）转型升级产业，构建现代化产业新体系

对接区域发展诉求，积极推动多种新能源的综合利用，逐步迁出不符合生态环境需求的产业，选择性地承接柳州市部分有潜力、污染少的转移产业，通过吐旧纳新，逐渐构建健康可持续的现代化产业新体系。同时，针对区域发展规划中各产业的技术需求，指定紧急人才目录，主动引进或是短期聘用柳州市甚至是周边大城市的优秀人才，缓解本地产业创新困难的问题。此外，营造公平竞争的产业市场环境，完善产业管理制度，提高城镇品质，促进产城融合，也有助于高效发挥因地制宜的优势，进一步提升产业发展效能。

（4）遵循承载能力，合理确定城市发展规模

建设用地是国土空间开发和城镇发展的基础与核心要素，但须首先建立在城市的承载能力范围内，合理确定城镇发展规模。通过对存量建设用地的摸底及上级下达建设用地的预测，对全县城镇建设用地规模的供需情况进行预测，并在此基础上，结合整体战略和县域城镇体系，对县城和各乡镇城镇建设用地规模进行分解，以充分保障未来城镇快速发展需求。

4）实施保障建议

针对鹿寨县国土空间规划评估结论制定近远期行动计划，在行政管理上，加强规划的执行力度；建立规划实施评价监控机制，例如，对县域、中心城区等分层级制定管理机制，实行规划的分级审批管理制度；强化规划实施评估和管理考核。在资金保障上，加大财政支持力度；激活市场化金融体制，加快财政和投融资体制改革，建立和完善多元化投资机制；积极推进项目引资方式。在运作保障上，建立常态化的国土空间规划实时监测、实施评估和动态维护机制；坚持分类指导，对各项建设进行统筹规划、综合布局和指导管理；注重典型示范带动作用；实施有序推进，有选择、有重点、分步骤地推进城乡统筹发展工作。在规划过程中，要坚持“以人为本”的规划理念，提高公众在规划编制和管理实施过程的参与度，充分听取公众意见和建议。

4.4.5 潮汕文化下的总体规划编制思考[17]

在后生产主义下，国际环境未来的不确定性大幅增加。逆全球化、“一带一路”与粤港澳大湾区为潮南的发展带来了新兴产业机遇，同时为吸引华侨返乡创造了条件。在经济特区 40 余年、绿色永续新时代、国土空间一盘棋以及城乡治理双联动四个新时代背景下，潮南区作为汕头市最年轻的区，要明确发展目标，在生态文明、“两山”理论下坚持健康可持续发展，在“五级三类”体系下，坚持区—镇联动编制潮南区国土空间总体规划，在双联动编制方式下实现潮南的高效统筹。

1）时代背景下的多元潮南

依托汕头经济特区成立 40 余年发展机遇，在生态文明、“两山”理论的指引下，潮南区要求全域“资源一盘棋”发展，建立国土空间规划体系并监督实施，将主体功能区规划、土地利用规划、城乡规划等空间规划融合为统一的国土空间规划，实现“多规合一”。在市—区、总—控双联动下，实现潮南区的高效统筹。

（1）区域环境多面：环境发展的不确定性

如今逆全球化的趋势已无可避免，2019 年全球贸易指数下降，后疫情时代中国经济的复苏，外向型企业订单数量受到剧烈影响，珠三角地区尤为明显，中国经济迈入以国内大循环为主体、国内国际双循环相互促进的新格局[18]。

在粤港澳大湾区层面，汕头市被确立为省域副中心城市及粤东龙头城市，高铁潮南站等省域因素给潮南区带来了发展机遇。汕头市要求潮南区建立汕头市绿色转型示范区，强化汕南区一体化、高质量发展。

（2）经济文化多元：产业进程的嬗变

潮南区民营经济占据潮南区总体经济的半壁江山，基础庞大，但也带来了相应的发展问题。民营经济抗风险能力低且发展缺乏战略性引领，需要考虑产业转型，提高抗风险能力。近年来潮南区开展产业绿色转型，但工业产品初级且附加值低，现状各镇、街道均有产业园区，但产出效率均比较低。

非正规经济在一定程度上导致生态体系遭到了一定程度的破坏，进而影响了生态环境。潮南区侨乡文化积淀深厚，使其拥有独特的经济组织形式，充满潮南乡情的有温度、有情怀的商业特点。

（3）空间品质多样：建设用地混杂

潮南区是中国最典型的半城市化区域，历史原因造成的碎片布局，功能布局难度极大，建设用地资源、非建设用地资源分散，人多地少、建设用地碎片化严重，居住与工业等呈现高度混杂。同时，“一山一海一河多水库”的生态基底，以及用地碎片化、开发均衡思维增加了基本农田调整的难度。

在交通基础设施方面欠账多，已形成多层级道路网，暂没有铁路、港口、航空等高等级交通设施，交通支撑体系不完善。在文体、教育等设施方面，城镇空间环境品质总体不高。

（4）城市治理的多元

社会组织、小尺度行动是潮南区的韧性优势。民间自组织为城镇治理建设提供了活力，政府主导的城市治理需结合自组织力量，增强自上而下的力量（图 4–9）。

2）规划初期的主要问题思考

（1）土地破碎化

强化空间规划引导，通过对生产、生活、生态空间进行全域化布局，

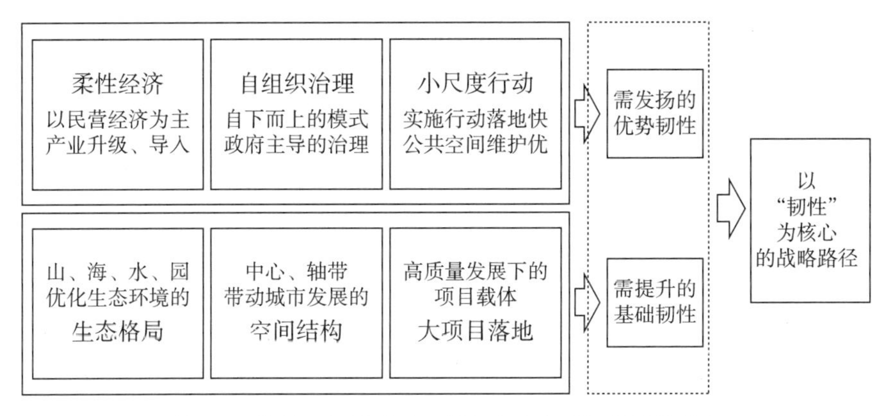

图 4-9　传统的韧性优势与新时代的基础韧性不足并存

盘活存量建设用地，修复治理人居环境，提升土地节约集约利用水平和生态功能，构建生态宜居与集约高效的土地保护和利用新格局。按照人口资源环境相均衡、经济社会生态效益相统一的原则，控制开发强度，优化空间结构，促进生产空间集约高效、生活空间宜居适度、生态空间山清水秀。

（2）产业小而散

结合潮南区优培产业选择，加快纺织服装业、化学原料及制品制造业、文教体育用品制造业三大优势产业转型升级；培育发展电子信息产业、新材料产业、节能环保产业三大新兴产业；提升发展创意设计产业、商务服务产业、电子商务产业及物流产业四大生产性服务业；做优做大绿色都市农业、文旅康养产业两大区域特色产业，共同构建潮南区融合发展的产业体系。

不妨考虑打造“三带三平台多片区”的产业空间格局。其中，“三带”分别为 324 国道产业提升发展带、陈沙公路产业创新发展带、沈海高速滨海产业发展带。“三平台”分别为滨海生态发展示范区、峡新公共服务及产业服务平台、两英南山智慧产业园。“多片区”包括高效农业发展片区、特色种植发展片区、生态休闲农旅片区等。

（3）公共服务欠账多

按照“区级、组团级、社区级公共服务中心”三级体系配置公共服务中心体系。区级公共服务中心以承担潮南区中心城区、滨海新城综合公共服务职能为核心；组团级公共服务中心依托乡镇，承担城镇居民文化教育、医疗卫生服务；社区级公共服务中心服务居住小区和乡村社区。

构建“基本生活圈—一次生活圈—二次生活圈—三次生活圈”的四圈层设施配置体系。以基层村村民委员会为中心，半径 800 m 以内为基本生活圈，优先满足老人和小孩最基本的生活需求；以中心村村民委员会或社区居民委员会为中心，半径 2 km 以内为一次生活圈，主要满足城乡所有居民点居民最基本的日常生产、生活需求（教育、医疗等）；以中心镇区或一般乡镇政府所在地为中心，半径 10 km 以内为二次生活圈，主要满足城乡居民就业、休闲娱乐、对外交通等行为需求；分别以中心城区、滨海新城为中心，整个潮南区边界以内为三次生活圈，主要满足城乡居民使用频率不高、并非必须使用的各类公共服务设施需求，如居民精神层面的各种需求[15]。

（4）农地压力大

在严格落实政策要求的前提下，结合潮南区人均耕地数量少、耕地分布分散的现状，提出“规划合理、落实任务、保护有力、体系清晰、机制创新”的耕地保护总体目标。要坚持最严格的耕地保护制度，严格控制城镇空间总面积的扩张，控制各类建设占用耕地，特别要保护好练江平原和城市周边的永久基本农田，保障国家粮食安全和重要农产品的有效供给，确保到 2035 年，全区耕地保有量不低于市下达的指标。

构建耕地保护和利用体系。在横向上，构建以自然资源部门为主导，农业、生态环境等部门按职责分工管理耕地保护体系。自然资源部门合理规划耕地布局，严厉打击违法乱占、滥占耕地行为，严格审批建设项目占用耕地规划许可，监督耕地保护实施情况。农业部门负责耕地的具体管理工作，包括建设高标准农田、农业产业园等提升耕地质量的工程。生态环境部门负责耕地土壤污染的监测和防治。

在纵向上，按区、镇、村三级行政主体从上至下逐级落实保护职能。区级政府通过编制区级国土空间总体规划，统筹划定永久基本农田，明确土地整治任务、相关建设及验收标准，监督各镇对耕地保护的落实情况；区级政府相关职能部门通过编制专项规划，履行各自的耕地保护职能。镇级政府通过编制镇级国土空间规划，落实区级下达的永久基本农田保护任务，组织开展各类土地整治，确定具体整改和整治项目的范围、时序等。村民委员会通过编制村庄规划，落实永久基本农田保护责任，进行日常维护、巡查，实施农田提质工程。

（5）“双评价”有限支撑

“双评价”的适宜性结论对潮南区的规划支撑薄弱。在先天不足、潜力空间受限的情况下，开发边界划定必须通过“规划方案”引导来形成“大稳定”与“微调整”的耕地正向优化方案的“双方案”。

3）双城并进下的品质潮南

（1）生态产品供给

首先，通过构建与潮南区山水格局相契合的“田在城间、蓝绿交织、林廊环绕”的生态公共空间体系，打造一座让人神往的生态田园宜居宜业之城。其次，为满足人民日益增长的优美生态空间需要，建设天更蓝、水更清、地更绿，人与自然和谐共生的美丽潮南。最后，将形成以山、海、田、林为生态本底，以江、溪、渠为骨架的区域生态公共空间体系。

严格控制开发大南山生态屏障，尽快实施生态修复，建设大南山省级生态公园，优化林地空间布局，重点控制山脚和周边地区建筑的高度、体量、色彩和退让，加强对练江、大南山生态功能区、练江入海口和田心湾海岸线的保护。治理水系污染，综合整治环保基础设施、河沟、近岸海域水环境，修复水生态和生态廊道，整治基础设施建设、水系行洪排涝功能，解决城市内涝的问题。通过补充郊野公园（景观型、农林型）来提升城镇生态韧性，以河流水系、交通道路作为载体形成的生态廊道，串联传统村落（图4 10）。

（2）产业 + 空间产品供给

构建“3+5+N”产业体系，即“主导产业 + 延伸产业 + 辅助产业”，形成潮南区新型产业体系，采用“三片区多组团”的产业空间格局，其中“三片区”是第二产业的集中投放区域，“多组团”是各镇、街道的差异化特色产业组团（图4–11、图4–12）。

镇、街道的差异化发展以及对低效产业空间的识别与利用，是提振镇域经济的关键。以“城市双修”“三旧改造”“城市更新”等为抓手，有序推进城镇地区综合整治和生态系统整体修复。重点开发区域城镇低效用地，盘活低效存量土地，集约土地利用。

创新的“双城并进结构”，推动着城市潮南区格局的“进化”(图4–13)。超越单一增长的城乡空间柔性结构新选项，探索新时代背景下潮南区的空间发展方向，提出两潮同城、双城并进、精明增长三个情景方

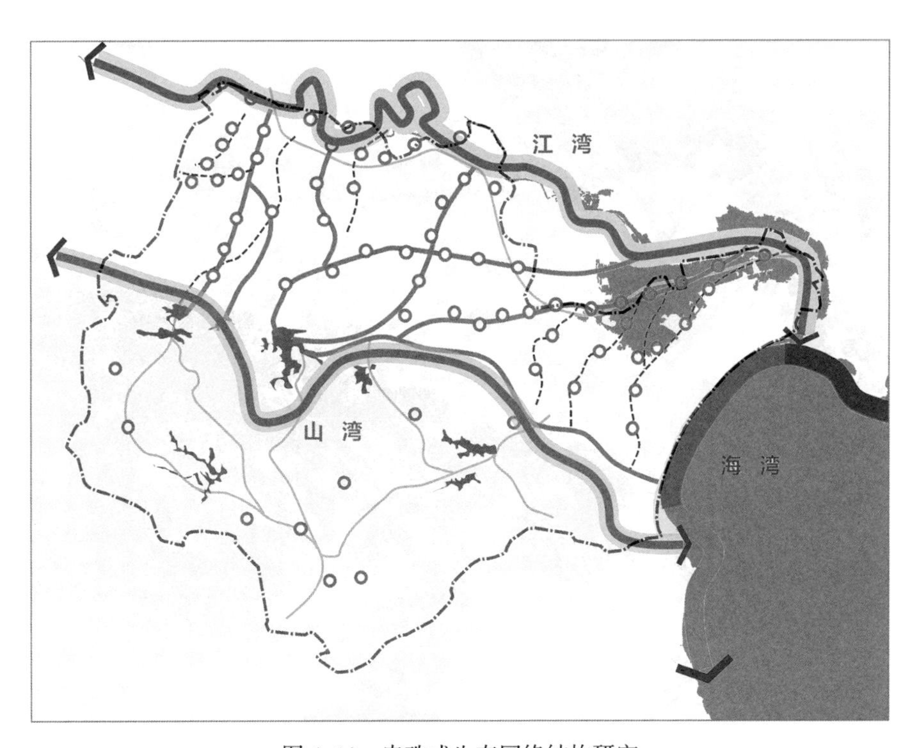

图4–10　串珠式生态网络结构研究

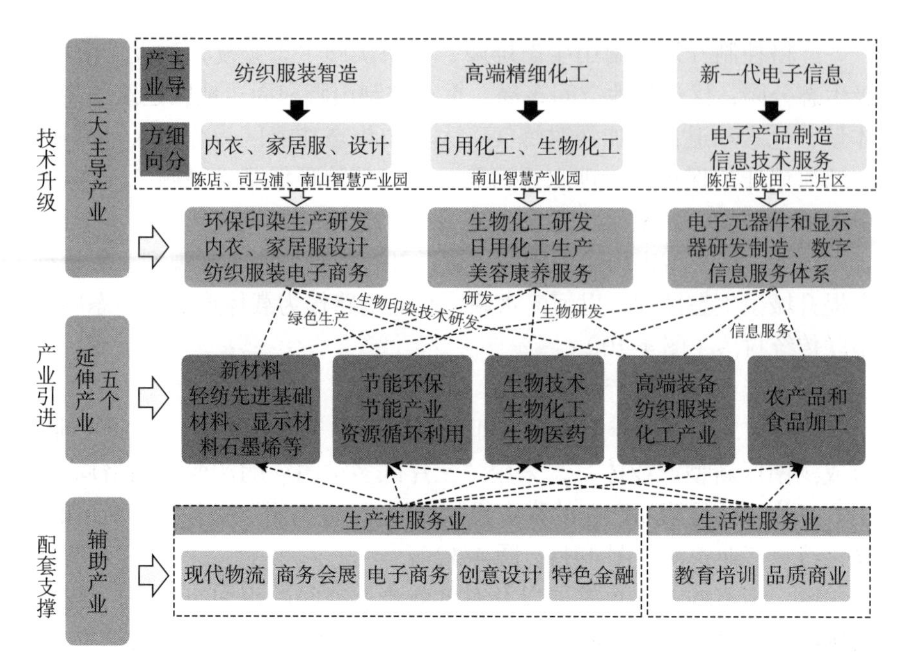

图 4-11　潮南区产业体系

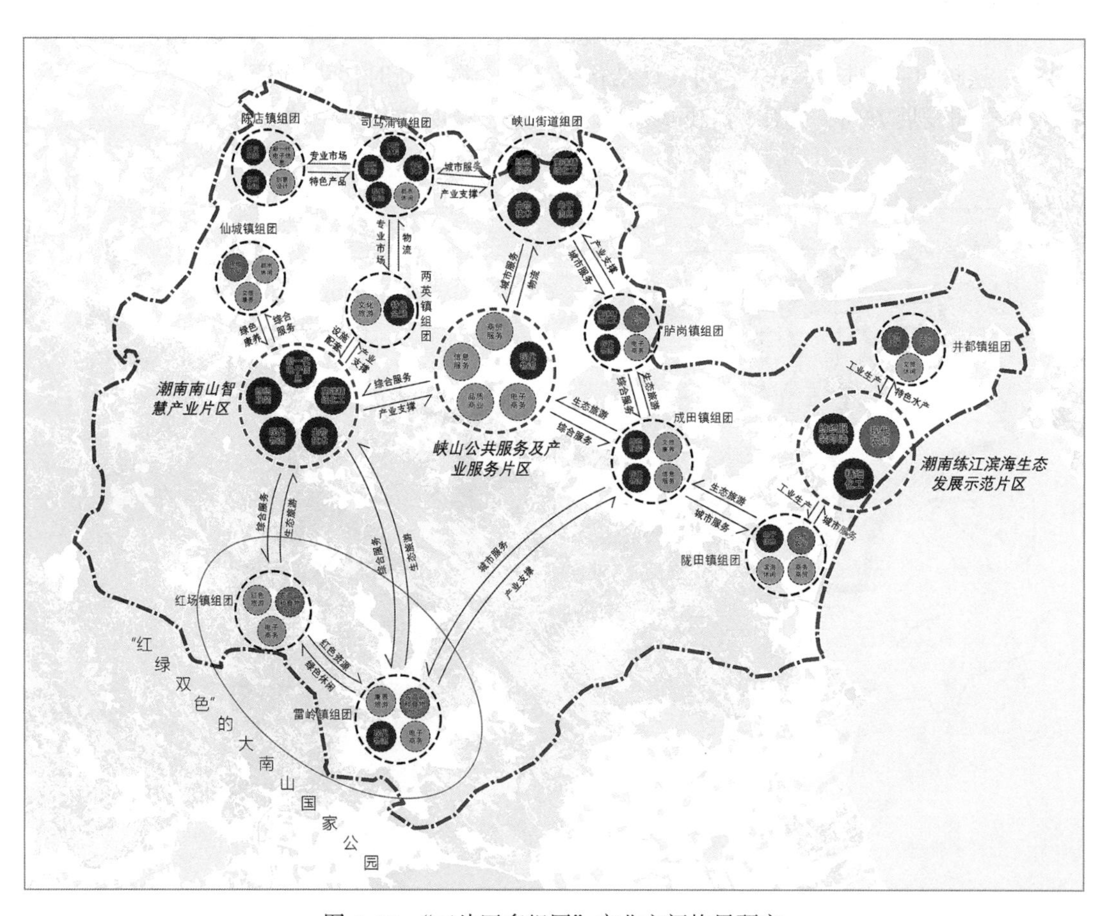

图 4-12　“三片区多组团”产业空间格局研究

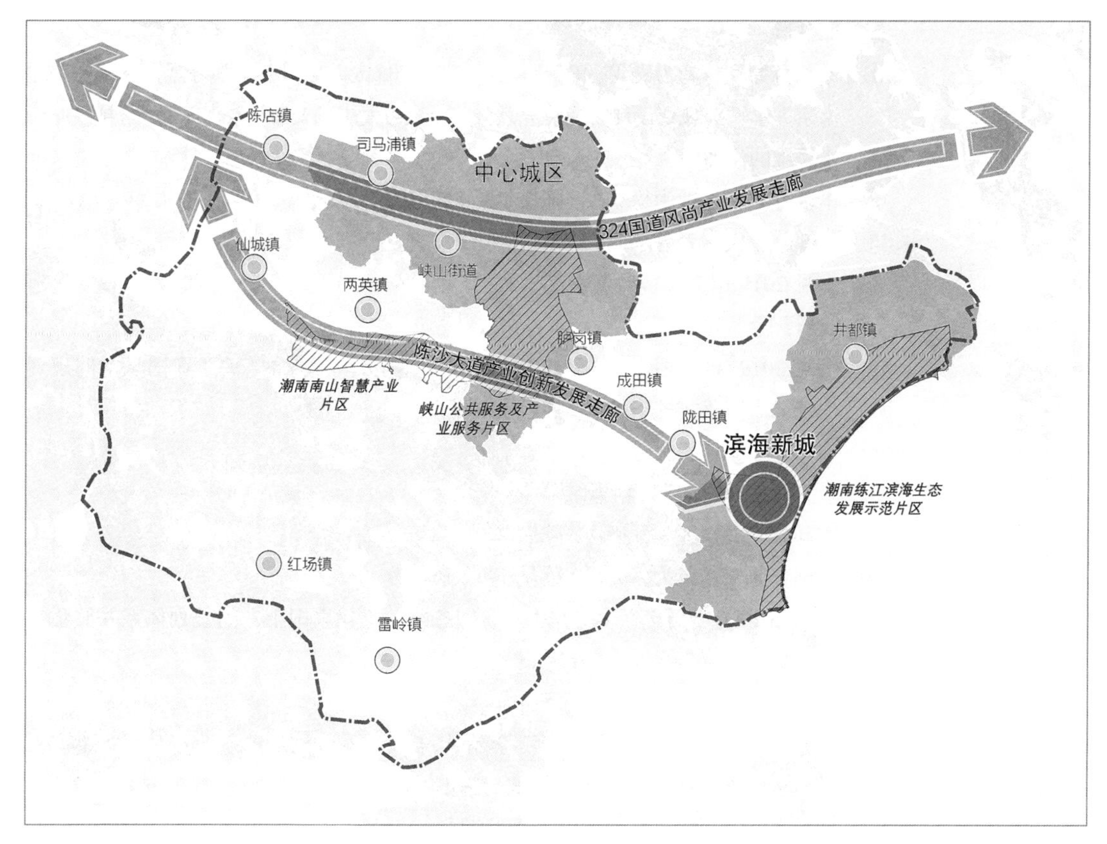

图 4–13 “双城并进、两廊三片区”结构思考

案。三个方案在传导汕头市国土空间总体规划结构中的城镇提升带和沿海发展带中根据侧重点的不同，提出不同的空间发展方向，开拓潮南区新的发展腹地，构建汕头市沿海发展新能级，进一步提升潮南区在粤东的发展地位。

（3）基础设施供给

在交通设施方面，全面融入汕潮揭交通网络，构建覆盖全区集约高效的绿色交通体系，落实市传导的轨道线路，加强潮阳高铁站与潮南高铁站的交通联系，规划高速公路；在公共服务设施方面，发展覆盖城乡的公共服务设施，鼓励医疗卫生设施与养老设施结合，共建共享，为医养结合模式提供空间支撑；在教育方面，构建公平优质、均衡发展的教育事业体系，形成高教和科研部门支持基教、设施共建共享、体制机制灵活的发展模式。

在社会福利体系方面，构建“区级—镇（街道）级—村（社区）级—小区级”的全区医疗设施体系。承接市级优质医疗资源，逐步改善现有医疗卫生设施条件，完善基层医疗卫生服务网络，不断推进医疗卫生服务和管理方式创新。在体育文化方面，依托峡新公路两侧打造体育服务综合体，补充完善镇（街道）级体育设施。

第 4 章注释

① 本部分原文作者为袁雯、田青，陈易、乔硕庆修改。该章节的部分观点源于作者在南京大学城市规划设计研究院北京分院公众号发表的文章《空间规划：跨越专业技术思维的治理创新》。

② 本部分原文作者为徐小黎，陈易、乔硕庆修改。

③ 本部分原文作者为李萌，陈易、乔硕庆修改。

④ 参见 2019 年 7 月自然资源部发布的《市县国土空间开发保护现状评估技术指南（试行）》。

⑤ 参见 2019 年 10 月 25 日中共中央办公厅、国务院印发的《关于在国土空间规划中统筹划定落实三条控制线的指导意见》。

⑥ 本部分原文作者为陈易。

⑦ 参见百度百科“系统性思维”。

⑧ 本部分原文作者为乔硕庆，陈易修改。

⑨ 本部分原文作者为侯晶露，陈易、乔硕庆修改。

⑩ 参见 2019 年 5 月 9 日《中共中央　国务院关于建立国土空间规划体系并监督实施的若干意见》（中发〔2019〕18 号）。

⑪ 本部分原文作者为陈易、侯晶露。

⑫ 本部分原文作者为李萌、张燕、李晶晶，陈易、乔硕庆修改。该章节根据南京大学城市规划设计研究院北京分院《徐州市国土空间总体规划：资源环境承载能力和国土空间开发适宜性评价》项目编写。

⑬ 参见 2016 年 12 月 27 日中共中央办公厅、国务院办公厅印发的《省级空间规划试点方案》。

⑭ 本部分原文作者为孙景丽、乔硕庆，陈易修改。该章节根据北京交通大学《咸阳市国土空间规划产业与人口专题》项目编写。

⑮ 本部分原文作者为乔硕庆，根据广西壮族自治区国土资源规划院、南京大学城市规划设计研究院北京分院联合体《柳城县国土空间总体规划（2020—2035 年）》项目编写。

⑯ 本部分原文作者为乔硕庆，根据广西壮族自治区国土资源规划院、南京大学城市规划设计研究院北京分院、广西大学设计研究院联合体《鹿寨县国土空间总体规划和乡镇国土空间总体规划（2020—2035 年）和现状评估工作》项目编写。

⑰ 本部分原文作者为乔硕庆，根据南京大学城市规划设计研究院北京分院、广州地理研究所联合体《潮南区区级、镇（街道）级国土空间总体规划（2020—2035 年）》项目编写。

⑱ 参见 2020 年 10 月 29 日中共十九届五中全会通过的《中共中央关于制定国民经济和社会发展第十四个五年规划和二〇三五年远景目标的建议》。

第 4 章参考文献

［1］张京祥，陈浩. 空间治理：中国城乡规划转型的政治经济学［J］. 城市规划，2014，38（11）：9-15.

[2] BALSAS C. What about plan evaluation? Integrating evaluation in urban planning studio' s pedagogy [J]. Planning practice & research, 2012, 27(4): 475–494.
[3] 徐勇，张雪飞，李丽娟，等．我国资源环境承载约束地域分异及类型划分[J]．中国科学院院刊，2016，31(1)：34–43.
[4] 周璞，王昊，刘天科，等．自然资源环境承载力评价技术方法优化研究：基于中小尺度的思考与建议[J]．国土资源情报，2017(2)：19–24，18.
[5] 王开泳，陈田．新时代的国土空间规划体系重建与制度环境改革[J]．地理研究，2019，38(10)：2541–2551.
[6] 樊杰．地域功能—结构的空间组织途径：对国土空间规划实施主体功能区战略的讨论[J]．地理研究，2019，38(10)：2373–2387.
[7] 贺丹．国土空间规划中"三线"划定与管理[J]．国土与自然资源研究，2021(6)：23–25.
[8] 谷晓坤，吴沅箐，代兵．国土空间规划体系下大城市产业空间规划：技术框架与适应性治理[J]．经济地理，2021，41(4)：233–240.
[9] 高新技术产业经济研究院有限公司．国土空间规划与产业规划的关系浅析[Z]．北京：高新技术产业经济研究院有限公司，2020.
[10] SHIELDS R. Lefebvre, love, and struggle: spatial dialectics [M].London: Routledge, 1999.
[11] 郭文．"空间的生产"内涵、逻辑体系及对中国新型城镇化实践的思考[J]．经济地理，2014，34(6)：33–39，32.
[12] 蒋国翔，王金辉，罗彦．国土空间"双评价"再认识及优化路径探讨[J]．规划师，2020，36(5)：10–14.
[13] 熊苑．多源数据支持的市县级国土空间双评价研究[D]．长沙：湖南大学，2019.
[14] 覃融．对柳州市国土空间规划编制工作的探讨[J]．南方国土资源，2019(9)：56–59.
[15] 周文芳．基于生活圈理论的县域城乡公共服务设施布局研究：以凤翔县为例[D]．西安：长安大学，2016.

第 4 章图表来源

图 4–1 源自：袁雯、田青在南京大学城市规划设计研究院北京分院公众号发表的文章《空间规划：跨越专业技术思维的治理创新》.

图 4–2 源自：清华同衡规划播报《清华同衡国土空间规划"双评估"软件简介》.

图 4–3 源自：南京大学城市规划设计研究院北京分院项目《徐州市国土空间总体规划：资源环境承载能力和国土空间开发适宜性评价》.

图 4–4 源自：2019 年版、2020 年版《资源环境承载能力和国土空间开发适宜性评价指南(试行)》.

图 4–5 源自：侯晶露根据《中共中央　国务院关于建立国土空间规划体系并监督实施的若干意见》(中发〔2019〕18 号)绘制.

图 4–6 源自：南京大学城市规划设计研究院北京分院项目《徐州市国土空间总体规划：

资源环境承载能力和国土空间开发适宜性评价》.

图 4–7、图 4–8 源自：广西壮族自治区国土资源规划院、南京大学城市规划设计研究院北京分院、广西大学设计研究院联合体项目《鹿寨县国土空间总体规划和乡镇国土空间总体规划（2020—2035 年）和现状评估工作》.

图 4–9 至图 4–13 源自：南京大学城市规划设计研究院北京分院、广州地理研究所联合体项目《潮南区区级、镇（街道）级国土空间总体规划（2020—2035 年）》.

表 4–1 源自：李萌根据《海洋资源环境承载能力监测预警指标体系和技术方法指南》《市县经济社会发展总体规划技术规范与编制导则（试行）》文件整理绘制 .

表 4–2 源自：谷晓坤，吴沅箐，代兵 . 国土空间规划体系下大城市产业空间规划：技术框架与适应性治理［J］. 经济地理，2021，41（4）：233–240.

5 潜在挑战，空间规划的体系重构

5.1 规划实践过程中项目管理的挑战

5.1.1 从规划项目组成员名单谈起[①]

正在主持或参与这一轮国土空间总体规划编制的同事和同行或许很快就会面对一个问题——项目组成员名单怎么列？当然也可能是笔者多虑了。不过如果真要列出这些名单的话，估计得要一整页了。相比较之前的主体功能区规划、城乡规划和土地利用规划，国土空间规划的项目组成员更加多元化。无论是项目组成员的数量，还是成员的专业背景类型较之以往都更多。

实际上，在近几年的城乡总体规划编制过程中，项目组成员的数量已经变得越来越多。以地级市总体规划为例，完成一个地级市的总体规划项目往往要组建一个不下 50 人的工作团队。而且，这 50 人的工作团队还不包括一些需要单独编制专题研究的研究人员。尽管核心组成员不会超过 10 人，然而牵涉的专业、专项实在太多。一个城乡总体规划的编制不但需要城乡规划专业的人员参加，而且需要产业经济、生态环境、市政工程、社会研究等多个专业背景的研究人员共同参与。

到了国土空间总体规划的编制时期，随着各种新理念的引入和各类新技术的运用，我们不难发现除了需要原来主体功能区规划、城乡总体规划和土地利用规划背景的规划人员参与的同时，还需要进一步整合更多专业背景的专家加入项目中。甚至，现在研究大数据的跨界研究人员也已经成为国土空间规划编制过程的“标配”团队了。在开项目讨论会的时候，大家会发现不同专业背景的同事变多了，而且研究领域细分了。这也反映了国土空间规划编制所需要的知识供给越来越多元化、越来越精细化。规划的广度进一步拓宽了，深度进一步加深了。

让我们再回到规划编制过程中的技术准备问题，项目组成员的变化也反映了规划编制的知识储备所遇到的挑战。如果规划师仅仅掌握传统的规划专业知识，或者原部门的专业规划知识（无论是发改系统、住建系统，还是国土系统），那么在新一轮的规划编制中很难真正融会贯通，现实点说，甚至在项目组中连沟通的能力都会受到质疑，因为他很有可能根本就不知道项目组成员在谈论什么。一些原本在各自规划领域非常简单的专有名词，对于其他领域的规划师而言可能就是晦若天书。一些新的技术可能就是只知其名，未见其实，放在项目组的面前也不知道该如何去运用。知识储备绝对是开展国土空间规划的前提条件，否则无论是沟通成本还是研究成本都会直线上升。然而，我们又不得不承认这需要一个非常长时间的过程。首先我们能够真正做到的是对规划专业的一种敬畏之心，以及对跨专业和跨行业的规划同行或规划新力量保持足够的尊重，这样才能真正做到八仙过海各显神通，和谐地共同完成一项规划工作。

5.1.2 项目负责人即将面对的新问题[①]

正如第 5.1.1 节所提到的，规划项目组成员名单变长了，这个现象所折射出的问题是在规划编制过程中对知识储备的要求更高了，尤其是对项目负责人的要求更高了。

一般而言，规划项目的负责人有三个方面的问题需要面对和解决：第一，与项目委托方的技术沟通如何能够更加高效、顺畅；第二，项目组成员如何有效组织和整合，形成具有战斗力的项目团队；第三，如何保证规划项目的品质，从而实现最终成果的输出。项目负责人既有对内的工作，也有对外的工作。无论是发展规划、主体功能区规划、城乡规划还是土地利用规划，实际上都需要面对这三个问题。然而，在国土空间规划项目的编制过程中，这三个问题显得尤为棘手和突出，问题的核心在于规划知识的储备。

首先，项目负责人需要和项目委托方之间形成良好的技术沟通，这是项目管理中的关键问题之一。在国土空间规划改革过程中，一个很重要的环节就是规划管理事权的改革。原来负责主体功能区规划、城乡规划和土地利用规划的规划管理部门在大部制改革的背景下也完成了整合。无论是哪一个专业背景的项目负责人，在原来的规划项目中也许只需要面对相同部门的委托方进行汇报沟通，如今则很可能需要面对一个专业背景完全不同的委托方。这样就势必需要项目负责人不仅仅精通原有部门的规划知识，还需要他能够理解和表述其他部门规划的规划范式和表述语汇，只有这样，才能真正实现知识与技术的交流与沟通。

其次，项目负责人需要和项目组内部成员实现有效的项目技术管理，让不同背景的技术人员在规划研究、规划编制的过程中能够充分实现专业接口的整合，从而完成该规划编制任务。相信在国土空间规划改革之前，各个部门的规划同行已经形成了各自比较成熟的常规技术路线，也就是所谓的范式。当我们开始编制国土空间规划的时候，我们会发现一个项目负责人需要同时面对多个专业（而且是越来越多）的技术人员，这时项目负责人个人的知识储备就显得非常重要，否则无法在项目组内进行良好的沟通，无法正常组织规划项目编制工作，更不要说形成一个思路清晰、逻辑紧凑的规划成果了。

最后，项目负责人在项目过程中对质量控制的难度和挑战大幅加大。国土空间规划的技术复杂性已经不用再赘述了，项目质量往往与项目负责人的能力有着密切的关系。一方面，在面对更加复杂的规划问题时，项目负责人要形成一个非常清晰的思路，并且要切实解决具体项目所需要解决的现实问题；另一方面，除了梳理出一条清晰的技术路径，还要围绕重点和难点实现可能的技术创新。“一专多能”也许是比较恰当地反映了国土空间规划中对项目负责人的要求，相比较之前的部门规划而言，这个要求显得更为准确和实际。

5.2 规划编制过程中技术层面的挑战

5.2.1 规划研究方面的挑战②

我国存在多个类型的空间规划，2019 年，《中共中央　国务院关于建立国土空间规划体系并监督实施的若干意见》(中发〔2019〕18 号) 发布，提出将发改部门主导的主体功能区规划、国土部门主导的土地利用规划、住建部门主导的城乡规划等空间规划融合为统一的国土空间规划，实现“多规合一”。然而，政出多门、多规矛盾等问题给研究工作带来了不小的挑战。

“空间规划”的核心是领土整合（Territorial Cohesion）和政策协调（Policy Coordination）。构建科学的评价体系对国土空间进行分类的目的是更加精准地针对不同类型区域提供相应的政策供给，要在保护的基础上依靠相应的政策组合盘活不同类型的国土空间资产。因此，要想保证空间规划的有用、有效，必须对政策制定进行专门的梳理和研究。那么，空间规划中的政策体系该如何制定？制定的核心在于“遵循两大原则、抓住三个重点”。

1）空间规划的政策设计必须遵循两大原则

（1）与政府事权相匹配

规划说到底是政府事权执行的工具。这种协调不仅包括横向的平级部门之间的协调，而且包括纵向的不同层级政府之间的协调和区域内以及区域间的跨行政界线的协调与合作[1]。不同部门的政策有不同的空间范畴，现行体制下往往交叉重叠，并且其制定和实施程序也不同，政出多门、多规矛盾等所导致的规划落地性差、协调难度大等问题十分突出[2]，这也是空间规划体系政策协调中所面临的最大挑战（图 5–1）。

空间政策设计（图 5–2）与政府事权相匹配——“该粗粗、该细细”，是实施空间治理方式转变的基础和前提。简言之，宏观尺度的空间政策“定方向，重战略”；微观尺度的空间政策“定开发，重操作”。新时期发展的需求不再遵循传统的规划理念，更重视规划为人服务、为生活家

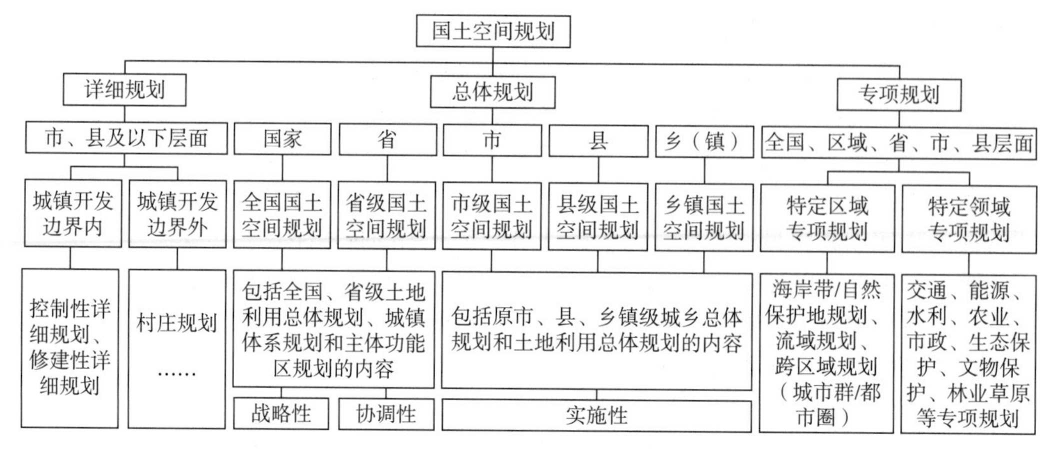

图 5-1　我国国土空间规划体系框架

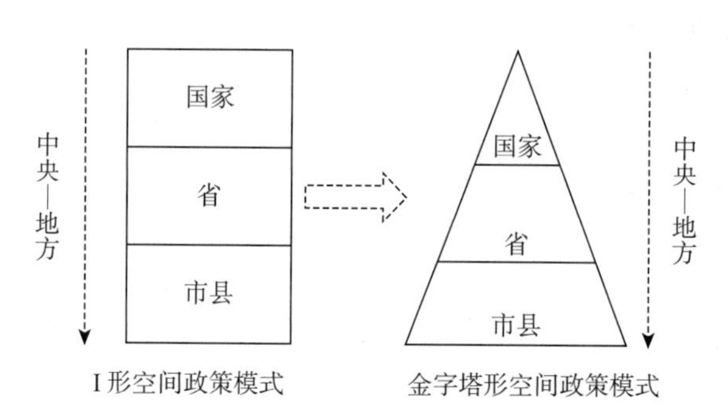

图 5-2　I 形与金字塔形空间政策设计模式比较示意

园可持续发展的理念，注重以人为本，遵循生态文明。战略定位与空间结构体系的构建都与以往不同。战略定位变得更宏观，引导性更强一些。空间结构体系向掌控整体布局、分级管理、职权分则转变[3]。

（2）市场在资源配置中起决定性作用

如前文所述，未来国土“空间资产”将由城乡建设用地空间拓展到全域国土空间，而以“资产”形式呈现的“国土空间”理所当然会受到市场力量的影响和支配。从这个角度来看，空间规划的本质实际上是对“国土空间资产”的维护和运营。那么，在进行空间政策设计时，必须通过一系列制度设计，实现政府管控的内容“有限而有效”，市场发挥作用的空间“充分且有弹性”，在规划方法上由“发展规划”到“空间规划”，最终实现高质量发展、高品质生活、高水平治理的美丽国土空间格局。

2）空间规划的政策设计必须抓住三个重点

（1）明晰“省—市—县”三级政府各自的政策重点

省级层面制定的政策作用于中宏观尺度的省域空间，政策制定侧重于宏观性和战略性，具体应在落实和传递国家政策的基础上，基于本省发展诉求明确协调本身空间发展的原则和方向；市级层面制定的政策作用于中微观空间尺度，需要对具体空间开发事务实施管理，政策制定侧重于可操作性，具体应对土地开发实施引导；县级层面制定的政策作用于县、镇两个尺度。由于大量的县级规划采用的是县镇联动模式，因此在政策制定时更应强调空间统筹。

（2）明确“政府—市场”效力边界，政策设计“刚柔并济”

我国国土空间规划缺乏完善的规划机制与统一系统的编制标准，部门与部门之间缺乏沟通与交流，政府与公众之间缺乏责任与信任，规划与规划之间缺乏规范与科学，权责冲突、不同规划间衔接困难、规划重叠的现象时有发生，间接导致规划在编制、管理与实施中缺乏相应的法律保障和约束[4]。

市场在配置资源中的决定性作用，是推进政府职能转变的重要目标，作为政府管理体制改革重要抓手的空间规划体系当然也不例外。那么，在空间规划体系的政策制度设计中，应如何体现这一目标？核心在于明确政府和市场发挥效力的边界，在政策设计上“刚柔并济”。政府应明确公共服务供给和公共秩序维护才是政府发挥效力的主战场，在这一领域不但不能退，而且要进一步强化公共服务的提供和基本规则的管控；而在具体的用地开发建设方面，规划要改变长期以来自上而下“政府 + 行业精英”管控的局面，不再追求全覆盖、全过程和全要素管控，而是通过缩小政府干预的范围和柔性化干预的手段，给市场和社会提供灵活的发展空间，给予城市更多活力发展的可能性。

（3）从目标到实施的一以贯之

在政策内容设计方面，遵循“目标—战略—行动”的设计逻辑。应该说，原有的省级空间性规划在战略目标制定方面具有足够的战略性和前瞻性，但战略目标的实现路径一直以来似乎并没有受到应有的重视。

反观欧美国家的空间规划，区域层面的政策制定都紧密跟随相应的实施政策。以法国为例，《巴黎大区 2030 战略规划》首先明确 2030 年的发展愿景，然后将愿景细分成若干指向实施的具体目标，紧接着制定以描述性文件方式呈现的有关土地开发（含选址、开发方式）的原则与指南，进而明确政策实施的路径、工具及参与主体，并且会明确指出各参与主体参与的方式及介入的时间节点，整套政策体系从目标制定到目标实施路径非常清晰且完善。

5.2.2 规划编制的技术难点③

在 1998 年国务院机构改革中，资源管理部门被赋予加强国土空间规划的职责任务。其实相关部门在过去那么多年以来一直不断地研究与探索怎样合理利用国土空间资源，以便更好地进行管理，但是因为一些内外在因素，一直没有取得成效。2019 年 5 月，《中共中央　国务院关于建立国土空间规划体系并监督实施的若干意见》（中发〔2019〕18 号）印发，明确了国土空间规划“五级三类四体系”的总体框架，强调了编制审批、实施监管、法规政策和技术标准四个体系的整体配合，规划编制和实施的制度顶层设计初步形成。

总体来看，当前国土空间规划体系的建立与完善正面临难得的历史性机遇：首先，中共中央、国务院高度重视，地方党委、政府责任明确，“多规合一”体制性障碍初步得到解决；其次，规划引领高质量发展、“三区三线”划定和底线思维等理念渐入人心；最后，原有的城乡规划、土地利用规划等多年编制经验与技术，加上第三次全国国土调查、“多规合一”试点、“双评价”近年来推进的工作，使得国土空间规划编制具有了良好的基础。

但在实践中，国土空间规划的编制面临着诸多现实困难和挑战：首先是认识、理论、技术、方法需要新突破。国土空间规划是对未来较长一段时间的国土资源做出前瞻性、系统性安排，因此对空间规划体系的构建要求较为严格，绝不仅仅是几种规划的胡拼乱凑，而是充分融合，满足不同时期经济发展的多元诉求。《中共中央　国务院关于建立国土空间规划体系并监督实施的若干意见》（中发〔2019〕18号）指出规划要体现战略性，提高科学性，强化权威性，加强协调性，注重操作性，要实现国土空间开发保护更高质量、更有效率、更加公平、更可持续。这样“苛刻”的高要求更需要规划参与者提高自己的认知水平，创新创建合规理论，发现新技术、新方法来提高技术水平。其次是规划衔接、协调、融合难度系数大。国土空间规划不仅要求纵向层级间的互相呼应，而且要求横向部门之间的统筹协调（图5-3、图5-4）。上要承接落实国家发

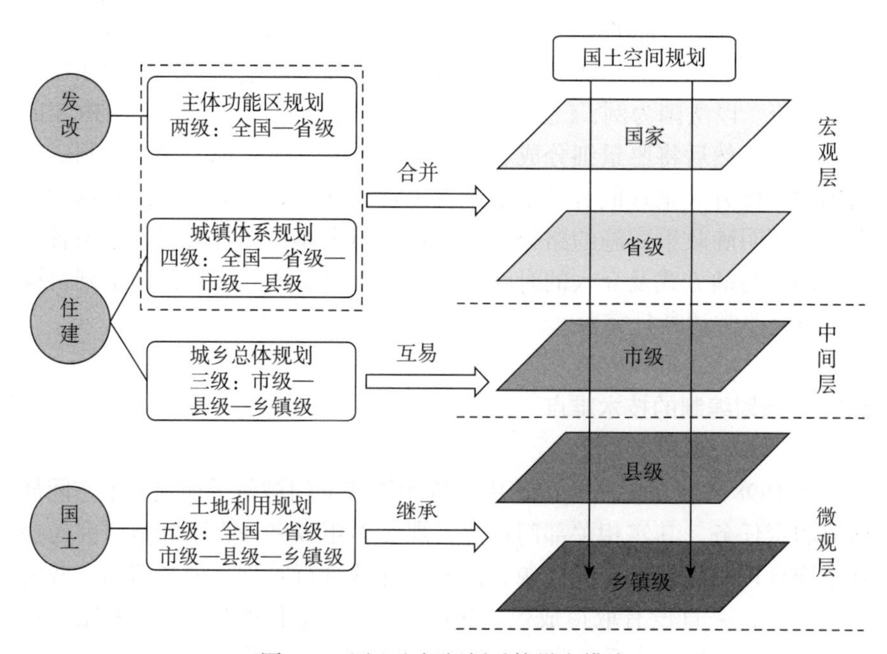

图5-3　国土空间规划重构纵向模式

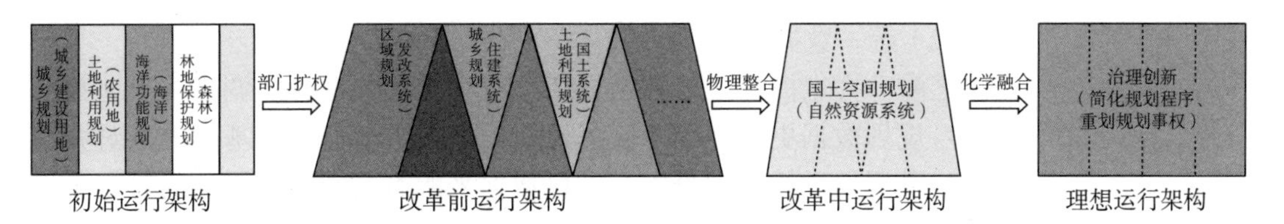

图 5-4　空间规划重构横向模式

展规划，下要协调区域规划、专项规划，中要融合土地利用总体规划、主体功能区规划、城乡规划，工作强度大、难度系数高。最后是基础数据、法规标准、队伍整合存在时滞。《自然资源部办公厅关于开展 2020 年度全国国土变更调查工作的通知》（自然资办发〔2020〕56 号）印发，按照《土地调查条例》《土地调查条例实施办法》开展 2020 年度全国国土变更调查工作。关键问题在于当第三次全国国土调查结果出炉，与上下游的基础数据、政策法规、技术整合时，周期长、存在时滞。

尽管面临上述种种挑战，由于上一轮土地利用总体规划已经到期，作为行政审批的依据，国土空间规划必须在限定的时间内尽快完成。既然如此，当前最重要的不是追求规划的完美，而是在规划编制的同时考虑构建国家的空间管理体系，在编制体系的基础上，研究出台实施监督体系、法规政策体系和技术标准体系。

特别是法规政策体系这部分，是当前最需要提前谋划的。原来土地规划制度和政策设计的重点并非围绕规划实施管理本身，而是更多地倾向于整个土地管理的制度设计，而且很多政策偏宏观性、体系化和方向性。当然，我们可以理解为规划是龙头，在龙头中，要对整个土地管理的制度设计确定方向。但这样带来的问题是，规划中的政策并不能真正解决规划实施中的问题，规划实施中遇到的问题往往通过后期研究并出台专门的政策补丁来处理，带来的后果是政策滞后于规划实施。如前所述，在国土空间规划编制过程中各种矛盾并存，各种难度升级，规划成果可能隐藏着很多棘手的实施问题，需要提前谋划，尽快研究政策体系，为规划实施保驾护航。

5.2.3　规划编制的技术统筹 ④

1）统一空间规划基础数据，搭建“多规合一”的基础平台

（1）统一用地分类

城乡规划以及其他规划在用地分类上与土地利用规划用地分类标准进行衔接，建立城乡规划与土地利用规划分类的对照关系表，统一每个用地分类的内涵。新的用地分类与原来各自规划的用地分类的区别在于多了一项“多规合一”分类，便于后期用地的统一分类。目前，自然资源部已经完成了这项工作，新的用地标准已经发布。

（2）统一数据统计口径

之前上文也提到土地利用规划是对全域土地边界的调控，土地数据较城乡规划数据更为详细，城乡规划可以在土地分类的基础上再对城乡规划建设用地进行规划分类。人口数据来源有公安局、统计局等，人口如常住人口、暂住人口、户籍人口等内涵不一致，需要统一人口定义，统一地域范围，选择同一口径，按照人口普查中的人口内涵进行人口统计。随着第三次全国国土调查结果的出台，这个问题的解决也是水到渠成的事情了。

（3）统一坐标系统

要基于2000国家大地坐标系，统一各类空间基础数据坐标体系，完成各类空间基础数据坐标转换，建立空间规划数据库。2000国家大地坐标系是2008年4月国务院批准自2008年7月1日起全面启用的全国统一大地坐标系统，由国家测绘局授权组织实施，用8—10年的时间完成原国家大地坐标系向2000国家大地坐标系的过渡和转换。因此，采用2000国家大地坐标系是国务院的统一部署，符合发展趋势，且原坐标向2000国家大地坐标系转换的技术方法已经比较成熟，转换后的误差仅为10 cm左右。

（4）统一操作平台

城乡规划的主要操作软件以计算机辅助制图软件AutoCAD为主，主要用于二维平面图形的制作，缺乏土地利用规划中地理信息系统软件ArcGIS的空间分析功能，无法建立矢量数据库、实现地理坐标投影变换等。“多规合一”需要统计多规数据，以达到统一空间数据的目的，地理信息系统软件ArcGIS多规叠合分析可以起到统一底图、统一标准、统一规划、统一平台的作用。

2）统一空间管控分区

空间管控分区和管控措施不一致是导致“多规”矛盾冲突的重要因素。目前涉及国土空间开发治理的部门包括但不局限于发改、国土、住建、环保、农业、林业、海洋和旅游8个部门，涉及至少8类空间性规划，针对同一片国土空间，至少已经或正在划分10类空间管控分区，并配套设计了不同的管控原则和措施。同时，现有空间管控措施多为单一目标管控，如城乡规划的“三区”（适建区、限建区、禁建区）和土地利用规划的“四区”（允许建设区、有条件建设区、限制建设区、禁止建设区），都以建设活动为主要管控对象，主要针对建或不建的问题，缺乏对经济社会发展、各类差异化政策落地与国土空间开发的综合协调考虑。

目前自然资源部已经出台了“双评价”和“三区三线”划分标准，形成了综合空间管控措施，实现了从基于建设行为的单一技术管控转变到基于空间优化的多元综合功能管控，真正形成了满足各部门共同管控需要的统一空间管控分区，切实提高了国土空间开发治理的效率和水平。

3）建立开发强度管控体系

《全国主体功能区规划》(国发〔2010〕46号）提出了控制开发强度的重要理念，并明确了开发强度是指一个区域建设空间（包括城镇建设、独立工矿、农村居民点、交通、水利设施以及其他建设用地等空间）占该区域总面积的比例。《生态文明体制改革总体方案》要求“简化自上而下的用地指标控制体系，调整按行政区和用地基数分配指标的做法。将开发强度指标分解到各县级行政区，作为约束性指标，控制建设用地总量”。因此，国土空间规划在划定三类空间的基础上，注重开发强度管控，科学测算三类空间比例和开发强度控制指标。设置三类空间开发强度指标，差别化管控建设用地规模。

4）建立统一衔接的空间规划体系

《生态文明体制改革总体方案》提出，要建立全国统一、相互衔接、分级管理的空间规划体系，并指出空间规划分为国家、省、市县（设区的市空间规划范围为市辖区）三级。因此，要以建立统一衔接的空间规划体系为目标，协同开展市县“多规合一”和省级空间规划两项试点改革，重点在开发强度管控、“三区三线”(“三线”指城镇开发边界、永久基本农田保护红线、生态保护红线）划定等方面探索上下协同的规划编制和管理模式。

以“三区三线”划定为例，我们提出要采取自上而下和自下而上相结合的方式划定“三区三线”，即省级层面向市县层面下达三类空间比例、开发强度等管控目标和要求；市县层面据以负责分解落实、具体落地，并自下而上报经省级层面汇总拼合；省级层面会同市县层面上下联动统筹、校验、协调，并达成一致。广西贺州市“多规合一”试点对这一技术路径进行了探索实践，通过市、县两级分步上下联动，市级测算全市域三类空间比例和开发强度等控制指标，并分解到各区县，同时划定市辖区“三区三线”，各县按照市级下达的管控指标和要求划定县域“三区三线”，通过“三上三下”校验、协调，最终划定市域“三区三线”。

5）要创新规划管理体制机制

现有的规划体制机制，纵向上下层级事权没有统筹，横向部门之间职能交叉重叠，各级、各类规划之间的关系错综复杂、重叠紊乱，衍生出一系列的问题，推进“多规合一”面临诸多难以协调解决的体制机制障碍。

与规划内容的“多规合一”相配套，要改变过去自上而下多头管理的空间规划管理体系和模式，整合各部门规划事权，改革规划编制审批实施机制，形成新的与“一本规划”相适应的机构设置和事权配置。同时，为避免整合后的空间规划部门“一权独大”，应摒弃过去各部门都集规划编制管理于一身的事权模式，从空间规划编制、审批、管理和监督的流程上进行事权分割，建立新的编管分离的空间管理制衡机制。此外，应明晰市县与上级政府之间的空间事权边界，放管结合真正有效发挥上级政府监管的作用。

5.2.4 规划实施与管理难点[③]

规划编制后的实施问题，从某种角度可以理解为如何落实国土空间用途管制的问题。国土空间用途管制来源于土地用途管制。土地用途管制是指国家为保证土地资源的合理利用以及经济社会的发展和环境的协调，通过编制土地利用总体规划，划定土地用途区域，确定土地使用限制条件，使土地的所有者、使用者严格按照国家确定的用途利用土地[⑤]。拓展到国土空间用途管制，是政府为保证国土空间资源的合理利用和优化配置，编制国土空间规划，明确各类分区管制边界、用途和使用条件，作为各类自然资源开发和建设活动的行政许可、监督管理依据，要求并监督各类所有者、使用者严格按照空间规划所确定的用途和使用条件来利用国土空间的活动[5]，构建“全域、全要素、全流程、全生命周期”的用途管制数据体系。

从我国用途管制制度的发展历程来看，我国已经建立了包括耕地、森林、草原、湿地、水域及水岸线、海域、城乡建设用地等用途管制制度，并对一些重要区域划定的永久基本农田、自然保护区、森林公园、湿地公园、地质公园等加以保护。但就当前规划实施来看，当前国土空间规划和用途管制领域还存在着诸多挑战和问题。

首先，系统性问题。加强前瞻性思考、全局性谋划、战略性布局和整体性推进，是中央对“十四五”时期工作的系统性要求，而国土空间规划和用途管制还有众多系统性问题亟须统筹考虑。如确定规划分区的同时应该配套管制规则和管制手段，但当前基本农田储备区、开发边界拓展区、留白空间等用途分区的管理规则还未明确，也正因为不明确怎么管，地方在划的时候缺乏明确的方向和指引。再如，统一国土空间用途管制，意味着全域全要素的统筹，但建设占用耕地、林地、草地、湿地、水域等指标之间的结构、时序等安排还有待进一步协调，同样，占补平衡也要考虑耕地、林地和湿地等各类空间要素的统筹。

其次，协调性问题。统一国土空间用途管制，意味着管制要素从单一到多元、内容从平面到立体、管制链条从单环节到全过程的深刻变化。尽管地方进行了多方面的探索，但总体还是聚焦在审批方式和程序上，对于管制要求、管制内容、管制标准方面的探索还有待深化，特别是机构改革所带来的新问题还有待深入探讨。如城乡总体规划后期规划得越来越细、越来越深、越来越广，用地时审批管到哪个层级、管到什么程度、在各个阶段如何管，还需要进一步梳理；又如，各地详细规划目前并无统一数据库，最基本的管制依据如何获取？再如，住房和城乡建设部制定的有些标准已经执行了很多年，当前需要统一梳理，明确继续执行、需要废除以及需要修订的标准，为地方精细化管理提供支撑。

最后，有效性问题。各类用途管制的制度实施主要以行政、法律等强制性手段为主，市场激励与引导等手段不足，管制缺乏有效的激励政策和保障实施措施，无法充分体现市场在资源配置中的决定性作用。一方面，部分生态空间由于权属问题模糊影响了自然资源制定制度的决策判断，无法提供完善、合理有效的激励机制和保障制度；另一方面，非法占用或擅自改变土地用途的违规行为屡屡发生，没有明确的法律制约，用途管制激励惩处等机制需要提升。此外，当前的激励惩处手段和机制还未体现机构改革后的多部门融合，单兵作战的特点更为突出。

当然，系统性问题、协调性问题和有效性问题，需要在国土空间用途管制的具体落实中不断去改进、完善和更新，当前最重要的是构建国土空间用途管制的框架体系。目前看来，国土空间用途管制的制度框架中应至少包含以下方面：

一是国土空间总量控制制度。以土地利用年度计划为基础，统筹湖泊水域岸线的农业空间、生态空间总量管控，统筹陆海空间总量管控，统筹增量、存量、流量空间资源管控[6]。二是国土空间准入制度。在国家层面制定重点区域准入条件，如长江经济带、黄河流域、大运河两岸等，以及其他国家需要重点管控的各类区域，如自然保护地、海岸带、生态敏感脆弱区等特殊区域等；还有生态保护红线、永久基本农田保护红线和城镇开发边界的基本准入原则。在地方层面结合地方实际制定各类规划分区的空间准入条件。三是国土空间用途转用许可制度。整合现有各类国土空间用途转用制度，针对城镇、农业、生态三类空间之间的用途转换，以及同类空间内部用途之间的相互转换，制定差别化的用途转用许可制度。四是国土空间纠错机制。针对不合理的国土空间开发利用行为，综合使用空间利用结构调整、利用条件调整、自然资源资产处置、行政执法、生态修复等措施，及时予以纠正[6]。五是国土空间用途管制激励惩处机制。在原有各要素部门的激励惩处机制上，创新更多的市场化的激励手段。六是国土空间用途管制动态监测监管制度。建立全国联网的动态监测监管信息系统，推动实行网上报批、网上监测、实时监管制度。七是国土空间规划的修改审查机制。

第 5 章注释

① 本部分原文作者为陈易。

② 本部分原文作者为袁雯、田青，陈易、乔硕庆修改。本章节的部分观点来自作者在南京大学城市规划设计研究院北京分院公众号发表的文章《空间规划过程中的政策设计》。

③ 本部分原文作者为徐小黎，陈易，乔硕庆修改。

④ 本部分原文作者为沈迟，陈易，乔硕庆修改。

⑤ 参见百度百科“土地用途管制”。

第 5 章参考文献

[1] 钱慧，罗震东 . 欧盟“空间规划”的兴起、理念及启示[J]. 国际城市规划，2011，

26（3）：66–71.

［2］牛俊蜻，雷会霞，谢永尊．制度政策导向下国土空间规划编制方法探讨［J］．小城镇建设，2019，37（11）：11–16.

［3］孟鹏，王庆日，郎海鸥，等．空间治理现代化下中国国土空间规划面临的挑战与改革导向：基于国土空间治理重点问题系列研讨的思考［J］．中国土地科学，2019，33（11）：8–14.

［4］黄巧英．新时期国土空间规划存在的问题与对策措施的探讨 [J]. 城镇建设，2020（5）：141.

［5］林坚，吴宇翔，吴佳雨，等．论空间规划体系的构建：兼析空间规划、国土空间用途管制与自然资源监管的关系［J］．城市规划，2018，42（5）：9–17.

［6］贺冰清．建立促进高质量发展的重要流域国土空间规划管控机制［J］．中国水利，2021（1）：17–18.

第 5 章图片来源

图 5–1 源自：牛俊蜻，雷会霞，谢永尊．制度政策导向下国土空间规划编制方法探讨［J］．小城镇建设，2019，37（11）：11–16.

图 5–2 源自：袁雯、田青在南京大学城市规划设计研究院北京分院公众号发表的文章《空间规划过程中的政策设计》.

图 5–3、图 5–4 源自：郐艳丽，王璇．横纵重构：国土空间规划管理框架逻辑思考［J］．北京行政学院学报，2019（5）：44–52.

本书作者

陈易，男，江苏南京人。城市规划博士、高级城市规划师、南京大学产业教授、武汉大学兼职教授、北京大学客座教授。南京大学城市规划设计研究院院长助理兼北京分院院长，南京大学中法城市·区域·规划科学研究中心北京负责人。阿特金斯顾问（深圳）有限公司原副董事、原城市规划总监。主要研究方向为城乡区域规划、国土空间规划、战略规划、总体规划、城市更新与空间治理等。出版《转型时代的空间治理变革》《城记：多样空间的营造》《镇记：精致空间的体验》。在社会科学引文索引（SSCI）国际期刊与中文核心期刊发表论文 20 余篇。主持、参与规划项目与课题 100 多项，包括多个部委重大试点项目，并多次获得省、市各类规划奖项。

沈迟，男，江苏镇江人。南京大学城市规划专业毕业，国家发展和改革委员会城市和小城镇改革发展中心副主任，教授级高级城市规划师。青海、广西“十四五”专家顾问，《全国国土空间规划纲要（2021—2035 年）》编制专家、住房和城乡建设部科学技术委员会农房与村镇建设专业委员会副主任委员。从事城市规划工作 30 余年，主持了天津市、西宁市、呼和浩特市城市总体规划、宁夏回族自治区国土空间规划、新疆伊宁南市区改造与更新规划等几十项重大规划设计。获全国优秀规划设计一等奖 4 次，获二等奖、三等奖多次。出版《城市发展研究与城乡规划实践探索》，在《城市规划》《城市发展研究》《规划与观察》《小城镇建设》等期刊上发表论文数十篇。

徐小黎，女，江苏常州人，自然资源学博士，自然资源部咨询研究中心生态所所长，研究员，中国土地学会土地资源分会委员。长期从事土地利用规划编制和土地管理政策研究，参与《全国土地利用总体规划纲要（2006—2020 年）》编制、《全国国土规划纲要（2016—2030 年）》编制、土地管理制度改革研究等自然资源部重大任务。主持《京津冀协同发展土地利用总体规划（2015—2020 年）》《京津冀资源环境承载力研究》《南通市陆海统筹发展土地利用规划（2015—2020 年）》等多项重大项目。相关成果多次获国务院领导批示。获国土资源部科技进步一等奖 1 次、二等奖 3 次。在国内外学术期刊上发表学术论文 20 余篇。